ABITUR

Prüfungsaufgaben
mit Lösungen

2012

Erdkunde

Gymnasium • Gesamtschule
Niedersachsen
2007–2011

STARK

ISBN 978-3-89449-837-5

8. neu bearbeitete und ergänzte Auflage
www.stark-verlag.de

Inhalt

Abiturprüfungsaufgaben 2010

Grundlegendes Anforderungsniveau

Erhöhtes Anforderungsniveau

Abiturprüfungsaufgaben 2011

Grundlegendes Anforderungsniveau

Erhöhtes Anforderungsniveau

Jeweils im Herbst erscheinen die neuen Ausgaben
der Abiturprüfungsaufgaben mit Lösungen.

Autoren

Klaus Hantelmann: Aufgabe 3
Christina Hartmann: Aufgaben 1 und 4
Rainer Hawmann: Lösungen Aufgabe 5–7 sowie
Lösungen Aufgabe I und II/GA 2010–2011
Josi Meyer: Aufgabe 2
Joachim L. Puzik: Lösungen Aufgabe I und II/EA 2010–2011
Sabine Röben: Hinweise und Tipps zum Zentralabitur, Lösungen Aufgabe 8–10

Vorwort

Liebe Schülerinnen und Schüler,

Sie haben **Erdkunde** als Fach mit grundlegendem oder erhöhtem Anforderungsniveau als Prüfungsfach gewählt. Dieses Buch bietet Ihnen die Möglichkeit, sich optimal auf das Zentralabitur vorzubereiten. Dazu stellen wir Ihnen reichhaltige Materialien zur Verfügung, mit deren Hilfe Sie das im Unterricht Erlernte trainieren und aufarbeiten können, geografische Sachverhalte in neuer Darstellung erfassen und unbekannte geografische Fragestellungen analysieren und beurteilen lernen.

Das einführende Kapitel „**Hinweise und Tipps zum Zentralabitur**" gibt Ihnen wertvolle Informationen zum Ablauf des Zentralabiturs sowie leicht umsetzbare, konkrete Tipps, die Ihnen bei Ihrer Vorbereitung und beim Verfassen der Klausuren helfen. Dieses Kapitel beschäftigt sich zudem ausführlich mit den **Operatoren**, die zur Lösung aller Abituraufgaben von entscheidender Bedeutung sind.

Anschließend stehen Ihnen vier praxiserprobte **abiturähnliche Übungsaufgaben** zur Auswahl, die die unterschiedlichen Anforderungen von grundlegendem bzw. erhöhtem Anforderungsniveau berücksichtigen und sich auf die für 2012 festgelegten **Schwerpunktthemen** beziehen.
Anhand von **Original-Prüfungsaufgaben** aus den Jahren 2007–2011 haben Sie dann reichlich Gelegenheit zum Üben des „Ernstfalls".

Zu jeder Aufgabe finden Sie im Anschluss nicht nur ausführliche **Lösungsvorschläge**, sondern auch konkrete **Bearbeitungshinweise** (optisch gekennzeichnet durch), die Ihnen eine gezielte Vorgehensweise bei der Beantwortung der einzelnen Aufgaben vermitteln und so an eine selbstständige Bearbeitung heranführen.

Sollten nach Erscheinen dieses Bandes noch wichtige Änderungen in der Abitur-Prüfung 2012 vom Kultusministerium bekannt gegeben werden, finden Sie aktuelle Informationen dazu im Internet unter:
www.stark-verlag.de/info.asp?zentrale-pruefung-aktuell

Die Autoren wünschen Ihnen eine effektive Abiturvorbereitung
und viel Erfolg bei der Abiturprüfung!

Hinweise und Tipps zum Zentralabitur

1 Rahmenbedingungen

Die Prüfungsaufgaben orientieren sich an drei vom Kultusministerium herausgegebenen Vorgaben: an den gültigen Rahmenrichtlinien (**RRL**), den Einheitlichen Prüfungsanforderungen in der Abiturprüfung (**EPA**) und den thematischen Schwerpunkten. Die Rahmenrichtlinien und die Einheitlichen Prüfungsanforderungen sind vor allem für Lehrer und Lehrerinnen wichtig. Alle für Sie relevanten Aspekte werden in den folgenden Abschnitten erläutert. Sollten Sie sich darüber hinaus für diese Erlasse interessieren, können Sie entweder Ihre Lehrer fragen oder sich im Internet unter **www.nibis.de** (Niedersächsischer Bildungsserver) informieren.
Wichtig für Sie sind die verbindlichen **thematischen Schwerpunkte**, die für jeden Abiturdurchgang neu festgelegt werden und auf den RRL basieren. Diese thematischen Schwerpunkte, die mit Ihnen in der Kursstufe erarbeitet werden, bilden die Grundlage für die Prüfungsaufgaben.

In der Abiturprüfung können Sie zwischen **zwei Prüfungsaufgaben wählen**. Für die Auswahl haben Sie maximal 20 Minuten Zeit. Die anschließende Bearbeitungszeit für die Prüfungsaufgaben beträgt im Schwerpunktfach mit **erhöhtem Anforderungsniveau 300 Minuten** bzw. im Ergänzungsfach mit **grundlegendem Anforderungsniveau 220 Minuten**.

Jeder Aufgabenvorschlag bildet eine **thematische Einheit** und ist
- bei Aufgaben mit **grundlegendem Anforderungsniveau** in maximal **vier Teilaufgaben** mit **höchstens vier Arbeitsaufträgen**,
- bei Aufgaben mit **erhöhtem Anforderungsniveau** in **drei bis fünf Teilaufgaben** mit **höchstens fünf Arbeitsaufträgen** gegliedert.

Darüber hinaus gelten für beide Kursarten die gleichen Vorgaben zum Zentralabitur. Die Anforderungen unterscheiden sich vor allem im Hinblick auf
- die Komplexität des Stoffes,
- den Grad der Differenzierung und Abstraktion der Inhalte und Begriffe,
- im Anspruch an die Methodenbeherrschung und
- in der Selbstständigkeit der Lösung und Reflexion von Problemen (EPA, S. 9).

2 Fachbezogene Hinweise

2.1 Thematische Schwerpunkte 2011

Für das **Abitur 2012** wurden folgende Themenschwerpunkte (TS) festgelegt:

- Rahmenthema 1: Räumliche Disparitäten in Deutschland und Europa
  TS 2: Räumliche Disparitäten und Strukturwandel in Europa
- Rahmenthema 2: Räume und Staaten unterschiedlichen Entwicklungsstandes
  TS 1: Entwicklungsbedingungen und sozioökonomische Strukturen in Südostasien
- Rahmenthema 3: Aktionsraum Erde
  TS 3: Siedlungsräume in ihren Entwicklungen

Im Zentralabitur sind Themen, die außerhalb dieser thematischen Schwerpunkte liegen, ausgeschlossen. Zu den drei thematischen Schwerpunkten gibt es noch die im Folgenden abgedruckten inhaltlichen Erläuterungen. Alle diese Punkte sollten Sie bis zum Frühjahr 2012 in Ihrem Kursunterricht behandelt haben.

Thematischer Schwerpunkt 1: Entwicklungsbedingungen und sozioökonomische Strukturen in Südostasien (Brunei, Indonesien, Kambodscha, Laos, Malaysia, Myanmar, Philippinen, Singapur, Thailand, Vietnam)

- Naturräumliche und politische Gliederung
- Demografische Strukturen und Entwicklungen
- Unterschiedlicher Entwicklungsstand: Merkmale und Ursachen
- Aktiv- und Passivräume Südostasiens
- Metropolisierung als Folge weltwirtschaftlicher Verflechtungen
- Stellenwert Südostasiens in der globalisierten Wirtschaft
- Entwicklungspotenziale und -perspektiven

Thematischer Schwerpunkt 2: Räumliche Disparitäten und Strukturwandel in Europa

- Grundzüge der naturräumlichen Gliederung
- Tendenzen demografischer Strukturen und Entwicklungen
- Wirtschaftssektoren im Wandel
- Entwicklungen durch Tourismus
- Agglomerationen in ihrer globalen Verflechtung

Thematischer Schwerpunkt 3: Siedlungsräume in ihren Entwicklungen

- Tendenzen der Siedlungsentwicklung im ländlichen Raum Niedersachsens
- Grundzüge der Raumordnung in Deutschland
- Stadtentwicklung in Mitteleuropa im Überblick
- Außereuropäische Stadtmodelle/Stadttypen
- Verstädterung und Urbanisierung als globale Phänomene
- Ökosystem Stadt

2.2 Semesterübergriff

Jedes Prüfungsthema muss seinen Schwerpunkt in einem Kurshalbjahr haben, doch darf es sich **nicht ausschließlich auf einen Schwerpunkt beschränken** (vgl. EPA, S. 8). Dieser sogenannte **Semesterübergriff** bedeutet, dass sich die Gesamtaufgabe zwar im Wesentlichen auf die Lernbereiche eines thematischen Schwerpunktes bezieht, aber auch auf einen weiteren Schwerpunkt Bezug nimmt. Formulierungen wie „Agglomerationen in ihrer globalen Verflechtung" (TS 2) machen deutlich, dass die Teilräume <u>nicht</u> isoliert regionalgeografisch betrachtet werden dürfen.
Die **Verknüpfung mit Inhalten eines anderen Kurshalbjahres** kann über die Materialauswahl erfolgen, die die Bezugnahme zu einem der anderen thematischen Schwerpunkte schon aus der Lektüre erkennen lässt. Sie kann aber auch über die Arbeitsanweisungen vorgenommen werden
Wichtig ist, dass Sie in der Lage sind, Methoden und überregionales Grundwissen beispielsweise zur physischen Geografie oder Wirtschaftsgeografie selbstständig auch auf andere Räume zu übertragen.

Tipp: Achten Sie bei Ihrer Vorbereitung besonders auf allgemeine Prozesse und Strukturen, die auf andere Räume übertragbar sind.

2.3 Anforderungsbereiche (AFB)

In der EPA werden die drei für die Oberstufe wichtigen **Anforderungsbereiche** (AFB) näher erläutert. Die AFB sind wichtig für die die Aufgabenstellung sowie für die **Bewertung** von Prüfungsleistungen (siehe Abschnitt 4.2).
Die folgende Übersicht skizziert die AFB und ordnet sie den üblichen Handlungsanweisungen bzw. Operatoren zu (nähere Erläuterungen zu den Operatoren finden Sie im Abschnitt 3.2). In jeder Klausur müssen alle drei AFB abgedeckt werden, wobei der **Schwerpunkt der Aufgaben im AFB II** liegt.

Anforderungsbereich	Inhaltsbezogene Fähigkeiten und Kenntnisse	Methodenbezogene Fähigkeiten und Kenntnisse	Handlungsanweisungen/ Operatoren
AFB I	Reproduktion und Reorganisation Kennen räumlicher Strukturen Organisationsformen und Prozesse	Gegliederte und sprachlich korrekte Darstellung (vgl. Abschnitt 3.2)	beschreiben, gliedern, wiedergeben, (be-) nennen, darlegen/ darstellen
AFB II	Selbstständige Analyse auf Grundlage des Gelernten Anwenden auf neue, vergleichbare Zusammenhänge Transfer	s. o. Übertragung geübter Methoden und Vorgehensweisen auf neue Inhalte (vgl. Abschnitt 3.2)	analysieren, charakterisieren, einordnen, erklären, erläutern, vergleichen

AFB III	Problemerkennendes, problemlösendes und reflektierendes Denken und Argumentieren	s. o. (vgl. Abschnitt 3.2)	beurteilen, entwickeln, erörtern, Stellung nehmen

3 Methodische Hinweise

3.1 Auswahl des Prüfungsthemas

Sie haben **20 Minuten Zeit**, um sich für eines der beiden zur Auswahl gestellten Themen zu entscheiden. Deshalb sollten Sie üben, in dieser Zeit Aufbau und Materialien zweier Klausuren im Wesentlichen erfassen zu können.
Jede Prüfungsaufgabe bezieht sich auf einen oder zwei geografische Räume und/oder ein bestimmtes Thema. Schon aus der **Überschrift** können Sie also in der Regel entnehmen, um welchen Raum es sich handelt und wo der geografische Schwerpunkt des Themas liegt (z. B. Landwirtschaft oder Industrie bzw. Dienstleistungen, Bevölkerung, Entwicklungspolitik oder Stadt- und Raumplanung).
Auch wenn Sie nach dem Lesen der Überschriften schon zu einer Vorentscheidung tendieren, sollten Sie die Teilaufgaben und Materialien **genau ansehen**. Überprüfen Sie, ob Ihnen die Materialien aussagekräftig erscheinen, ob es geeignete Karten im Atlas zu diesem Thema gibt und ob ähnliche Fragestellungen zu einem vergleichbaren Raum im Unterricht behandelt wurden. Fällen Sie erst dann Ihre Entscheidung!

3.2 Operatoren

Um Ihnen Sicherheit zu geben, was von Ihnen erwartet wird, finden Sie in jeder Teilaufgabe eine Arbeitsanweisung, die als Aufforderung verfasst ist – den sogenannten **Operator**. Die meisten Operatoren wie „beschreiben“ oder „charakterisieren“ verlangen eine **durchgehend formulierte Antwort**. Bitte meiden Sie Stichwörter hinter Pfeilen ebenso wie unverbundene Auflistungen hinter Spiegelstrichen.
Im Folgenden finden Sie eine Zusammenstellung der für das niedersächsische Zentralabitur 2012 im Fach Erdkunde relevanten Operatoren, die in den drei Fächern Erdkunde, Geschichte und Politik gleichermaßen gelten (Quelle: *www.nibis.de/nli1/gohrgs/operatoren/operatoren_ab_2012/2009_10Ek_Ge_Po_neu.pdf,* abgerufen am 28.07.2011).

Operatoren, die Leistungen im AFB I verlangen:

beschreiben	strukturiert und fachsprachlich angemessen Materialien vorstellen und/oder Sachverhalte darlegen
gliedern	einen Raum, eine Zeit, oder einen Sachverhalt nach selbst gewählten oder vorgegebenen Kriterien systematisierend ordnen

wiedergeben	Kenntnisse (Sachverhalte, Fachbegriffe, Daten, Fakten, Modelle) und/oder (Teil-)Aussagen mit eigenen Worten sprachlich distanziert, strukturiert u. damit unkommentiert darstellen
zusammenfassen	Sachverhalte auf wesentliche Aspekte reduzieren und sprachlich distanziert strukturiert und unkommentiert wiedergeben

Beispiel: *Beschreiben Sie die strukturellen Veränderungen des Wirtschaftsstandorts Pittsburgh.* (GA 2011, Aufgabe I.1)

Operatoren, die Leistungen im AFB II verlangen:

analysieren	Materialien, Sachverhalte oder Räume kriterienorientiert oder aspektgeleitet erschließen und strukturiert darstellen
charakterisieren	Sachverhalte in ihren Eigenarten beschreiben, typische Merkmale kennzeichnen und diese dann **gegebenenfalls** unter einem oder mehreren bestimmten Gesichtspunkten zusammenführen
einordnen	begründet eine Position/Material zuordnen oder einen Sachverhalt begründet in einen Zusammenhang stellen
erklären	Sachverhalte so darstellen – gegebenenfalls mit Theorien und Modellen – , dass Bedingungen, Ursachen, Gesetzmäßigkeiten und/oder Funktionszusammenhänge verständlich werden
erläutern	Sachverhalte in ihren komplexen Beziehungen an Beispielen und/oder Theorien verdeutlichen (auf Grundlage von Kenntnissen bzw. Materialanalyse)
vergleichen	Gemeinsamkeiten, Ähnlichkeiten und Unterschiede von Sachverhalten kriterienorientiert darlegen

Beispiel: *Erläutern Sie die Bedeutung des Engagements der Firma Seidensticker für Vietnam.* (EA 2011, Aufgabe II.3)

Operatoren, die Leistungen im AFB III verlangen:

beurteilen	den Stellenwert von Sachverhalten oder Prozessen in einem Zusammenhang überprüfen, um kriterienorientiert zu einem begründeten **Sachurteil** zu gelangen
entwickeln	zu einem Sachverhalt oder zu einer Problemstellung eine Einschätzung, ein konkretes Lösungsmodell, eine Gegenposition oder ein Lösungskonzept inhaltlich weiterführend und/oder zukunftsorientiert darlegen
erörtern	Zu einer vorgegebenen Problemstellung eine reflektierte, abwägende Auseinandersetzung führen und zu einem begründeten Sach- und/oder Werturteil kommen
Stellung nehmen	Beurteilung mit zusätzlicher Reflexion individueller, sachbezogener und/oder politischer Wertmaßstäbe, die Pluralität gewährleisten und zu einem begründeten eigenen **Werturteil** führen

Beispiel: *Erörtern Sie, ob Niedersachsen ein ähnlich attraktiver Wirtschaftsstandort wie der Boom Belt ist.* (EA 2011, Aufgabe I.3)

3.3 Zeitökonomische Bewältigung der Klausur

Auch wenn Sie nur begrenzt Zeit haben: Beginnen Sie nicht zu schnell mit der Reinschrift der Klausur. Wichtig ist, dass Sie vorher **alle Aufgaben und Materialien gründlich lesen**. Nur so können Sie Gesamtzusammenhänge erfassen und Querbezüge zwischen den Aufgaben herstellen.

Tipp: Beim **Sichten des Materials** empfiehlt es sich, mit Textmarkern zu arbeiten und damit in Texten, Diagrammen und Tabellen wichtige Aussagen und Zahlen zu unterstreichen. Ist in einer Aufgabe eine Erörterung oder Diskussion verlangt, sollten Sie zwei Farben für mögliche Pro- und Contra-Argumente verwenden. **Markieren** Sie, welche Inhalte der Materialien zu welchen Teilaufgaben passen, und machen Sie sich strukturierte **Notizen** mit Schlüsselbegriffen!

Suchen Sie mithilfe des Registers **passende thematische Karten im Atlas** und notieren bzw. markieren Sie diese ebenfalls (z. B., indem Sie sie mit Papierstreifen oder Haftnotizzetteln einmerken). Dadurch vermeiden Sie wiederholtes Suchen. Bedenken Sie bei der Suche nach geeigneten Karten aber auch bereits, was Sie in der zur Verfügung stehenden Zeit schreiben können. Zu viele Details bei den Anfangsaufgaben kosten Zeit, die Ihnen eventuell bei der letzten Teilaufgabe für grundlegende Aussagen fehlt.

Schreiben Sie auf keinen Fall einfach „drauflos“, sondern überlegen Sie sich zunächst ein **Grundkonzept**, in dem Sie Strukturierungsideen, wichtige Materialstellen, Atlaskarten und mögliche Querbezüge festhalten. Insgesamt sollte die Erstellung dieses Grundkonzepts jedoch nicht mehr als ein Fünftel der gesamten Arbeitszeit in Anspruch nehmen.
Für die weitere Bearbeitung setzen Sie sich einen festen **Zeitplan**, damit Sie am Ende noch genügend Zeit für die letzte Aufgabe oder für das Korrekturlesen haben.

Tipp: Lassen Sie hinter jeder Teilaufgabe für eventuelle nachträgliche Zusätze ausreichend Platz! So können Sie, falls Sie früher fertig werden, Ihre Ausführungen zu bestimmten Aufgaben noch ergänzen. Zusätze, die im Anschluss an Ihren Lösungsvorschlag keinen Platz mehr haben, sollten Sie genau kenntlich machen und am Ende der Klausur bzw. auf einem Extrablatt anfügen.

Am Schluss sollten Sie noch mindestens 10 bis 20 Minuten einplanen, um Ihren Text **Korrektur zu lesen** und formale Fehler (Grammatik, Zeichensetzung, Rechtschreibung) zu berichtigen. Sie können jetzt auch noch Zwischenüberschriften ergänzen oder hervorheben. Beachten Sie, dass für eine mangelhafte **äußere Form** ein bis zwei Notenpunkte abgezogen werden dürfen! Eine lesbare Schrift und eine übersichtliche Gestaltung sind deshalb besonders wichtig.

3.4 Strukturierung

Bei der **Strukturierung** sollten Sie unbedingt die Reihenfolge der Teilaufgaben einhalten. Prüfen Sie bei den Teilaufgaben, ob diese nicht schon **Strukturierungshilfen** enthalten, die Sie bei der Gliederung Ihrer Antworten übernehmen können.

Beispiel: Im erhöhten Anforderungsniveau 2011, Aufgabe II lautete eine Teilaufgabe: *Stellen Sie den Wirtschaftsraum Vietnam unter Berücksichtigung der naturräumlichen Voraussetzungen dar.* Die Stichworte „naturräumliche Voraussetzungen" und „Wirtschaftsraum" sollten Sie unbedingt als Strukturierungsschema übernehmen; Sie können diese auch optisch als **Zwischenüberschriften** übernehmen.

Oft enthalten die Aufgaben Ihnen bekannte **Schlüsselbegriffe**, für deren Untergliederung Sie bereits im Unterricht Schemata entwickelt haben.

1. Beispiel: *Beschreiben Sie Lage und Naturpotenzial von …* Hier sollten Sie wissen, dass zur **Lagebeschreibung** in der Regel folgende Punkte gehören:
- Lage im Großraum (Kontinent, Staat, Bundesland o. ä.) und im Gradnetz
- naturräumliche Lage
- Grenzen, Nachbarstaaten o. ä.
- verkehrsräumliche Lage
- ggf. politische Lage (Staatsform, Mitgliedschaft zu Organisationen)

Beachten Sie dabei aber, dass die Lagebeschreibung im Hinblick auf Ihr Thema auch ergiebig sein muss. Wenn Sie sich z. B. mit der Raumordnung einer deutschen Stadt befassen, spielt die Einordnung dieser Stadt ins Gradnetz oder in eine Geozone i. d. R. keine Rolle. Arbeiten Sie also nicht einfach Ihr Wissen ab, sondern wählen Sie gezielt die für Ihr Thema relevanten Aspekte aus.

Wenn es um das **Naturpotenzial** (= physische Strukturmerkmale)/Geopotenzial/Geofaktoren geht, sind dazu folgende Aspekte zu zählen:
- Relief und Hydrologie
- Geologie und mineralische Rohstoffe
- Klima und potenzielle natürliche Vegetation
- Böden

Beachten Sie auch bei solchen Aufgaben immer den **Gesamtzusammenhang**. Geht es in den folgenden Teilaufgaben um landwirtschaftliche und/oder ökologische Fragestellungen, sind Klima und Boden sicherlich ausführlicher darzustellen als bei siedlungs- oder industriegeografisch ausgerichteten Aufgaben.
Häufig wird, z. B. in Teilaufgabe 1 oder 2, die Beschreibung oder Erläuterung von **natürlichen Standortbedingungen** oder **natürlichen Standortfaktoren** verlangt. Hier sollten Sie zunächst prüfen, ob die weiteren Teilaufgaben eher einen industriellen oder einen landwirtschaftlichen Schwerpunkt haben, und Ihre Ausführungen daraufhin abstimmen. Für eine **Klausur mit Schwerpunkt auf der Agrarwirtschaft** sind Relief, Klima, natürliche Vegetation und Bodeneigenschaften die entscheidenden natürlichen Standortfaktoren. Für die **industrielle Entwicklung** eines Landes bzw. einer Region spielen dagegen eher folgende Aspekte eine Rolle:

- das Rohstoffangebot
- das Relief in Bezug auf potenzielle Flächenverfügbarkeit
- die Hydrologie bezüglich der Verkehrsgunst (schiffbare Flüsse, Meeresnähe)
- eventuell die tektonische Situation und damit verbundene Gefahren
- Klima und Attraktivität der umgebenden Landschaft (weiche Standortfaktoren)

2. Beispiel: *Beschreiben Sie die demografische Entwicklung Polens.*
Auch hier sollten Sie sich grundsätzlich klarmachen, welche Aspekte überhaupt zur demografischen Situation bzw. Entwicklung eines Landes gehören. Diese Gesichtspunkte können als Strukturierungshilfe oder Zwischenüberschriften dienen, z. B.:
- Gang der Besiedelung/Einwanderung
- Bevölkerungsdichte
- Natürliches Bevölkerungswachstum (positiv oder negativ) in Abhängigkeit von Geburten-, Sterberate und Lebenserwartung
- Bevölkerungswanderungen (Migration)
- Altersstruktur
- Minderheiten

3. Beispiel: *Charakterisieren Sie den Entwicklungsstand von Indonesien.*
Mit einer solchen Aufgabe zur Beschreibung oder Einordnung eines Staates nach dem **Entwicklungsstand** ist z. B. beim thematischen Schwerpunkt 1 zu rechnen. Hier können Sie z. B. nach folgenden Faktoren gliedern:
- Allgemeine Einordnung mithilfe des HDI
- Demografische Kriterien (z. B. Wachstumsrate, Lebenserwartung, Geburten-, Sterberate, Säuglingssterblichkeit)
- Soziokulturelle Kriterien (z. B. medizinische Versorgung, Einwohner pro Arzt, Nahrungsmittelversorgung, Analphabetenquote, Anzahl von PKWs oder Internetanschlüsse pro 1 000 Einwohner)
- Ökonomische bzw. wirtschaftliche Kriterien (z. B. BIP, BIP/Kopf, Arbeitslosenquote, Inflationsrate, Wirtschaftswachstum in %, Anteil der Sektoren am BIP bzw. bei den Erwerbstätigen, Infrastruktur, Energieverbrauch)
- Politische Kriterien (Staatsform, politische Stabilität, Umweltstandards)

Wichtig ist bei all diesen Gliederungshilfen, dass trotz der Strukturierung Zusammenhänge zwischen den einzelnen Faktoren deutlich gemacht werden.

3.5 Arbeit mit dem Atlas

Der Atlas, den Sie auch im Abitur benutzen dürfen, ist ein unentbehrliches Hilfsmittel. Wenn Sie eine bestimmte Atlaskarte suchen, kann Ihnen folgendes Schema weiterhelfen:

Wo finde ich zu einem bestimmten Raum eine Karte?	Auf der **Umschlaginnenseite** Ihres Atlas finden Sie Übersichtskarten zu Deutschland, Europa und der Welt, die Ihnen mit konkreten Seitenangaben weiterhelfen.
Wie finde ich eine passende thematische Karte zum Thema meiner Aufgabe?	Eine erste Orientierung bietet das **Regionalregister** (meist zu Beginn des Kartenwerks). Hier sind die Kartentitel nach Großräumen, Ländern und Erdteilen geordnet. Eine Ordnung nach Sachgruppen und Themen (z. B. Klima/Wetter, Boden/Vegetation) bietet das **thematische Register**. Es befindet sich meist am Anfang des Kartenwerks. Sie können auch gezielt im **Sachwortregister** (in der Regel am Ende des Kartenwerks) nachschlagen.
Wie kann ich ein unbekanntes topografisches Merkmal (Ort, Gewässer, Land) schnell finden?	Im **alphabetischen Ortsregister** am Ende des Kartenwerks sind alle im Atlas genannten Namen verzeichnet.

Da der Diercke Weltatlas in Niedersachsen sehr weit verbreitet ist, beziehen sich die meisten Angaben in diesem Buch auf diesen Atlas. Alle Prüfungsklausuren müssen aber auch mit anderen Schulatlanten zu bearbeiten sein.

Egal mit welchem Atlas bzw. welcher Auflage gearbeitet wird: Wichtig ist, dass Sie immer die Seitenzahl der benutzten Atlaskarte und die Kartennummer in Klammern angeben, wenn Sie daraus Informationen entnommen haben.

Beispiel: *In Nevada findet man als mineralische Rohstoffe Gold und Silber vor (Diercke Weltatlas 2008, S. 198.3).*

3.6 Auswertung der Materialien

Die Erdkundeklausuren enthalten neben **Karten** meist Informationen in Form von **Texten, Diagrammen und Tabellen**. Hierbei ist vor allem zu beachten, dass Sie diese Materialien geschickt miteinander **verknüpfen** und sie nicht losgelöst von der Aufgabe einzeln „abarbeiten“.
Wichtig ist außerdem, dass Sie in der Klausur genaue **Materialhinweise** geben, d. h. in Klammern angeben, welchem Material Sie die zitierte Information entnommen haben. Bei Texten nennen Sie bitte auch die **Zeilenangaben** und vergessen Sie nicht, dass **wörtliche Zitate in Anführungszeichen** gesetzt werden müssen.

4 Bewertung der Prüfungsaufgaben

4.1 Bewertungskriterien

Bei der Bewertung der Prüfungsklausuren werden zunächst alle Teilaufgaben einzeln mit Notenpunkten bewertet. Deshalb ist es besonders wichtig, dass Sie **alle Aufgaben bearbeiten**, da eine völlig unbearbeitete Teilaufgabe mit 0 Punkten bewertet werden muss. Aus der Bewertung der Teilaufgaben setzt sich nach vorgegebener Gewichtung der Teilaufgaben die Gesamtpunktzahl zusammen. Auf den AFB II entfällt dabei in der Regel das größte Gewicht.

Es werden
- inhaltliche,
- methodische und
- sprachliche Leistungen

berücksichtigt und als Gesamtheit erfasst (vgl. EPA, S. 12).

Inhaltlich spielen sowohl
- die **Qualität**, d. h. die Genauigkeit, Abstraktion und Differenziertheit der Aussagen zum Thema
- als auch die **Quantität**, d. h. Umfang der Kenntnisse und Vielfalt der Aspekte und Bezüge

eine entscheidende Rolle.

Methodisch sind besonders wichtig:
- Übersichtlichkeit der **Gliederung**
- Beachtung der Anforderungen der Aufgabe, insbesondere der Operatoren
- Herstellung von **Materialbezügen** und sichere Auswertung der Materialien, ohne die Materialien einfach hintereinander „abzuarbeiten"
- Souveränität beim Umgang mit dem **Atlas** als wichtigem Quellenmaterial
- Anwendung **fachspezifischer Verfahren** (z. B. bei der Auswertung von Tabellen und Diagrammen)
- **Logik der Gedankenführung** ohne Widersprüche und Gedankensprünge, aber mit sinnvollen **Überleitungen**.

Sprachlich sind entscheidend:
- Beherrschung der **Fachsprache**
- **Anspruchsniveau** der Formulierungen (Klarheit und Eindeutigkeit der Aussagen, Treffsicherheit)
- Qualität der Formulierung bei Zusammenfassungen am Ende der Aufgabe
- **sprachliche Richtigkeit** (Grammatik, Rechtschreibung, Zeichensetzung).

Beachten Sie, dass auch die **äußere Form** Einfluss auf die Notengebung hat und bei Mängeln ein bis zwei Notenpunkte abgezogen werden dürfen!

4.2 Rolle der Anforderungsbereiche und Mindestanforderungen

Bei der Gewichtung der Teilaufgaben spielt das Anspruchsniveau eine Rolle. So kann eine Klausur nur dann mit „**Sehr gut**" beurteilt werden, wenn sie auch entsprechende Leistungen im Anforderungsbereich III aufweist. „Auch ein mit ‚**gut**' beurteiltes Prüfungsergebnis verlangt mindestens ansatzweise Leistungen im Anforderungsbereich III." (EPA, S. 12) Den **Schwerpunkt** der Klausur bildet aber stets der **Anforderungsbereich II**, der, da er auf grundlegenden Kenntnissen und Fertigkeiten aufbaut, auch immer den Anforderungsbereich I einschließt.

Tipp: Fachliche Kompetenz verlangt Leistungen auf allen drei Ebenen. Also nicht stur „Fakten pauken", sondern üben, den **Gesamtzusammenhang** herzustellen!

Wichtig sind auch die Aussagen der Prüfungsordnung zur Note „**Ausreichend**" (5 Punkte), die mindestens zum Bestehen der Abiturprüfung nötig ist. Danach kann die Note „Ausreichend" nur dann erteilt werden, wenn
- „(...) die Kenntnis wesentlicher Sachverhalte nachgewiesen ist,
- zentrale Aussagen und bestimmende Merkmale des vorliegenden Materials in Grundzügen erfasst sind,
- die Aussagen auf die Aufgabe bezogen sind,
- dabei grundlegende, vorher geübte fachspezifische Verfahren und Begriffe angewendet werden,
- die Darstellung im Wesentlichen sachlogisch und sprachlich angemessen ausgeführt sowie erkennbar geordnet ist." (EPA, S. 12)

5 Wichtige Hinweise zur Benutzung dieses Buches

Dieses Buch enthält vier praxiserprobte **Übungsklausuren** im Stil des Zentralabiturs **zu den für 2012 relevanten thematischen Schwerpunkten**, die vollständigen Jahrgänge des **Zentralabiturs** 2010 und 2010 sowie eine Auswahl an thematisch geeigneten Abituraufgaben der Jahre 2007–2009.

Um Sie bei Ihrer Abiturvorbereitung optimal zu unterstützen, stehen vor jedem Lösungsvorschlag **allgemeine Hinweise zur Lösung der Aufgabe**. Hier erfahren Sie jeweils, mit welchem Themenschwerpunkt sich die Aufgabe auseinandersetzt, welches Vorwissen zur Beantwortung der Fragestellungen nötig ist und wie die einzelnen Teilaufgaben gewichtet werden.

Nach den allgemeinen Hinweisen zur Lösung der Aufgabe folgen die **Lösungsvorschläge**. Jeder Lösungsvorschlag ist zusätzlich mit **methodischen Hinweisen** versehen. Diese Hinweise erläutern z. B. den Operator der Teilaufgabe und geben konkrete Tipps, was bei der jeweiligen Aufgabe zu beachten ist. Sie vermitteln Ihnen somit eine gezielte Vorgehensweise beim selbstständigen Lösen der Aufgaben. Alle Tipps und Hinweise erkennen Sie an den Rauten am Seitenrand.

Auf den folgenden Seiten haben Sie nun die Gelegenheit, das Gelesene anzuwenden und sich so optimal auf das schriftliche Abitur vorzubereiten. Viel Erfolg!

Schriftliche Abiturprüfung Niedersachsen Erdkunde
Grundlegendes Anforderungsniveau – Übungsaufgabe 1

Thematischer Schwerpunkt 1:
Entwicklungsbedingungen und sozioökonomische Strukturen in Südostasien

Klausurthema: *Die Philippinen –*
Probleme und Perspektiven eines südostasiatischen Inselstaates

Arbeitsanweisungen

1. Beschreiben Sie die naturräumliche Ausstattung der Insel Luzon (Philippinen) im Hinblick auf eine Eignung für die wirtschaftliche Nutzung.
2. Analysieren Sie den Entwicklungsstand der Philippinen.
3. Beurteilen Sie Chancen und Risiken des unternehmerischen Engagements europäischer Firmen auf den Philippinen vor dem Hintergrund des europäischen Strukturwandels.

Hilfsmittel: eingeführter Schulatlas, Taschenrechner

M 1 Karte der Philippinen

Quelle: eigene Darstellung

M 2 Strukturdaten Philippinen

Fläche	300 000 km^2 insgesamt 7 107 Inseln, davon Luzon: 104 688 km^2
Einwohner (2008)	90 348 000 (Manila: 1 660 714)
Sprachen (2008)	55 % Filipino (von Tagalog abgeleitet) 28 % Tagalog 24 % Cebuano 10 % Ilocano 9 % Panay-Hiligaynon 6 % Bicol u. a. 3 % Spanisch, Chinesisch und Englisch insgesamt 988 Sprachen
Religionen (2008)	80–85 % Katholiken 5–9 % Muslime 5 % Protestanten 5 % Unabhängige Philippinische Kirche und Iglesia ni Cristo indigene Religionen, Buddhisten und Hindus
Bevölkerungswachstum (2000–2008)	1,9 %
Alphabetisierungsrate (2005–2008)	93 % (männlich), 94 % (weiblich)
CO_2-Emissionen je Einwohner in Tonnen (2006)	0,8 (zum Vergleich: Deutschland – 9,8)
BIP (2009)	161 Mrd. US-$ realer Zuwachs: 0,9 % (Deutschland 2008 im Vergleich: ca. 2 409,1 Mrd. US-$)
Anteil am BIP (2009)	Landwirtschaft 15 % Industrie 30 % Dienstleistungen 55 %
Erwerbstätigkeit (2007)	Landwirtschaft 36 % Industrie 15 % Dienstleistungen 49 %
Import (2009)	43,0 Mrd. US-$ 33 % Elektronik 19 % Erdöl und -produkte 10 % Nahrungsmittel 9 % chemische Erzeugnisse 5 % Maschinen 4 % Kfz und -Teile Länder: Japan, USA, VR China, Singapur, Rep. China, Rep. Korea, Thailand, Indonesien, Saudi-Arabien
Export (2009)	38,3 Mrd. US-$ 52 % Elektronik 9 % Elektrotechnik 5 % Nahrungsmittel 5 % Kfz und -Teile 4 % Textilien und Bekleidung 3 % NE-Metalle 3 % Erdöl und -produkte Länder: USA, Japan, Niederlande, Hongkong, VR China, Singapur, Deutschland, Rep. Korea

Quelle: Fischer Weltalmanach 2011

M 3 Deutsche Unternehmen nutzen Standortvorteile

Manila (gtai) – Die Aussichten des philippinischen Business Process Outsourcing (BPO*) sind gut: Branchenkenner rechnen mit zweistelligen Umsatzwachstumsraten bis 2011. Selbst im weltweiten Krisenjahr 2009 stieg der Umsatz um 19,0 % auf etwas mehr als 7 Mrd. US-$. […] Zu den Pfunden, mit denen die Philippinen beim BPO wuchern können, zählen vor allem die Arbeitnehmer, die über gute Englischkenntnisse, einen relativ hohen Ausbildungsstand und eine historisch bedingte Vertrautheit mit der westlichen Kultur verfügen. Hinzu kommen wettbewerbsfähige Preise für Arbeit, Immobilien und Telekommunikation sowie steuerliche Anreize.
Besonders attraktiv für die Branche sind die Sonderwirtschaftszonen beziehungsweise IT-Parks und IT-Gebäude der Philippine Economic Zone Authority (PEZA). BPO-Anbieter können die dortigen Vorteile nutzen, wenn sie mindestens 70 % ihres Umsatzes mit im Ausland ansässigen Kunden erzielen. Sowohl die Standortvorteile des Landes wie auch die internationale Wettbewerbsfähigkeit der philippinischen BPO-Anbieter spiegeln sich in diversen Auszeichnungen wider. So wurden die Philippinen von der englischen National Outsourcing Association (NOA) 2009 zum zweiten Mal zur „Best Offshoring Destination of the Year" ernannt. Laut Tholons, einer Strategieberatungsfirma für weltweites Outsourcing und Investment, waren die Philippinen 2009 weltweit die zweitbeste Offshore Nation hinter Indien.
Der Großraum Manila wurde als die viertbeste „Global Outsourcing City" hinter Bangalore, New Delhi und Mumbai eingestuft; Cebu City errang sogar Rang eins in der Kategorie „Emerging Global Outsourcing City". Deutsche Firmen nutzen bereits seit Längerem die Standortvorteile der Philippinen beim BPO: So ist beispielsweise Henkel seit 2003 vertreten, die Deutsche Bank und Siemens folgten 2005. Anfang 2010 hat das Bosch Communication Center einen Ableger in Manila eröffnet, dessen Belegschaft auf bis zu 200 Beschäftigte ausgebaut werden soll. Unter anderem ausschlaggebend für die Standortentscheidung waren laut Bosch vor allem die (fremd-)sprachlichen Kenntnisse auf hohem Niveau sowie die entsprechende Infrastruktur. […]

* BPO / Business Process Outsourcing: vollständige oder teilweise Auslagerung von Geschäftsprozessen an externe Anbieter. Dabei werden vornehmlich nicht zum Kernbereich gehörende sog. sekundäre Prozesse wie Rechnungswesen, Personalwesen, Kundenbetreuung und Transport / Logistik ausgelagert.

Quelle: Oliver Höflinger, www.gtai.de/ext/Export-Einzelsicht/DE/Content/__SharedDocs/Links-Einzeldokumente-Datenbanken/, Zugriff am 12. 04. 2011

M 4 Outsourcing als Jobmotor

Auf den Philippinen boomt der Outsourcing-Markt. Die Beschäftigten lieben ihre nächtliche Arbeit und freuen sich über den üppigen Monatslohn von 260 Euro

Im Eastwood Cyberpark in Manila wird die Nacht zum Tag. Es ist 2.30 Uhr morgens, und die Straßen sind bevölkert wie am helllichten Tag. Ringsum recken sich Bürohochhäuser in den Nachthimmel, die Etagen hell erleuchtet. Dort gehen die Uhren anders, im Gleichklang mit den USA und Kanada, die mehr als 10 000 Kilometer und zig Zeitzonen von Manila entfernt liegen. In Eastwood sitzen Tausende Telefonagenten, die Kunden am anderen Ende der Welt beraten. Die Ministadt ist eines der vielen Outsourcing-Zentren, die auf den Philippinen aus dem Boden schießen.

In Kanada ist gerade Mittagszeit, und Mrs Phelp hat die Helpline des Computerherstellers Toshiba angerufen. „Hier ist Michelle, wie kann ich Ihnen helfen?", sagt Michelle trotz fortgeschrittener Stunde putzmunter in ihr Sprechgeschirr. Ein Job im Call-Center ist auf den Philippinen beliebt. 16 000 Peso gibt es im Monat für Anfänger – umgerechnet 260 Euro. Beamte mit jahrzehntelanger Erfahrung kommen gerade mal auf 10 000 bis 12 000 Peso.

Das Geschäft mit dem Outsourcing boomt auf den Philippinen. 320 000 Menschen arbeiten in der Branche, die im vergangenen Jahr 4,9 Milliarden Dollar (3,2 Milliarden Euro) Umsatz machte. Das ist jedoch noch wenig im Vergleich zu Indien, das fast ein Drittel des weltweiten Geschäfts und einen Umsatz von mehr als 30 Milliarden Dollar erzielt. Doch der Präsident des philippinischen Outsourcingverbandes BPA, Oscar Sanez, rechnet in diesem Jahr mit 40 Prozent Steigerung und 200 000 zusätzlichen Arbeitsplätzen. [...]

Quelle: dpa/Focus, www.focus.de/finanzen/karriere/berufsleben/philippinen_aid_264138.html, Zugriff am 12. 04. 2011

Allgemeine Hinweise zur Lösung der Aufgabe

Voraussetzungen

Die Übungsaufgabe bezieht sich auf den für 2012 festgelegten thematischen Schwerpunkt 1 (**Entwicklungsbedingungen und sozioökonomische Strukturen in Südostasien**) mit einem **Semesterübergriff** auf den thematischen Schwerpunkt 2 (**Räumliche Disparitäten und Strukturwandel in Europa**).

Aus dem thematischen Schwerpunkt 1 sind folgende Aspekte zu berücksichtigen:

- Naturräumliche Gliederung
- Aktiv- und Passivräume Südostasiens
- Stellenwert Südostasiens in der globalisierten Wirtschaft
- Unterschiedlicher Entwicklungsstand: Merkmale und Ursachen

Aus dem Schwerpunktthema 2 mit dem Unterpunkt „Wirtschaftssektoren im Wandel" sind vor allem die Standortvorteile europäischer Firmen im Ausland sowie Outsourcing-Projekte relevant.

Die Klausur ist in drei Teilaufgaben unterteilt, die inhaltlich aufeinander aufbauen. Die erste Teilaufgabe befasst sich mit der naturräumlichen Ausstattung der philippinischen Insel Luzon und der daraus resultierenden wirtschaftlichen Nutzung. Ausgehend von dieser Beschreibung wird in Teilaufgabe 2 der aktuelle Entwicklungsstand der Philippinen analysiert. In der dritten Teilaufgabe erfolgt aufbauend auf den ersten beiden Teilaufgaben der Semesterübergriff zu wirtschaftlichen Prozessen und Strukturen in Deutschland.

Zuordnung zu den AFB und Gewichtung

Aufgabe	AFB	Gewichtung
1.	I	30 %
2.	II	40 %
3.	III	30 %

Lösungsvorschläge

1. *Der Operator „beschreiben" verlangt, dass Sie strukturiert und fachsprachlich angemessen Materialien vorstellen und/oder Sachverhalte darlegen. Sinnvoll ist es, ergänzend zu M 1 Atlaskarten mit möglichst großem Maßstab zu verwenden (z. B. Diercke Weltatlas 2008, S. 179, 181; Haack Weltatlas 2008, S. 139, 140, 143). Diese Karten enthalten alle wesentlichen Informationen zur naturräumlichen Ausstattung der Insel Luzon und lassen zusätzlich die wirtschaftliche Nutzung erkennen. Die Karteninhalte müssen Sie unter Anwendung geografischer Fachbegriffe versprachlichen.*
Bevor die Teilaufgabe schriftlich gelöst wird, sollten Sie die Inhalte strukturieren. Sinnvoll ist es, nach den Aspekten Lage, Relief, Klima, Vegetation und Rohstoffvorkommen zu gliedern. Diese Gesichtspunkte bilden die Grundlagen für eine wirtschaftliche Nutzung. Dagegen stellen Industrie und Infrastruktur Bereiche der Wirtschaft dar, die nicht zum Naturraum gehören.
Vergewissern Sie sich, dass Sie die Quellen (M 1 bzw. Atlas) angeben, sobald Sie Informationen entnommen haben. Sollten sich ganze Abschnitte Ihrer Ausführungen auf Informationen aus dem Atlas stützen, können Sie die entsprechende Seite in einem kurzen Einleitungssatz angeben.

Luzon liegt im **Gradnetz** ungefähr zwischen 18° und 12° Nord sowie 119° und 125° Ost. Die Insel bildet den nördlichen Teil des Inselstaates der Philippinen mit der Hauptstadt Manila. Im Osten grenzen der Pazifische Ozean, im Süden die Sulusee und im Westen das Südchinesische Meer an Luzon.

Das **Relief** der Insel Luzon weist an den Küstenabschnitten Landhöhen im Bereich 100–200 m und 200–500 m auf. Von Nord nach Süd verlaufen Gebirgszüge im Osten der Insel nahe der Stadt Tuguegarao, im Landesinneren beginnend bei Laoag bis Quezon City und westlich von Dagupan und Angeles. Diese Landhöhen liegen im Bereich von 1 000–1 500 m, einige Abschnitte weisen auch Höhen von 1 500–3 000 m auf. Mit 2 928 m ist der Berg Pulog nördlich der Stadt Baguio die höchste Erhebung. Nordwestlich der Hauptstadt Manila liegen auch Flächen mit einer Landhöhe von 0–100 m. Meerestiefen im Osten der Insel bis zu 5 598 m und im Westen bis zu 5 016 m lassen auf Erdbewegungen sowie vulkanisch aktive Zonen schließen. Südwestlich der Hauptstadt befindet sich ein See mit Süßwasserreservoir im Landesinneren (M 1; Diercke Weltatlas 2008, S. 178/179).

Das **Klima** auf Luzon ist tropisch, wobei der östliche Teil **tropisches Regenklima** und der Westen **tropisches Feuchtklima** aufweist. Luzon erhält sowohl im Nordsommer als auch im Nordwinter durch den **Monsun** starke Niederschläge (monatliche **Niederschlagsmengen** von 300–400 mm durch den Nordsommer-Monsun und zwischen 25 und 300 mm im Nordwinter (im Norden weniger als im Süden der Insel)). Die **Mitteltemperaturen** liegen während aller Monate über 18 °C (Diercke Weltatlas 2008, S. 228/229).

Die **Vegetation** ist entsprechend der Klimazone **tropischer Regenwald** der **immerfeuchten Tropen**. Entlang der gesamten Küste gibt es Korallenriffs. In einzelnen Gebieten (z. B. nördlich von Tuguegarao, nördlich von Quezon City) wird mithilfe künstlicher Bewässerung Reis angebaut. Als weiteres **Hauptanbauprodukt** werden im Süden Luzons Kokospalmen kultiviert. Auf den verbleibenden Flächen betreiben die Philippiner tropischen Feldbau (Diercke Weltatlas 2008, S. 180/181 und 236/237).

An **Bodenschätzen** sind zentral auf der Insel Gold und Chrom vorhanden, Eisen und Kupfer sind im Südosten vorrätig (Diercke Weltatlas 2008, S. 180–181).

Hinsichtlich der **wirtschaftlichen Nutzung** kann festgestellt werden, dass das ökonomische Zentrum der Insel Luzon aufgrund der Lage der Bodenschätze und der physischen Gegebenheiten die Hauptstadt Manila ist. Die Anbindung an China und Malaysia als Handelspartner ist über den Seeweg (Südchinesisches Meer) sichergestellt. Der Norden der Insel ist durch die naturräumliche Ausstattung ebenso benachteiligt wie der Süden.

2. *Der Operator „analysieren“ gibt vor, einen Raum kriterienorientiert oder aspektgeleitet zu erschließen und strukturiert darzustellen. Sie müssen das vorliegende Material M 2 nach Indikatoren untersuchen, sodass abschließend eine Einteilung in eine Entwicklungsstufe erfolgen kann. Zur Lage von wirtschaftlichen Zentren ist das Hinzuziehen des Atlas mit einer Wirtschaftskarte sinnvoll.*
Sie sollten eine Art Raster mit den wichtigsten Merkmalen von Unterentwicklung parat haben. Charakteristisch sind z. B. folgende Kennzeichen:
- *Armut (geringes BIP);*
- *geringe Diversifizierung der Produktions- und Exportstruktur;*
- *hoher Exportanteil von Rohstoffen auf niedriger Verarbeitungsstufe;*
- *hoher Anteil der Beschäftigten in der Landwirtschaft;*
- *hohes Bevölkerungswachstum;*
- *mangelhafte Infrastruktur.*

Die mithilfe des Materials M 2 dargestellten Durchschnittswerte müssen Sie analysieren. Führen Sie die aussagekräftigsten Indikatoren auf, damit deutlich wird, weshalb die genannten Kriterien charakteristisch für die Entwicklungsstufe sind. Dabei kann es vorkommen, dass einzelne Werte nicht in die Entwicklungsstufe passen. Dies stellen Sie dar und erklären, warum der Indikator nicht passend ist.

Das BIP der Philippinen betrug im Jahr 2009 161 Mrd. US-$ mit einem realen Zuwachs von 0,9 %. Mit diesen Werten repräsentieren die Philippinen eine Nation mit einer **erstarkenden Wirtschaft** (M 2).

Als Indikator des Entwicklungsstands lässt sich der **Anteil der einzelnen Sektoren am BIP** hinzuziehen. 2009 betrug der Anteil der Landwirtschaft 15 %, der der Industrie 30 % und der der Dienstleistungen 55 %. Deutlich ist zu erkennen, dass der **tertiäre Sektor** mehr als die Hälfte des gesamten BIP und die Landwirtschaft den geringsten Anteil ausmacht. Die Industrie mit ca. einem Drittel ist ebenfalls repräsentativ, um die Philippinen als **Schwellenland** einzuordnen. Auch die **Erwerbstätigkeit in den einzelnen Sektoren** als Indikator weist in diese Richtung: 36 % der Beschäftigten aus dem **primären Sektor** erwirtschaften nur 15 % des gesamten BIP. Somit sind mehr als ein Drittel der Beschäftigten in der Landwirtschaft tätig, diese trägt aber nur wenig zum BIP bei. Die Beschäftigten im tertiären Sektor spiegeln den erwirtschafteten Anteil am BIP wider (Anteil am BIP: 55 %, Anteil Erwerbstätigkeit: 49 %). Dieser Sachverhalt ist dem **Umbruch vom Entwicklungsland hin zum Industrieland** zuzuschreiben, denn gerade im Umbruch befindliche Staaten (Schwellenland) weisen entsprechende Anteile der Erwerbstätigen auf.

Die **Exportstruktur** ist in verschiedenen Bereichen ausgebaut. Neben Elektronik, Elektrotechnik und Kfz spielen auch der arbeitsintensive Bereich des Niedriglohnsektors (Textilien, Bekleidung) sowie die Ausfuhr von Rohstoffen (NE-Metalle und Erdöl) eine Rolle. Ein hoch entwickeltes Land weist jedoch noch stärkere **Diversifizierungen** auf. Die Handelspartner sind nicht nur im asiatischen Raum zu finden, sondern auch weltweit (z. B. USA, Deutschland). Ungünstig ist aber die **negative Handelsbilanz** (Warenexport im Wert von 38,3 Mrd. US-$, Warenimport im Wert von 43 Mrd. US-$), die zu steigender Auslandsverschuldung führt.

Das **Bevölkerungswachstum** der Philippinen betrug im Zeitraum 2000–2008 1,9 %. Es ist als hoch einzuschätzen, was eher ein Indikator für ein wenig entwickeltes Land ist.

Die Bevölkerung weist eine **Alphabetisierungsrate** von 93 % der männlichen und 94 % der weiblichen Bewohner auf. Das Geschlechterverhältnis ist relativ ausgeglichen, was auf eine schulische Bildung von Jungen und Mädchen gleichermaßen schließen lässt. Dieser Indikator weist auf ein Land mit mittlerer bis hoher Entwicklung hin. Da keine weiteren Informationen im Material enthalten sind, können allerdings keine weiteren Rückschlüsse darauf gezogen werden, ob beispielsweise in den **peripheren Regionen** die Alphabetisierungsrate geringer ist als in den Metropolregionen.

Eine Betrachtung des Gesamtstaats lässt ausgeprägte **Disparitäten** zwischen der Großregion um die Hauptstadt Manila und peripheren Gegenden z. B. im Norden Luzons sowie auf den zahlreichen Inseln vermuten. Die Industrie- und Dienstleistungszentren sind vorwiegend auf Luzon angesiedelt; kleinere Inseln wie Panay oder Bohol sind dagegen stark agrarisch geprägt. Auch die Verkehrsinfrastruktur (Eisenbahn und wichtige Straßen) stößt außerhalb Luzons schnell an ihre Grenzen. In den Peripherregionen stellt der Tourismus eine wichtige Einnahmequelle dar (vgl. Diercke Weltatlas 2008, S. 180/181).

Insgesamt lassen sich die Philippinen mithilfe der in M 2 aufgezeigten Indikatoren als **Schwellenland** einstufen, das sich zurzeit im Umbruch vom Entwicklungs- zum Industrieland befindet. Die Wirtschaft ist auf dem Weg zu einer **polystrukturierten** Basis, wobei die ökonomische Entwicklung innerhalb des Landes stark unterschiedlich ist und periphere Gebiete unterentwickelt sind.

3. *In dieser Teilaufgabe wird der Semesterübergriff zum Themenschwerpunkt 2 „Räumliche Disparitäten und Strukturwandel in Europa" mit dem Unterpunkt „Wirtschaftssektoren im Wandel" vollzogen.*
Der Operator „beurteilen" bedeutet, dass Sie den Stellenwert von Sachverhalten oder Prozessen in einem Zusammenhang überprüfen, um kriterienorientiert zu einem begründeten Sachurteil zu gelangen. Dieser Operator entspricht dem Anforderungsniveau III.
Führen Sie zunächst die Fakten aus M 3/M 4 bzw. aus Ihren Kenntnissen der ersten beiden Teilaufgaben auf, um dann begründet eine Bewertung im Hinblick auf das unternehmerische Handeln europäischer Firmen auf den Philippinen zu formulieren. Es ist hilfreich, zunächst die Standortvorteile aus deutscher Sicht (M 3) zu analysieren und im Anschluss den Outsourcing-Markt auf den Philippinen (M 4) zu bewerten. Beachten Sie, dass der europäische Wandel in den Wirtschaftssektoren die Beurteilungsgrundlage bildet.

Im Folgenden werden zunächst die Standortvorteile deutscher Firmen auf den Philippinen untersucht, im Anschluss der Outsourcing-Markt des Inselstaats.

Die in M 3 aufgeführten **Standortvorteile** für deutsche Unternehmen sind vielfältig. Ausschlaggebend für Standortentscheidungen sind laut Bosch die Fremdsprachenkenntnisse auf hohem Niveau und die gut ausgebaute Infrastruktur (vgl. Z. 26 f.). Ein wichtiger Vorteil der philippinischen Arbeitskräfte ist der relativ hohe Ausbildungsstand und eine durch frühere Kolonialbeziehungen gegebene Vertrautheit mit der westlichen Kultur (vgl. Z. 6 f.). Ein weiterer Anreiz für ausländische Unternehmen ist neben niedrigen Löhnen (im Call-Center durchschnittlich 260 Euro pro Monat, vgl. M 14, Z. 14) sowie günstigen Preisen für die Infrastruktur auch die staatliche Förderung (vgl. M 3, Z. 7 f.). In der Folge stieg der Umsatz von **Outsourcing-Prozessen** im Jahr 2009 um 19 % (Z. 3). Die Philippinen bilden nach Indien die zweitbeste Offshore-Nation (vgl. Z. 18) und haben für ihre Outsourcing-Zentren zahlreiche Auszeichnungen erhalten (vgl. Z. 14).

Die Arbeitnehmer der Outsourcing-Branche sind laut M 4 sehr zufrieden. Sie verdienen in einem Call-Center auf den Philippinen monatlich 16 000 Peso als Anfänger, womit das Lohnniveau deutlich über dem Landesdurchschnitt liegt – selbst langjährige Beamte verdienen lediglich 10 000 – 12 000 Peso pro Monat. Der **Verdienst und die Arbeitsplatzangebote** in dieser Branche sind somit für die Einheimischen sehr attraktiv und vorteilhaft. Mit weiteren Umsatzsteigerungen und Arbeitsplätzen wird gerechnet (vgl. Z. 19 f.).

Wegen der attraktiven Bedingungen lagern zahlreiche Firmen beispielsweise aus **Europa** (Henkel, Deutsche Bank, Siemens; vgl. M 3, Z. 23) **Geschäftsprozesse auf die Philippinen aus**. Auf diese Weise können sie hoch qualifizierte Arbeitnehmer einstellen und gleichzeitig Kosten sparen. Vor allem die Sonderwirtschaftszonen und IT-Parks (vgl. Z. 9 f.) bieten sich hier an.

Risiken ergeben sich vor allem für die ursprünglichen Firmenstandorte in Europa, an denen zahlreiche **Arbeitsplätze** besonders im gering qualifizierten Bereich verloren gehen. Europäische Arbeitskräfte sind im BPO-Bereich nicht wettbewerbsfähig genug, um mit der philippinischen Konkurrenz mitzuhalten. Dies zeigt sich in den Preisen für Arbeit, bei den Fremdsprachenkenntnissen und beim Ausbildungsstand. Verdient ein philippinischer Arbeitnehmer im Call-Center umgerechnet 260 € und freut sich über seinen „üppigen Monatslohn" (M 4, Z. 2), könnte ein europäischer Arbeitnehmer mit diesem Gehalt aufgrund der höheren Lebenshaltungskosten nicht einmal seine Grundbedürfnisse decken.

Thematischer Schwerpunkt 3:
Siedlungsräume in ihren Entwicklungen

Klausurthema: *Stadtentwicklungsprozesse in Curitiba/Brasilien und Putrajaya/Malaysia*

Arbeitsanweisungen

1. Beschreiben Sie die Entwicklung der weltweiten Verstädterung seit 1950.
2. Vergleichen Sie vor dem Hintergrund städtischer Entwicklungen im jeweiligen Land den Masterplan der brasilianischen Stadt Curitiba mit dem malaysischen Multimedia Superkorridor.
3. *„Ob eine Stadt zivilisiert ist, hängt nicht von der Zahl ihrer Autobahnen und Schnellstraßen ab, sondern davon, ob ein Kind auf dem Dreirad unbeschwert und sicher überall hinkommt." (Enrique Peñalosa, Ex-Bürgermeister der kolumbianischen Hauptstadt Bogotá).*

   Erörtern Sie vor dem Hintergrund dieses Zitats die Zukunftsaussichten beider Stadtentwicklungsprojekte.

Hilfsmittel: eingeführter Schulatlas, Taschenrechner

M 1 Verstädterung 1950 und 2009 im Vergleich

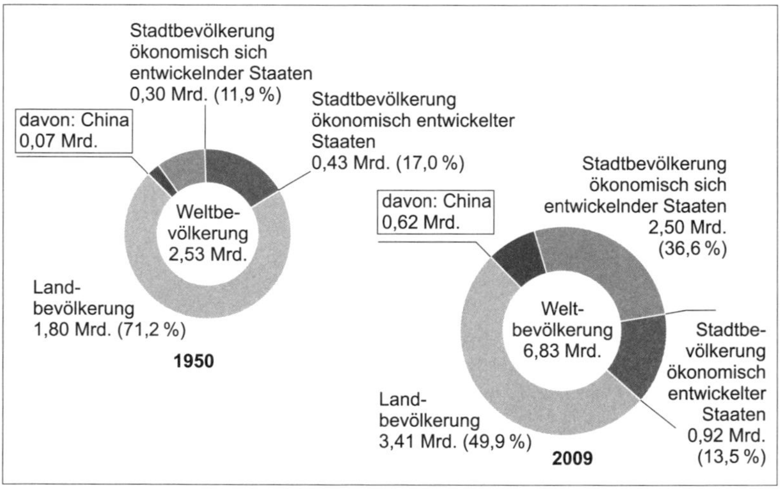

Quelle: UN/DESA: World Population Prospects: The 2003/2004/2007 Revision. Fundort: www.bpb.de/files/HBW2V2.pdf, aktualisiert

M 2 Curitiba Master Plan

Auf der Überholspur: öffentlicher Nahverkehr in Brasilien

In den 1960er-Jahren zählte die Stadt Curitiba, Hauptstadt des brasilianischen Bundesstaates Paraná, 400 000 Einwohner. Mittlerweile leben im Großraum Curitiba annähernd fünf Millionen Menschen. Und mit jedem Tag zieht die Region, deren Pro-Kopf-Einkommen etwa dreimal so hoch ist wie der Landesdurchschnitt, neue Zuwanderer an. Daher ließ der Bürgermeister Ivo Arzua einen Masterplan für das vorbildliche öffentliche Verkehrssystem von Curitiba entwickeln. Die rasante und unkontrollierte Ausdehnung der Stadt war Anlass für die Ausschreibung eines neuen Masterplans für Curitiba, den Jamie Lerner, Stadtplaner, Architekt und Bürgermeister, mit seinem Team gewann. Durch minimale Eingriffe wurde ein öffentliches Busnetz eingerichtet und die Straßen in Korridore unterschiedlicher Geschwindigkeiten eingeteilt. Dieser „Akupunktur-Urbanismus" brachte enorme Verbesserungen. Reduzierung des Verkehrs im Zentrum, Erhöhung des öffentlichen Verkehrs, Schutz der historischen Bauten sowie Minimierung der Zersiedelung waren nur einige der Effekte. Heute existiert die erste Fußgängerzone Brasiliens sowie ein Bus- und Individualverkehr, der mittels eigener Fahrstreifen getrennt ist. Die Entwicklung der Stadt entlang der Busachsen wurde dabei durch legislative Maßnahmen unterstützt.

Foto rechts: Röhrenförmige Stationen des öffentlichen Nahverkehrs, behindertengerecht ausgebaut

Foto links: Je Verkehrsmittel eine Spur

Quelle: www.ifa.de, Zugriff 19. 04. 2011. Fotos: © Curitiba City

M 3 Sag ja zu Cyberjaya!

Malaysia hat einen großen Plan: Bis ins Jahr 2020 will sich das ostasiatische Schwellenland in eine voll entwickelte Wirtschaftsnation [...] auswachsen. Der Tigerstaat setzt dabei ganz auf Informationstechnologie. In 20 Jahren will das Land Standort für alle wichtigen Unternehmen der Multimediabranche sein. Treibende Kraft ist der seit 1981 amtierende Ministerpräsident Mahathir bin Mohammad. [...] Sein ehrgeizigstes Projekt ist der „Multimedia Super Corridor", kurz MSC genannt, Malaysias High-Tech-Tor zur Welt. Der Multimedia Super Corridor breitet sich vor den Toren der Hauptstadt Kuala Lumpur auf einem 50 mal 15 Kilometer großen Ölpalmenplantagenareal aus. Das Gebiet wird begrenzt von zwei architektonischen Superlativen, dem Kuala Lumpur International Airport, dem derzeit modernsten internationalen Flughafen der Welt, und den bislang höchsten Türmen der Welt, den Petronas Twin Towers, auf der anderen Seite. Um zu beweisen, wie ernst es ihm mit seinem High-Tech-Vorhaben ist, zog der Ministerpräsident mit seinem gesamten Gefolge in den MSC um. Putrajaya, der Erfolg des Prinzen, heißt die neue Regierungsstadt in direkter Nachbarschaft zur Cyberjaya, dem eigentlichen zukünftigen Herzen des MSC. Mit Cyberjaya wollen die Malaysier eine ideale Multimedia-Umgebung errichten, die Unternehmen von Weltklasse als Mittelpunkt dient. Für den reibungslosen Datenfluss sorgt ein Telekommunikationsnetz mit einer Datendurchsatzrate von 2,5 bis 10 Gigabytes pro Sekunde, und das selbstverständlich zu international vergleichbaren Tarifen. [...]

Quelle: Astrid Vogelpohl, ZEIT Online, 2000, www.zeit.de/2000/25/200025.m_malaysia_.xml, Zugriff 19. 04. 2011

M 4 Der Multimedia-Superkorridor

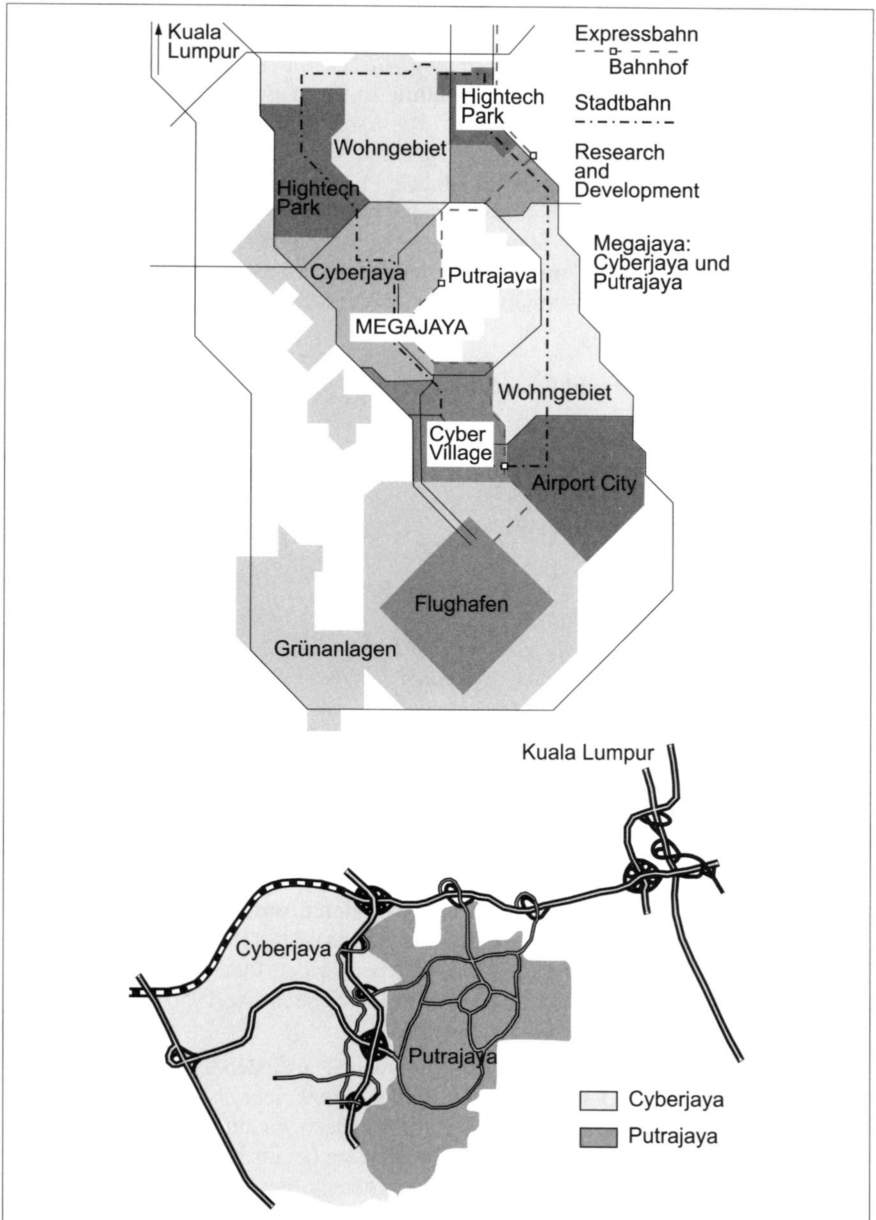

Quelle: nach www.cyberjaya-msc.com; http://w4.siemens.de/de2/flash/about/spotlight/articles/ sp_kualalumpur.html, Zugriff am 19. 01. 2003

Allgemeine Hinweise zur Lösung der Aufgabe

Voraussetzungen
Diese Übungsaufgabe bezieht sich vorrangig auf den für das Abitur 2012 gültigen thematischen Schwerpunkt 3 „**Siedlungsräume in ihren Entwicklungen**“ bzw. auf dessen Aspekte

- Außereuropäische Stadtmodelle/Stadttypen und
- Verstädterung und Urbanisierung als globale Phänomene.

Durch den Vergleich der brasilianischen Stadt Curitiba mit dem malaysischen Multimedia Superkorridor wird der Semesterübergriff zum thematischen Schwerpunkt 1 „**Entwicklungsbedingungen und sozioökonomische Strukturen in Südostasien**“ (Metropolisierung als Folge weltwirtschaftlicher Verflechtungen, Entwicklungspotenziale und -perspektiven) hergestellt.

Zuordnung zu den AFB und Gewichtung

Aufgabe	AFB	Gewichtung
1.	I	30 %
2.	II	40 %
3.	III	30 %

Lösungsvorschläge

1. *Der Operator „beschreiben“ verlangt von Ihnen, dass Sie Materialien strukturiert und fachsprachlich angemessen vorstellen und/oder Sachverhalte darlegen. Beachten Sie, dass Sie nicht aufgefordert sind, Gründe für die beschriebene Entwicklung der weltweiten Verstädterung anzuführen!*

   Im Zuge des **Anstiegs der Weltbevölkerung** von ca. 2,5 Mrd. Menschen im Jahr 1950 auf ca. 6,8 Mrd. Menschen 2009 veränderten sich auch die jeweiligen Anteile der Stadt- und Landbevölkerung. Lebten 1950 nur ca. 29 % der Weltbevölkerung in Städten, so sind es 2009 mehr als die Hälfte.

   Der Anteil der städtischen Bevölkerung ist **regional unterschiedlich verteilt**. In den **ökonomisch entwickelten Staaten** hat er von 17 % (1950) auf 13,5 % (2009) leicht abgenommen. In absoluten Zahlen leben in den Industrieländern 2009 jedoch doppelt so viele Menschen (0,92 Mrd.) in Städten wie 1950 (0,43 Mrd.), da die Bevölkerung insgesamt zugenommen hat.

   In den ökonomisch sich entwickelnden Staaten, also den **Entwicklungs- und Schwellenländern**, wohnen prozentual im Jahr 2009 mehr als dreimal (36,6 %) so viele Menschen in Städten wie 1950 (11,9 %). Bezogen auf die absoluten Zahlen leben in den Entwicklungs- und Schwellenländern bereits heute mehr als zweieinhalbmal so viele Städter wie in den Industriestaaten. Besonders hervorzuheben ist hier der Anteil der chinesischen Stadtbevölkerung – nahezu ein Viertel aller Städter in ökonomisch sich entwickelnden Staaten lebt in China. Die Volksrepublik stellt aber auch weltweit 1,3 Mrd. Menschen. Hauptgründe für die absolute und relative Zunahme der Stadtbevölkerung in den Entwicklungs- und Schwellenländern sind das hohe Bevölkerungswachstum auf der einen und der Zuzug von Personen aus ländlichen Gebieten auf der anderen Seite.

Die Anzahl der Menschen, die auf dem Land leben, hat sich seit 1950 in absoluten Zahlen zwar von 1,8 Mrd. auf ca. 3,4 Mrd. im Jahr 2009 erhöht, was mit dem starken weltweiten Bevölkerungswachstum in Zusammenhang steht. Prozentual ist der Anteil der **Landbevölkerung** jedoch von 71,2 % auf 49,9 % zurückgegangen.

2. *Beim „Vergleichen" sollen Sie Gemeinsamkeiten, Ähnlichkeiten und Unterschiede von Sachverhalten kriterienorientiert darlegen. Sie können mit einem kurzen Überblick über die städtischen Entwicklungen in Brasilien und Malaysia beginnen, damit Sie diesen in der Aufgabenstellung geforderten „Hintergrund" nicht vergessen. Hier ist vor allem Ihr Unterrichtswissen gefragt. Anschließend stellen Sie die beiden Stadtentwicklungskonzepte gemäß den Materialien kurz vor, wobei Sie Gemeinsamkeiten und Unterschiede deutlich machen. Vergessen Sie nicht, auch den Atlas für unterstützendes Kartenmaterial heranzuziehen!*

In **Brasilien** wie in den anderen Staaten Lateinamerikas ist der Verstädterungsgrad sehr hoch (ca. 80 %). Es gibt zahlreiche Millionenstädte wie São Paulo, Rio de Janeiro, Belo Horizonte, Porto Alegre usw. Die Städte sind durch rasantes Wachstum, bedingt v. a. durch die starke Zuwanderung (Landflucht), gekennzeichnet.
In **Malaysia** hat die Urbanisierung besonders seit den 1970er-Jahren rapide zugenommen, wobei aus historischen und geografischen Gründen die malaysische Halbinsel stärker verstädtert ist als Ost-Malaysia. Wanderungsbewegungen sind fast ausschließlich in die Hauptstadt Kuala Lumpur gerichtet, kaum in andere Bundesstaaten. Zur Entlastung der Hauptstadt sind planmäßig angelegte Satellitenstädte entstanden.

Die sich aus der zunehmenden Verstädterung ergebenden **Probleme** sind sowohl in Brasilien als auch in Malaysia gleich: Slumbildung und Marginalisierung, Unterbeschäftigung, stadtökologische Probleme (prekäre Wasserversorgung, unkontrollierte Wasser- und Müllentsorgung, steigende Luftverschmutzung), Kriminalität, Prostitution, Korruption etc.

Der in M 2 umrissene „**Master Plan**" für Curitiba setzt vorrangig auf **Nachhaltigkeit**. Der öffentliche Personennahverkehr wurde umstrukturiert und stark erweitert. Besondere Bedeutung kommt dabei dem flexiblen Busnetz zu, das vorbildlich ausgebaut ist. Die Busachsen stellen gleichzeitig Entwicklungsachsen dar. Auch für den Individualverkehr ergaben sich Verbesserungen durch eine Aufteilung der Straßen in Korridore. Je Verkehrsmittel steht nun ein Fahrstreifen zur Verfügung, was sich auf den Verkehrsfluss positiv auswirkt, die Sicherheit im Straßenverkehr erhöht und langen Staus vorbeugt. Als erste brasilianische Stadt hat Curitiba sogar Fußgängerzonen eingerichtet.

Im Atlas finden sich weitere Hinweise auf die nachhaltige Schwerpunktsetzung des Master Plans: Dezentrale Verwaltungszentren und kommunale Schulen mit Bibliotheken fördern kurze Wege und tragen somit ebenfalls zu einer Minderung des Verkehrsaufkommens bei. Auch die Abfallentsorgung wurde geregelt (vgl. z. B. Diercke Weltatlas 2008, S. 218.2).

Der **malaysische Multimedia Super Corridor** soll vorrangig die **technologische Entwicklung** vorantreiben. Die beiden hier planmäßig und völlig neu angelegten Siedlungen Putrajaya und Cyberjaya dienen nicht nur der Entlastung Kuala Lumpurs (Putrajaya als neuer Regierungssitz, vgl. M 3), sondern bieten aufgrund ihrer hervorragenden Infrastruktur (optimale Verkehrsanbindung per Schiene, Straße und Flugzeug; Fühlungsvorteile in den Hightechparks, „ideale Multimedia-Umgebung") sehr gute Standortbedingungen für die Ansiedlung von Unternehmen aus dem FuE-Bereich sowie der Dienstleistungs- und Kommunikationsbranche. Inwiefern bei der Planung Aspekte der Nachhaltigkeit eine Rolle spielten, ist den Materialien nur am Rande zu entnehmen. Da offenbar Wert auf Grünanlagen und eine gute Zugverbindung Wert gelegt wurde, scheint das Thema bei aller Multimedia-Orientierung durchaus eine Rolle gespielt zu haben (M 3, M 4).

3. *Zu einer vorgegebenen Problemstellung sollen Sie eine reflektierte, abwägende Auseinandersetzung führen und zu einem begründeten Sach- und/oder Werturteil kommen (Operator „erörtern").*

Das Zitat des ehemaligen Bürgermeisters von Bogotá stellt das, was man allgemein unter „zivilisiert" oder „hohem Entwicklungsstand" versteht, infrage. Im Vordergrund der Stadtplanung soll nach Enrique Peñalosa nämlich nicht z. B. ein Ausbau der Verkehrsinfrastruktur im Sinne einer „autogerechten Stadt" stehen, sondern das tägliche Leben und der Alltag der Stadtbewohner.

Unter diesem hohen Anspruch fällt der malaysische Multimedia Super Corridor, wie er in den Materialien M 3 und M 4 präsentiert wird, durch. Hier wird vorrangig auf den Ausbau der Infrastruktur und Technologie gesetzt, im Vordergrund stehen ökonomische Aspekte – dabei geht aber vermutlich die **Maßstäblichkeit zum Menschen** verloren. Die Wirtschaft wird im MSC sicher boomen, die Umsätze werden steigen und ausländische Investoren werden angelockt. In ökonomischer Hinsicht sind Putrajaya und Cyberjaya also für die Zukunft gut aufgestellt. Ob sich Menschen in dieser Cyberwelt bzw. in „architektonischen Superlativen" (M 3, Z. 9) wohlfühlen und dort langfristig leben möchten, ist aber zu bezweifeln. Wahrscheinlich ist von einer Trennung von Leben (in Kuala Lumpur) und Arbeiten auszugehen.

In Curitiba sind dagegen durchaus positive Ansätze für eine im Sinne Peñalosas „zivilisierte“ Stadtentwicklung zu erkennen. Zwar ist es schwer vorstellbar, dass in der brasilianischen Stadt ein Kind mit dem Dreirad überall hinfahren kann, wohl aber z. B. mit dem Fahrrad oder mit dem Bus. Auch für Behinderte ist dies bereits möglich (vgl. M 2, rechtes Foto).

Der Ansatz erscheint zukunftsträchtig, da hier im Sinne einer **nachhaltigen Stadtentwicklung** ökonomische, ökologische und soziale Aspekte verknüpft werden. Allerdings ist offenbar ein zentrales Problem in Städten sich entwickelnder Staaten, nämlich die Slumbildung, nicht in Angriff genommen worden. Hier besteht für die Zukunft noch Handlungsbedarf.

Insgesamt erscheint das Zitat sehr idealistisch. Das geforderte Ziel, dass ein Kind mit dem Dreirad überall hinkommt, ist sicher unerreichbar für eine ganze Stadt und höchstens für einzelne Stadtteile durchzusetzen. Nach diesem hohen Maßstab gibt es wohl keine Stadt auf der Welt, die „zivilisiert“ ist. Dass Teilaspekte aber durchaus auch in Entwicklungs- und Schwellenländern zu verwirklichen sind, zeigt das Beispiel der brasilianischen Stadt Curitiba.

Schriftliche Abiturprüfung Niedersachsen Erdkunde
Erhöhtes Anforderungsniveau – Übungsaufgabe 3

Thematischer Schwerpunkt 2:
Räumliche Disparitäten und Strukturwandel in Europa

Klausurthema: *Polen als Wirtschaftsraum in der EU*

Arbeitsanweisungen

1. Beschreiben Sie Polen als Wirtschaftsraum.
2. Charakterisieren Sie den sozioökonomischen Entwicklungsstand Polens innerhalb der EU.
3. Erläutern Sie die wirtschaftliche Entwicklung der Stadt Posen auch unter Berücksichtigung des Engagements von VW.
4. *„Polen wird auch in Zeiten der Globalisierung positive Aussichten als Wirtschaftsraum haben."* Nehmen Sie Stellung zu dieser Aussage.

M 1 Strukturdaten Polens und Deutschlands

		Polen		Deutschland	
Merkmal	**Einheit**	**Wert**	**Jahr**	**Wert**	**Jahr**
Landfläche	Km^2	304 250	2008	348 770	2008
BIP zu den jeweiligen Preisen	Mrd. US-$	430	2009	3 347	2009
BIP zu den jeweiligen Preisen je Einwohner	US-$	11 273,33	2009	40 873,27	2009
Reale Veränderung des BIP	% zum Vorjahr	1,7	2009	–4,3	2009
Inflationsrate	% zum Vorjahr	3,94	2009	0,31	2009
Bruttowertschöpfung: Sektor Landwirtschaft	% des BIP	4,51	2009	0,87	2008
Bruttowertschöpfung: Produzierendes Gewerbe	% des BIP	31,07	2009	30,01	2008
Bruttowertschöpfung: Dienstleistungssektor	% des BIP	64,42	2009	69,03	2008

Bevölkerung	1 000	38 150	2009	81 880	2009
Bevölkerung unter 15 Jahren	%	15,0	2009	13,5	2009
Bevölkerung ab 65 Jahren	%	13,4	2009	20,2	2009
Erwerbsquote	%	54,6	2008	59,8	2008
Erwerbslosenquote	%	10,2	2009	7,4	2009
Arbeitskosten im produzierenden Gewerbe	US-$ pro Stunde	10,07	2008	48,22	2008
BNE je Einwohner	US-$	12 260	2009	42 560	2009
Export insgesamt	Mrd. US-$	133,6	2009	1 127,6	2009
Import insgesamt	Mrd. US-$	145,8	2009	939,0	2009

Quellen: www.destatis.de/jetspeed/portal/cms/Sites/destatis/Internet/DE/Content/Statistiken/Internationales/ InternationaleStatistik/Land/Europa/Polen,templateId=renderPrint.psml; www.destatis.de/jetspeed/portal/cms/Sites/destatis/Internet/DE/Content/Statistiken/Internationales/InternationaleStatistik/Land/Europa/Deutschland,templateId=renderPrint.psml

M 2a Die Wirtschaft Polens

Wirtschaftsstruktur

Seit Beginn der Transformation 1990 hat Polens Wirtschaft eine eindrucksvolle Entwicklung durchlaufen und 2009 unter allen Nationalökonomien in der EU einen beachtlichen 6. Rang belegt. Die Wirtschaftsstruktur reflektiert Polens tief greifende Fortschritte und nähert sich heute der Wirtschaftsstruktur der alten EU-15-Mitgliedsstaaten an. Die Bruttowertschöpfung erfolgt inzwischen zu fast 50 % im Dienstleistungssektor und nur noch zu 24 % in der Industrie. Über 6 % entstehen in der Bauwirtschaft und knapp 3 % in der Landwirtschaft. Beinah 70 % der Wertschöpfung erfolgt im Privatsektor, der fast 75 % der Arbeitskräfte beschäftigt.

Wichtige polnische Wirtschaftszweige mit langer Tradition sind die Lebensmittelindustrie, die Energieversorgung, der Bergbau und die Hüttenindustrie, gefolgt von Maschinenbau, Elektrotechnik/Elektronik, Fahrzeugbau sowie der Textil- und Bekleidungsindustrie. 2009 entwickelte sich weiterhin der Dienstleistungssektor dynamisch. [...]

2010 hat Polen ersten Hochrechnungen des Statistischen Hauptamtes GUS zu folge mit einem Wirtschaftswachstum von 3,8 % abgeschlossen, 2 Prozentpunkte mehr als im Krisenjahr 2009. Hauptantrieb war der Inlandskonsum, der um knapp 4 % gestiegen ist, Investitionen sind hingegen um 2% zurückgegangen.

Polen nach dem EU-Beitritt

ZPORR – Integriertes Operationsprogramm für Regionalentwicklung – ist eines der sechs Operationsprogramme, die im Rahmen des Nationalen Entwicklungsprogrammes in Polen realisiert wurden. Das Budget des Programmes betrug 11,2 Mrd. PLN (11 200 Mio. EUR). Von der Landesebene verwaltet wurde es in den Regionen um-

gesetzt. Dank diesem Programm wurden u. a. fast 4 000 km Straßen – sowie fast 5 000 km Kanalnetz – gebaut, über 3 500 km Wasserleitungen, 139 Kläranlagen und 137 Wasseraufbereitungsstationen. Es ist ein Paradebeispiel für die Nutzung der EU-Zuschüsse. […] Im Rahmen des zentral verwalteten Operationsprogrammes Innovative Wirtschaft werden vor allem kleine und mittlere Unternehmen unterstützt. […] Man kann sich u. a. um finanzielle Unterstützung bei Bauinvestitionen, Modernisierung und Informatisierung bewerben. […]
Der polnische Außenhandel entwickelte sich seit dem Beitritt zur EU sowohl auf der Import- als auch der Exportseite dynamisch. Das Schwergewicht des Außenhandels hat sich 2009 zunehmend auf die EU-Länder verlagert (79,3 % der Exporte und 61,5 % der Importe), wobei Deutschland als mit Abstand größter Handelspartner Polens eine herausragende Stellung einnimmt (26 % der polnischen Gesamtausfuhr und etwa 22 % der Gesamteinfuhr). […]
Ungeachtet der wachsenden internationalen Konkurrenz gilt Polen bei deutschen Unternehmen als attraktivster Standort Mittel- und Osteuropas.

Quellen: Michael Kern, Standort S. R.O., www.estandort.com/nachholbedarf-bei-erneuerbaren-energien/; Compress Verlags GmbH & Co. KG, www.wininternational.at/de/content/polen-nach-dem-eu-beitritt.de; Botschaft der Bundesrepublik Deutschland, www.warschau.diplo.de/vertretung/warschau/de/05/aaa-wirtschaft__hauptbereich__ub.html

M 2b Außenhandel zwischen Deutschland und Polen (2009)

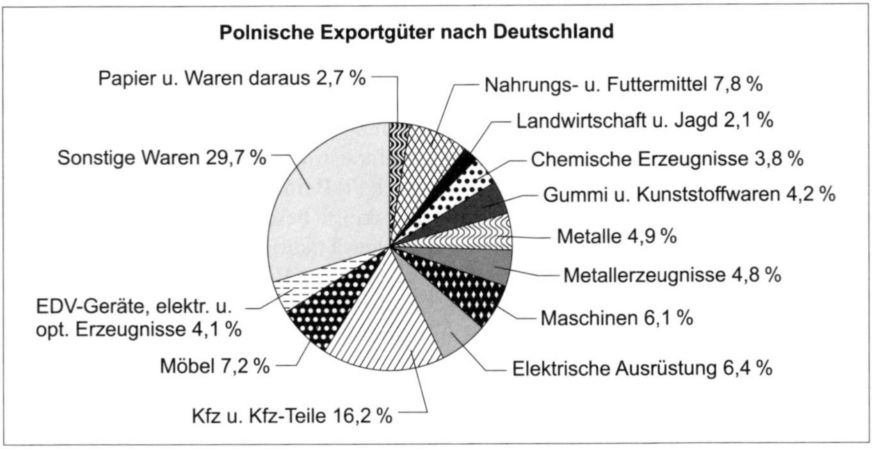

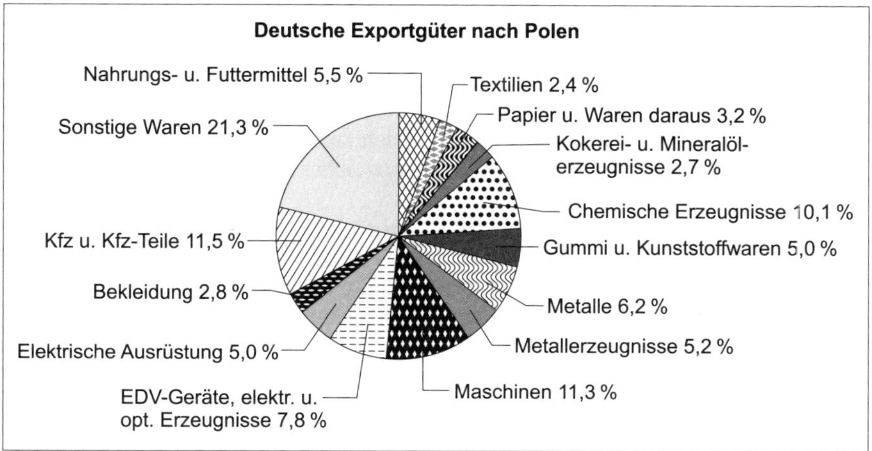

Quelle: www.kooperation-international.de/polen/themes/international/fub/laender/laendergesamt-bericht/#subtyp73

M 3 Die Stadt Posen im Zeichen des Wandels

Posen ist eine der größten Städte Polens. Die Stadt hat 554 000 Einwohner und liegt an der Warthe, dem drittlängsten Fluss Polens. Posen gilt als ein dynamisches, sich rasch entwickelndes Handelszentrum. Dank seiner günstigen Lage an der Europastraße Paris-Moskau ist die Stadt von jeder Stelle Europas aus günstig zu erreichen – ob mit der Bahn oder dem eigenen Wagen. Es ist eine Metropole, in der sich das Leben Tag und Nacht abspielt. Die Stadt ist für die Internationale Messe bekannt, die alljährlich seit dem Jahr 1925 im Juni in Posen stattfindet. Die Internationale Messe zählt zu den größten Handelsveranstaltungen der Welt.
Posen wurde während des Zweiten Weltkrieges fast zerstört, aber schon in den ersten Jahren nach dem Krieg teilweise wieder aufgebaut. Die Altstadt von Posen bietet den Touristen viele interessante Attraktionen. [...] Außerdem gibt es im Stadtkern verschiedene Museen, zahlreiche Restaurants, attraktive Pubs und Kneipen. Seit der Wende haben sich mehrere Banken und exklusive Geschäfte niedergelassen. Mit seinen zahlreichen Einkaufszentren und Boutiquen macht Posen heute seiner Tradition als Handelsstadt alle Ehre. Darüber hinaus bietet die Stadt mit ihren zahlreichen Grünanlagen und Seen viele Möglichkeiten für Sport und Erholung.
Die Restrukturierung von Industriezweigen nach 1989, ein dynamischer Dienstleistungssektor, eine gut ausgebaute Infrastruktur, die schnelle Entwicklung des Handels – vor allem mit Deutschland – sowie zahlreiche Hochschulen und Forschungseinrichtungen wirken sich positiv auf die wirtschaftliche Situation und die Perspektiven von Stadt und Region aus. Die Wirtschaft verfügt über hohe Zuwachsraten, die Arbeitslosigkeit ist niedrig, und der Haushalt der Stadt verzeichnet eine positive Bilanz.

Wirtschaftliche Entwicklung seit 2005

Die positive Entwicklung der Posener Wirtschaft, die sich bereits seit 2003 abzeichnet, setzte sich auch im Jahr 2005 fort. Begünstigt wird der Aufschwung durch sinkende Arbeitslosenzahlen, eine wachsende Anzahl von Unternehmen und steigende Absätze in der Industrieproduktion. Im Vergleich zum Jahr 2004 sind ebenso erhebliche Zuwächse im Wohnungsbausektor zu verzeichnen, die Investitionen sind um ein Drittel gestiegen.
Im vierten Quartal 2005 registrierte Posen einen Zuwachs von rund 1 000 Unternehmen. Im Dezember 2005 betrug damit die Gesamtzahl aller in Posen tätigen Firmen 90 700. Jedes dritte Unternehmen in Posen kommt aus der Dienstleistungsbranche, jedes fünfte ist im Bereich Immobilienhandel tätig und jedes zehnte im Produktionssektor. Die Absätze in der produzierenden Industrie verzeichnen weiterhin eine positive Tendenz. Ein bedeutender Standortvorteil Posens ist seine Internationalität, die vor allem auf die vielfältigen Geschäftsverbindungen und weltweiten Vernetzungen der Posener Messe zurückzuführen ist. Rund 50 Banken, darunter 20 internationale Finanzinstitute, haben sich in Posen niedergelassen und treiben Wirtschaft und Handel voran. Neben der grenznahen Lage und der modernen Infrastruktur machen vor allem die aufgeschlossene Atmosphäre der Stadt und das Angebot gut qualifizierter Arbeitskräfte den Standort für ausländische Investoren und internationale Firmen attraktiv. Größter ausländischer Investor in Posen ist der Automobilkonzern Volkswagen.

*Quelle: Berlin Partners GmbH,
www.businesslocationcenter.com/imperia/md/content/blc/broschueren/berlin_poznan_2.pdf*

M 4 Volkswagen AG in Polen, Standort Poznan (Posen)

Das Volkswagen Werk Poznan ist 1993 hervorgegangen aus einem Joint-Venture der Volkswagen AG mit dem polnischen Automobilhersteller Tarpan. Seit 1996 ist es eine hundertprozentige Tochtergesellschaft des Volkswagen-Konzerns. Das Werk Poznan stellt sowohl Bauteile für den Konzern wie auch Fahrzeuge für VW Nutzfahrzeuge her. Jährlich produzieren die 6 000 Mitarbeiter für VW u. a. die Modelle Caddy und Transporter. [...] Über 95 Prozent der Fahrzeuge und 74 Prozent der Gussteile und Module gehen ins Ausland. Damit ist VW Poznan schon heute der zweitgrößte Exporteur Polens.
Das Volkswagen Werk in Poznan will seine Wettbewerbsfähigkeit permanent verbessern. Dies geschieht einerseits durch Spezialisierung auf neue Technologien. Die Mitarbeiter in Poznan bauen zum Beispiel auf Basis des Caddys Spezialfahrzeuge und rüsten Fahrzeuge auf Erdgasbetrieb um. Volkswagen will andererseits, dass in der Region insgesamt hohe Qualität zu wettbewerbsfähigen Preisen angeboten wird. Ziel ist es, die lokalen Lieferanten in die Wertschöpfungskette einzubinden und weitere Zulieferer für die Ansiedlung vor Ort zu gewinnen. [...] Beim Caddy stammen bereits 36 Prozent des Fertigungsmaterials von örtlichen Produzenten. [...]
Unter dem Motto „Wir entfalten unsere Flügel“ wurde in 2005 die zweite Etappe des Transformationsprozesses bei VW Poznan gestartet. Während im Zentrum der ersten Etappe die Prozessgestaltung im Hinblick auf die Entwicklung des Standortes Poz-

nan von einem CKD-Werk zu einer kompletten Automobilfabrik stand, wurde der Schwerpunkt in 2005 auf die Weiterentwicklung überfachlicher Kompetenzen der Mitarbeiter gelegt. [...] Im Herbst 2005 startete die dritte Etappe des Transformationsprozesses. Unter dem Motto „Flügel entfalten – Zukunft gestalten" sollen bereichsbezogene Strategien und Maßnahmen entwickelt werden, die die Zukunftsfähigkeit des Standortes Poznan im Hinblick auf Wettbewerbsfähigkeit und Beschäftigung sichern.

Quelle: Volkswagen AG,
www.volkswagen.de/de/Volkswagen/nachhaltigkeit/Standorte/europa/poznan.html

---

Allgemeine Hinweise zur Lösung der Aufgabe

Voraussetzungen
Die Übungsaufgabe bezieht sich auf den für 2012 vorgesehenen thematischen Schwerpunkt 2 „**Räumliche Disparitäten und Strukturwandel in Europa**". Sie umfasst u. a. folgende Inhalte:
- Wirtschaftssektoren im Wandel
- Agglomerationen in ihrer globalen Verflechtung

Der **semesterübergreifende Bezug** ergibt sich in Verbindung mit dem thematischen Schwerpunkt 3 „**Siedlungsräume in ihren Entwicklungen**" bei der 3. Teilaufgabe.

Zuordnung zu den AFB und Gewichtung

Aufgabe	AFB	Gewichtung
1.	I	20 %
2.	II	30 %
3.	II	25 %
4.	III	25 %

Lösungsvorschläge

1. *Zur Bearbeitung dieser Teilaufgabe im AFB I können Sie Atlaskarten (z. B. Diercke Weltatlas 2008, S. 98/99 und S. 104/105) heranziehen.*
   Es kommt bei dieser Teilaufgabe darauf an, Polen zunächst geordnet zu erfassen und darzustellen. Wie in der Aufgabenstellung vorgegeben, steht der Wirtschaftsraum im Vordergrund, die physische Karte dient lediglich als ergänzende Information. Die räumliche Verteilung der Landwirtschaft sowie der Industrien soll geordnet dargestellt werden, wobei die Sachverhalte strukturiert und fachsprachlich angemessen aufgezeigt werden sollen, wie es die Definition des Operators besagt. Raumbezüge müssen sichtbar werden. Sie können Polen in Teilräume untergliedern und getrennt bearbeiten oder auch das ganze Land in Ihrer Antwort umfassen, wie es nachfolgend geschieht.

Polen grenzt im Westen an Deutschland, im Süden an die Tschechische Republik und die Slowakei, im Osten an die Ukraine sowie nördlich davon an Weißrussland. Im Norden liegt die Ostsee und im Nordosten die russische Exklave um Königsberg.

An **Ressourcen** finden sich die Energieträger Erdöl und Erdgas westlich von Posen sowie Erdgasvorkommen im Osten bei Lublin. Weiterhin gibt es Braunkohle (verstreut in der Mitte des Landes) sowie Steinkohlevorkommen hauptsächlich im oberschlesischen Industriegebiet (hier findet sich auch ein Blei- und Zinkabbaugebiet) und an der Grenze zur Ukraine bei Bogdanka. Der Norden Polens weist laut Atlas keine Rohstoffvorkommen auf.

Hinsichtlich der **Verkehrsinfrastruktur** ist Polen durch große Ost-West-Achsen sowohl bei der Eisenbahn als auch beim Straßenverkehr geprägt, mit Kreuzungsschwerpunkten bei Warschau, Posen und dem oberschlesischen Industriegebiet. Wichtig für den Schiffsverkehr sind die beiden Ostseehäfen Stettin und Danzig.

Agrarwirtschaftlich wird Polen in weiten Bereichen vom Ackerbau auf geringwertigen Böden bestimmt, während im Raum Posen im Westen und Warschau im Osten Ackerbau auf guten Böden betrieben werden kann; dies gilt auch für den Südosten im Grenzgebiet zu Tschechien. Hauptsächlich werden Zuckerrüben (Landesmitte im Raum zwischen Posen und Warschau), Weizen (im Osten bei Lublin und im Süden im Grenzgebiet zu Tschechien) und schwerpunktmäßig Flachs (südwestlich von Posen) angebaut.

Die **Energieversorgung** Polens erfolgt laut Atlas hauptsächlich durch drei Wärmekraftwerke im oberschlesischen Industriegebiet, nördlich davon bei Bechatóv sowie bei Radom südlich von Warschau.

Mit Danzig, Stettin, Posen, Warschau und natürlich dem oberschlesischen Industriegebiet weist Polen fünf große **Wirtschaftsräume** auf. Industriewirtschaftlich am bedeutendsten ist zweifellos das **oberschlesische Industriegebiet**, das von der Eisen- und Stahlerzeugung dominiert wird, die die Steinkohle als Energiequelle nutzt. Die Produkte der Eisen- und Stahlerzeugung werden in der metallverarbeitenden Industrie weiterverarbeitet, die sich gleichfalls im oberschlesischen Industriegebiet befindet. Hier haben sich auch Chemie- und Kunststoffindustrie angesiedelt.

Der **Wirtschaftsraum Warschau** ist im Gegensatz zu Oberschlesien von Dienstleistungen geprägt. Bildung, Medien sowie Finanzinstitute und Banken bestimmen das Bild dieses Raumes, zudem sind die Branchen Verkehr und Logistik vertreten. Weiterhin finden sich hier Unternehmen des Maschinenbaus und der Elektrotechnik, die von der Eisen- und Stahlerzeugung profitieren.

Der **Wirtschaftsraum Posen** wird vom Fahrzeugbau dominiert; hier werden Kraft- und Schienenfahrzeuge gebaut. Nennenswert sind hier – wie schon in Warschau – Verkehrs- und Logistikunternehmen.

Im Norden sind **Stettin und Danzig als Hafenstädte** hauptsächlich vom Schiffbau geprägt. Durch die Häfen sind die beiden Wirtschaftsräume auch Schwerpunkte des Verkehrs und der Logistik. Im nennenswerten Maße spielt bei diesen beiden Städten aufgrund der Lage an der Ostsee zudem der Tourismus eine Rolle.

Neben den bisher genannten Räumen sind ergänzend noch die **Wirtschaftsräume Breslau** mit Schienenfahrzeugbau, Maschinenbau und Elektrotechnik sowie **Lodz** zu nennen, letzterer bestimmt von der Bekleidungsindustrie, dem Maschinenbau und der Chemie- und Kunststoffindustrie. Kleinere Industrieräume ergänzen die genannten, so z. B. Thorn und Bromberg mit der Chemie- und Kunststoffindustrie oder Plock mit einer großen Erdölraffinerie.

Betrachtet man Polen bezüglich seiner **Industriestruktur im Ganzen**, so lässt sich ein Süd-Nord-Gefälle feststellen. In der Südhälfte befinden sich die Wirtschaftsräume mit der größten Vielfalt, wobei das oberschlesische Industriegebiet eher von „alten" Industrien, z. B. der Schwerindustrie, geprägt ist, aber für die gesamte Wirtschaftsstruktur Polens eine bedeutende Grundlage darstellt. Die Wirtschaftsräume Warschau und Posen hingegen sind im Strukturwandel hin zu neueren Industrien bzw. den Dienstleistungen schon recht weit fortgeschritten.

2. *Der Operator „charakterisieren" ist dem AFB II zugeordnet. Sie sollen Sachverhalte in ihren Eigenarten beschreiben und typische Merkmale kennzeichnen, wie es die Definition dieses Operators vorgibt. Als Arbeitsgrundlage dienen Ihnen die Materialien M 1, M 2 und M 3 sowie Erkenntnisse, die Sie bei der Bearbeitung der ersten Teilaufgabe gewonnen haben.*
   Bei Verwendung der Materialien muss beachtet werden, welche Daten bzw. Textabschnitte wirklich für die Teilaufgabe 2 relevant sind. Wichtig ist, dass Sie nicht Zahlen und Textinhalte referieren, sondern thematische Schwerpunkte setzen, Verknüpfungen erstellen und somit typische Merkmale der Wirtschaft Polens herausarbeiten. Dabei sollen Sie auch die Mitgliedschaft des Landes in der EU berücksichtigen, wo es angebracht ist.

Als Wirtschaftsraum hat Polen seit der Transformation eine positive Entwicklung durchlaufen; das Land belegt bereits den 6. Rang unter den Volkswirtschaften der Europäischen Union. Dies ist zunächst an der **Bruttowertschöpfung des Landes** festzumachen, die zeigt, dass sich Polen auf dem Weg in eine postindustrielle Gesellschaft befindet. So nähern sich die Industrie mit 31,07 % des BIP und die Dienstleistungen mit 64,42 % des BIP (M 1) bereits den Werten z. B. von Deutschland an, während die polnische Landwirtschaft nur noch 4,51 % zum BIP beiträgt. Hier wiederholen sich Entwicklungsprozesse, wie sie aus Westeuropa bekannt sind.

Diese Entwicklung spiegelt sich auch im **Wandel der Wirtschaftsstruktur** von der Schwerindustrie zu neueren Industrien und zu den Dienstleistungen wider. Zwar ist das oberschlesische Industriegebiet noch von alten Industrien geprägt, wie in Teilaufgabe 1 deutlich wurde, aber die Räume Warschau und Posen zeigen bereits den beginnenden Wandel, wobei sich Posen nicht zuletzt auch durch das dort ansässige VW-Werk zu einem aufstrebenden Handels- und Finanzplatz entwickelt (vgl. M 3, Z. 17 f.). Warschau hingegen profitiert natürlich von seiner Stellung als Hauptstadt des Landes sowie als Zentrum auch von Medien- und Bildungseinrichtungen (Diercke Weltatlas 2008, S. 105).

Polen konnte sowohl im Krisenjahr 2009 mit 1,7 % (M 1) als auch im Jahr 2010 mit guten 3,8 % (vgl. M 2a, Z. 16) ein **stabiles Wirtschaftswachstum** erzielen, wobei das Land natürlich von den EU-Zuschüssen profitierte, die v. a. in Infrastrukturmaßnahmen investiert wurden und sich somit fördernd auf die wirtschaftliche Entwicklung auswirken können. Aufgrund des hohen Anteils privater Unternehmen, die bereits 70 % der Wertschöpfung ausmachten (vgl. M 2a, Z. 8), haben diese vom Ausbau der Infrastruktur profitieren können. Durch das „Operationsprogramm [...] Innovative Wirtschaft" (M 2a, Z. 27) können diese kleinen und mittleren Unternehmen weitere Hilfen z. B. für Bauinvestitionen oder auch Modernisierungen erhalten. Gefördert wird das Wirtschaftswachstum durch den noch günstigen **demografischen Aufbau der Bevölkerung:** So befinden sich 54 % der Bevölkerung im erwerbsfähigen Alter und der Anteil der nachwachsenden Generation der unter 15-Jährigen beträgt immerhin 15 %. Die recht hohe Zahl der Erwerbslosen mit 10,2 % (M 1) fällt jedoch negativ ins Gewicht.

Nicht nur durch die EU-Zuschüsse hat Polen bisher von der EU-Mitgliedschaft profitieren können. Auch der **Außenhandel** ist schon recht diversifiziert, wie der Warenaustausch mit Deutschland zeigt (M 2b). Es werden vielfältige Exportgüter im- und exportiert, wobei der jeweils hohe Anteil an Kfz und Kfz-Teilen mit der Anwesenheit von VW in Posen zu erklären ist. Aber es werden auch schon Produkte neuer Industrien wie EDV und optische Produkte gehandelt. Insgesamt ist seit 2009 eine starke Konzentration des polnischen Außenhandels auf den EU-Raum festzustellen (vgl. M 2a, Z. 31 ff.), wobei Deutschland größter Handelspartner Polens ist. Allerdings bleibt auch festzuhalten, dass Polen ein Handelsbilanzdefizit von rund 12 Mrd. US-$ aufweist (M 1).

Sicherlich profitiert Polens Wirtschaft von den niedrigen **Arbeitskosten**, die mit 10,07 US-$ pro Stunde ca. ein Fünftel von denen beispielsweise Deutschlands betragen. Daraus resultiert auch das doch recht niedrige Bruttonationaleinkommen je Einwohner von 12 260 US-$ im Gegensatz zu 42 560 US-$ in Deutschland (M 1). Hierin ist ein Grund für das Wachstum der polnischen Wirtschaft zu sehen, da wegen der niedrigen Arbeitskosten zunehmend ausländische Unternehmen im Land investieren und Arbeitsplätze schaffen. Aufgrund des anzunehmenden niedrigen Preisniveaus reichen die Einkommen der Erwerbstätigen aus, um die Inlandsnachfrage mit 4 % (2010) doch recht stark ansteigen zu lassen (vgl. M 2a, Z. 17).

3. *Der Operator „erläutern" ist ebenfalls dem AFB II zugeordnet und verlangt die Verdeutlichung von Sachverhalten in ihren komplexen Beziehungen. Hier ist ebenfalls eine Materialanalyse in Kombination mit Kenntnissen aus dem Unterricht vonnöten. Als Arbeitsgrundlage dienen Ihnen neben dem Material M 3 auch die Materialien M 2 und M 4 sowie der Atlas. Immer wieder kann auch bereits Erarbeitetes zu den vorherigen Aufgaben in die Erläuterung einfließen. Auch hier ist wichtig, inhaltlich zu untergliedern, z. B. nach dem Strukturwandel der Stadt, der heutigen wirtschaftlichen Ausstattung, aber auch nach den Standortfaktoren Posens; letztere sind beispielsweise einzubringende Vorkenntnisse.*

Posen, nahezu in der Mitte zwischen Berlin und Warschau an der europäischen Verbindungsachse Paris–Moskau sowie an Polens drittlängstem Fluss Warthe gelegen (vgl. Atlas; M 3, Z. 2 ff.), war schon aufgrund dieser günstigen **Verkehrslage** von jeher eine bedeutende Handelsstadt des Landes, was sich auch in einer für Touristen interessanten Altstadt zeigt (vgl. M 3, Z. 10 f.) zeigt. Ein Zeichen für die große Bedeutung Posens ist letztendlich auch die Messe, die seit 1921 in der Stadt stattfindet (vgl. M 3, Z. 6 f.).

Dass Posen nichts von seiner Attraktivität als Wirtschaftsraum eingebüßt hat, zeigt die positive Wirtschaftsentwicklung seit der Wende im Jahr 1989. Die Stadt profitiert hierbei sicherlich von den guten **Standortfaktoren des Raumes**. Als harte Standortfaktoren sind zu nennen: eine gute Verkehrslage an der Verbindungsachse des EU-Kernraumes mit Osteuropa und somit gute Absatzmöglichkeiten für die Produkte, allgemein eine gute Infrastruktur sowie Agglomerationsvorteile aufgrund der Dichte dort ansässiger Unternehmen unterschiedlicher Branchen bis hin zu den unternehmensnahen Dienstleistungen wie Banken sowie gut ausgebildete Arbeitskräfte (Atlas, M 3). Auch die Posener Messe ist ein wesentlicher Standortvorteil, da dadurch erstens eine gewisse Internationalität des Standorts gegeben ist und zweitens der Handel gefördert wird. Als weiche Standortfaktoren sind zu nennen: gute Bildungsinfrastruktur bis hin zu Forschungseinrichtungen, gute Einkaufsmöglichkeiten, die Altstadt als Erlebnisraum, zahlreiche Grünanlagen und Erholungsmöglichkeiten.

Der größte Pluspunkt für die Entwicklung dieses Wirtschaftsraumes ist allerdings das **Volkswagenwerk**, das derzeit 6 000 Mitarbeiter beschäftigt (vgl. M 4, Z. 5). VW wirkt wie ein Magnet auf die Ansiedlung weiterer Unternehmen aus Industrie und dem tertiären Sektor (vgl. Z. 13 ff.). VW bindet zudem lokale Lieferanten mit ein und fördert somit die wirtschaftliche Entwicklung Posens. Weiterhin wirbt das Unternehmen bei Zulieferern für die Ansiedlung in Posen und fördert auch auf diese Weise die Entwicklung der Stadt. Zudem leistet VW mit den unterschiedlichen Qualifizierungsprogrammen einen wesentlichen Beitrag im Bildungswesen und für die Wettbewerbsfähigkeit nicht nur des eigenen Unternehmens, sondern sicherlich auch darüber hinaus.

Von der **Attraktivität Posens als Wirtschaftsstandort** profitieren sowohl die Stadt als auch ihre Einwohner. So ist der städtische Haushalt schuldenfrei und die Arbeitslosigkeit ist gering (vgl. M 3, Z. 21 f.). Investiert wird zudem im Wohnungsbau, sodass sich die Lebensbedingungen der Bevölkerung weiter verbessern werden.

Mit VW hat Posen einen bedeutenden Arbeitgeber im industriellen Sektor. Daneben vollzieht sich in der Stadt der **Strukturwandel** zu einer Dienstleistungsgesellschaft, wobei in Posen mittlerweile 90 700 Firmen tätig sind und jedes dritte Unternehmen bereits aus dem tertiären Sektor kommt, was ein deutliches Zeichen für den Strukturwandel ist (vgl. M 3, Z. 33 ff). Denn lediglich jedes zehnte Unternehmen ist noch dem Produktionssektor zuzuordnen.

Als **Fazit** bleibt festzuhalten, dass Posen aufgrund der Ansiedlung des Zweigwerkes von Volkswagen und der daraus resultierenden Folgewirkungen (Ansiedlung von Zulieferern und unternehmensnahen Dienstleistungen sowie Qualifizierung der Beschäftigten) in Verbindung mit bereits vorhandenen guten Standortbedingungen sowohl als Wirtschaftsstandort, aber auch als Stadt profitiert: hinsichtlich der Finanzausstattung und den sich daraus ergebenden Möglichkeiten der Stadtentwicklung, z. B. im Wohnungsbau.

4. *In dieser Teilaufgabe sollen Sie zu einem Zitat Stellung nehmen. Dieser Operator ist dem AFB III zugeordnet und verlangt von Ihnen, dass Sie neben einem Sachurteil auch zu einem Werturteil gelangen. Dabei sind v. a. die Materialien M 2 und M 4 in Verbindung mit den Strukturdaten aus M 1 besonders hilfreich, zudem müssen Sie natürlich die Mitgliedschaft Polens in der EU mitberücksichtigen (hier kann auch der Atlas gute Hinweise geben).*
Der nachfolgende Lösungsvorschlag ist eine Möglichkeit der Beantwortung. Bei einer Stellungnahme ist jedoch immer sicherzustellen, dass die eigene Meinung Bezug auf Sachaussagen der Materialien bzw. auf aus den Materialien und dem Vorwissen erarbeitete Aussagen nimmt.

Die Stellungnahme zu diesem Zitat wird dadurch erschwert, dass Polen als Wirtschaftsraum ein **Nord-Süd-Gefälle** aufweist (vgl. Lösung zu Teilaufgabe 1.). Während die südliche Hälfte bis zur Linie Posen – Warschau von Industrieräumen geprägt ist, die sich – wie das Beispiel Posen zeigt – im Strukturwandel befinden, ist die Nordhälfte sehr dünn besiedelt mit entsprechend mäßiger Industrieausstattung und vorwiegend agrarischer Nutzung. Somit ist Polen als Wirtschaftsraum zumindest zweigeteilt, was pauschale Antworten erschwert.

Ein Pluspunkt für die wirtschaftliche Entwicklung Polens ist sicherlich seine Lage zwischen dem Kernraum der EU (z. B. mit Deutschland und Frankreich) und Osteuropa (z. B. mit Weißrussland und Russland). Hierdurch kann Polens Wirtschaft durchaus eine Brückenfunktion hinsichtlich des Handels übernehmen. Im Rahmen der Globalisierung wäre Polen allein sicherlich überlebensfähig, die **EU-Mitgliedschaft** bietet dem Land allerdings bedeutende Vorteile. So ist die EU der größte Binnenmarkt der Welt (vgl. Diercke Weltatlas 2008, S. 244 f.), dies hat natürlich positive Auswirkungen auf den Außenhandel Polens. Wie in M 2a erwähnt wird, profitiert Polen stark vom Integrierten Operationsprogramm für Raumentwicklung (ZPORR), das Polen zusätzlich wettbewerbsfähig macht. Dass neben den Infrastrukturmaßnahmen besonders kleine und mittlere Unternehmen gefördert werden, versetzt diese in die Lage, im europäischen und im Welthandel mitzuhalten.

Polen verfügt über gut ausgebildete Arbeitskräfte, die zudem im EU-Maßstab recht geringe Arbeitskosten verursachen (M 1); dies ermöglicht eine kostengünstige Produktion mit entsprechend niedrigen Produktpreisen. In diesen geringen Arbeitskosten liegt jedoch auch eine Gefahr, denn aufgrund der Freizügigkeit innerhalb der EU werden viele Arbeitskräfte veranlasst, in anderen Ländern der EU zu besseren Konditionen Arbeit zu suchen.

Auch die **in Polen bedeutenden Wirtschaftszweige** wie die Energieversorgung mit den Innovationsmöglichkeiten (regenerative Energien usw.), der Fahrzeugbau (z. B. Volkswagen) oder auch die Elektrotechnik/Elektronik (vgl. M 2a, Z. 10ff.) sind durchaus schon zukunftsorientiert und ziehen zudem entsprechende Unternehmen des tertiären Bereichs an, was längerfristig zu einem weiteren Strukturwandel hin zur postindustriellen Gesellschaft führen kann.

Positiv für Polen können sich **multinationale Unternehmen** oder auch andere Unternehmen aus dem Ausland auswirken, wenn sie in Polen produzieren und Arbeitsplätze schaffen. So könnte auch die Erwerbslosenquote von immerhin noch 10,2 % (2009, M 1) sinken. VW ist sicherlich ein gutes Beispiel dafür, wie vorteilhaft sich ein Unternehmen auf einen Standort auswirken kann (vgl. M 4). Aber auch das ganze Land kann von solch einem Global Player profitieren.

Im Rahmen der Globalisierung können auf Polen aber auch einige **Probleme** zukommen. Innerhalb der EU werden sich nach und nach die Löhne angleichen, insofern werden auch die Arbeitskosten in Polen steigen und so möglicherweise auch Unternehmen veranlassen, in Länder auszuweichen, in denen noch niedrigere Arbeitskosten vorherrschen. Nicht jedes Unternehmen hat solche Maßstäbe wie Volkswagen, dieses Unternehmen sieht auch seine Verantwortung für den Standort (vgl. M 4, Z. 14 ff.). Auch ist die derzeit noch negative Handelsbilanz für Polen ein Problem, doch im Zuge der weiteren Integration in den Wirtschaftsraum der EU dürfte bald eine ausgeglichene oder auch positive Bilanz zu verzeichnen sein. Dass im Land noch Potenziale für eine Weiterentwicklung bestehen, zeigt auch die bislang dem EU-Mittel hinterherhinkende Wirtschaftskraft (Diercke Weltatlas 2008, S. 87). Aber auch hier ist allmählich eine Angleichung zu erwarten, immerhin hat Polen bereits Rang 6 innerhalb der EU erreicht (vgl. M 2a, Z. 4).

Als **Fazit** bleibt festzuhalten, dass Polen nicht nur politisch, sondern auch wirtschaftlich in der EU angekommen ist. Das Land hat die EU-Programme zielgerichtet für den Ausbau der Infrastruktur genutzt und so auch die infrastrukturellen Voraussetzungen für eine Weiterentwicklung geschaffen. Wirtschaftlich hat sich Polen in Richtung EU geöffnet, wie beispielsweise die Zahlen des Handels mit Deutschland (vgl. M 2) zeigen. Allerdings nimmt Polen seine Brückenfunktion zwischen Osteuropa (z. B. Russland) und Westeuropa noch zu wenig wahr; zumindest legen die Materialien eine deutliche Westorientierung nahe. Hinsichtlich des Ausbaus der Wirtschaftskontakte nach Osten bestehen noch Entwicklungsmöglichkeiten. Kritisch ist zudem die räumliche Zweiteilung des polnischen Wirtschaftsraums in einen innovativen Süden mit bedeutender Industrie bzw. einen agrarisch genutzten Norden mit nur wenigen Industriestandorten sowie einigen Tourismusgebieten zu sehen. Hier droht eine dauerhafte ökonomische Zweiteilung des Landes mit daraus resultierenden Problemen, z. B. einer Binnenmigration von Nord nach Süd.
Wertet man die wirtschaftliche Lage Polens im Weltmaßstab, so hat das Land jedoch aufgrund seiner räumlichen Lage, seiner zunehmend innovativen Wirtschaft sowie seiner Einbettung in die EU eine gute Ausgangsposition inne, um auch in Zeiten der Globalisierung ökonomisch erfolgreich zu sein.

Schriftliche Abiturprüfung Niedersachsen Erdkunde
Erhöhtes Anforderungsniveau – Übungsaufgabe 4

Thematischer Schwerpunkt 3:
Siedlungsräume in ihren Entwicklungen

Klausurthema: *Freiburg – eine nachhaltige Stadtentwicklung?*

Arbeitsanweisungen

1. Beschreiben Sie das Freiburger Quartier Vauban in stadtplanerischer Hinsicht.
2. Analysieren Sie das Quartier Vauban im Hinblick auf ökologische Aspekte.
3. Erläutern Sie die nachhaltige Stadtentwicklung des Quartiers Vauban.
4. Erörtern Sie das Angebot an Arbeitsplätzen und den Wachstumsmarkt der regenerativen Solarenergie am Beispiel der nachhaltigen Stadtentwicklungsplanung in Vauban.

Hilfsmittel: eingeführter Schulatlas, Taschenrechner

M 1 Quartier Vauban (Freiburg) – nachhaltige Stadtentwicklung

Siehe Diercke Weltatlas, Braunschweig 2008, Karte 71.4/71.5

M 2 Vauban – Entwicklungsrahmen

Entwicklungsrahmen
(Ziele der städtischen Planung)

- Schaffung innenstadtnahen Wohnraums
- Mischung von Wohnen und Arbeiten
- Raum für verschiedene soziale Gruppen
- Kleinteiligkeit der Parzellierung, Vielfalt der Baustruktur
- Erhalt und Entwicklung von Naturräumen, Regenwasserversickerung
- Förderung öffentlicher Verkehrsmittel
- flächendeckend Niedrigenergiebauweise, Nahwärmeanschluss (BHKW)
- Stadtteilzentrum mit Geschäften
- Familien- und Kinderfreundlichkeit (Grundschule, Kindergärten)
- **Erweiterte Bürgerbeteiligung**
- **Lernende Planung**

Quelle: Carsten Sperling, Forum Vauban e. V., www.arbeitundklimaschutz.de/pdf_downs/NeueKunstdB/Sperling.pdf, 19. 05. 2011

M 3 Kennzeichen Vauban-Viertel

Durch die Struktur des Vauban-Quartiers wird die Nutzung öffentlicher Verkehrsmittel gefördert (autoreduziert und mit Straßenbahnanschluss). Dadurch, dass es weitgehend über Baugruppen statt über Bauunternehmen bebaut wurde, ermöglichte es auch Menschen mit niedrigerem Einkommen den Zugang zu Wohneigentum. Und die Energieeffizienz und -versorgung der Gebäude im Vauban können bis heute als vorbildlich gelten – zumindest im Vergleich zu den geltenden Standards.

Die Umsetzung der Utopien, die bei der Entstehung des „Vauban" am Werk waren, ist nicht völlig gelungen. Das Ziel beispielsweise, autark zu sein von Erdöl und Erdgas aus fernen Regionen der Erde und sich mit regionaler Energie selbst versorgen zu können, ist (noch) nicht zu hundert Prozent erreicht. Aber man ist ihm – dank Einsatz von Technologien, die damals noch unerprobt waren – erstaunlich nahe gekommen. 65 % der im Viertel benötigten Energie wird im Stadtteil selbst produziert – durch das Blockheizkraftwerk und die auf den Dächern installierten Fotovoltaikanlagen. Es gab sogar Versuche, sich vom Abwassernetz abzukoppeln und die Abwässer selbst zu klären bzw. zu verwerten, die aber technisch noch nicht ausgereift genug waren.

Mobilität ohne raum- und energiefressenden Individualverkehr zu gewährleisten war eine weitere Utopie. Die verschiedenen Maßnahmen halten das Viertel nicht völlig von Autos frei und zwingen die Bewohner auch nicht, auf eines zu verzichten. Aber sie haben tatsächlich dazu geführt, dass im Quartier Vauban nur ein Auto auf sechs Bewohner kommt – für ein industrialisiertes Land ein niedriger Wert, zumal für ein Viertel, in dem so viele Familien mit kleinen Kindern leben (in Gesamtdeutschland kommt ein Pkw auf weniger als zwei Nutzer).

Und nicht zuletzt ging es den Bewohnern darum, mit dem neuen Viertel nicht nur eine Ansammlung mehr oder weniger hübscher und praktischer Gebäude und Wohnungen zu schaffen, sondern auch eine Gemeinschaft von Menschen. Wer aufs Vauban zieht, wird in eine Nachbarschaft aufgenommen, in der es oft gemeinsame Aktivitäten gibt: Sei es die Verwaltung des Hauses, die Gestaltung des Gartens oder die Betreuung kleiner Kinder. Weil die meisten Häuser von Baugruppen geplant und errichtet wurden, kennen sich die Bewohner von Anfang an. Das Viertel hat viel öffentlichen Raum, der auch gerne genutzt wird und die Bewohner in Kontakt zueinander bringt.

Quelle: Astrid Mayer, www.con-texte.de/fgc.pdf, 16. 05. 2011

M 4 Vauban – Nachhaltigkeitsdimensionen

Städtebau				
1. Integration in die Siedlungssysteme („Nutzungsnetze“)		++		
2. Lokalklima (Frischluftschneisen)/landschaftliche Integration	+++			
3. Ext. Erschließung: Rad-/Fußwege, Straßen, ÖPNV, Carsharing	+++			
4. Interne Erschließung: stellplatz-/autofreie Siedlung, Stellplätze	+++			
5. Nutzungsmischung: kurze Wege, Belebung des öff. Raums		++		
6. Stadträumliche Qualitäten, Nutzbarkeit von Freiflächen	+++			
Ökologie				
1. Boden: Bodenmanagement, Versiegelung, Stadtbrachen			+	
2. Freiraumplanung: Mikroklima, Grasdach, Biotop, Gärten	+++			
3. Ab-/Wasser, Abfall/Wertstoffverwertung			+	
4. Energie: Regenerative, Energiesparen	+++			
5. Baustoffe: Recycling, Nachw. Baustoffe, Zertifizierung		++		
6. Baubiologie: Toxizität, Innenraumluft, Behaglichkeit …		++		
Ökonomie				
1. Lebensdauer (gute bautechnische Details, Pflegeaufwand)		++		
2. Art der Finanzierung (Kredit der Umweltbank, ökol. Förderung)	+++			
3. Investitionskosten		++		
4. Betriebskosten (Energie, Wasser, Instandhaltung)	+++			
5. Flexible Grundrisse (z. B. versetzbare Wände)			+	
6. Umnutzbarkeit (z. B. Wohn- in Gewerbenutzung)				0
7. Regionale Wertschöpfung/lokale Ökonomie stärken		++		
Soziokulturell				
1. Mitbestimmung: Planung, Bau/Genossenschaft etc.	+++			
2. Gemeinsame Nutzung, z. B. Wohnhof, Gem.haus, Werkstatt	+++			
3. Nahversorgung: Bildung, Einkaufen, Cafés, Arbeitsplätze		++		
4. Gemischte Altersstruktur/Kinderfreundlichkeit	+++			
5. Soziale Integration (gemischte Milieustruktur)		++		
6. Berücksichtigung von Gender-Aspekten/Alltagstauglichkeit	+++			
7. Barrierefreiheit (Wohnung, Freiraumplanung)	+++			

0: Entspricht dem derzeitigen (oder bei älteren Projekten: damaligen) gesetzlichen Standard
+: Entspricht dem üblichen Standard im nachhaltigen Siedlungsbau. Beispiel: Niedrigenergiebauweise.
++: Wird für über den Nachhaltigkeitsstandard hinausgehende innovative bzw. engagierte Maßnahmen vergeben. Beispiel: Gemeinschaftshaus mit Küche.
+++: Erhalten sogenannte „Top-Runner“-Projekte bzw. Kriterien. Beispiel: CO_2-freie Energieversorgung, abwasserfreie oder „autofreie“ Siedlung.

Quelle: Holger Wolpensieger, www.oekosiedlungen.de/genove/Studienarbeit.pdf, 19. 05. 2011

M 5 Solarenergie in Deutschland

M 5a Wachstumsmarkt Solarenergie

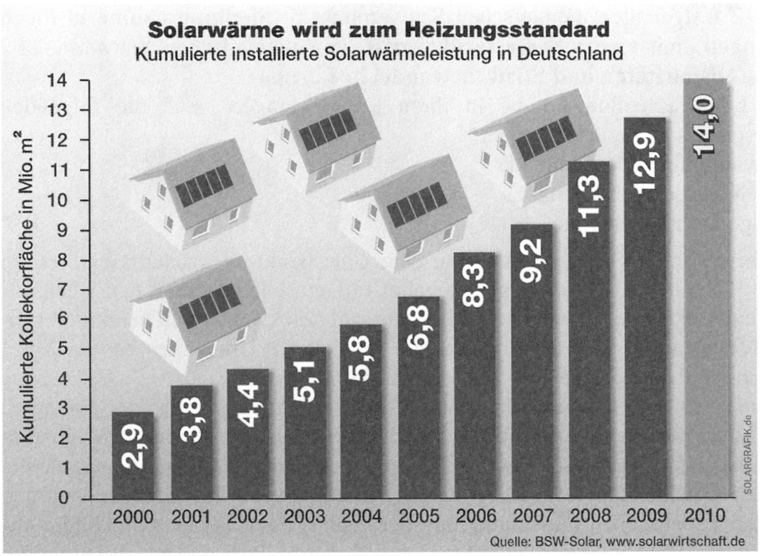

M 5b Arbeitsplätze Solarunternehmen

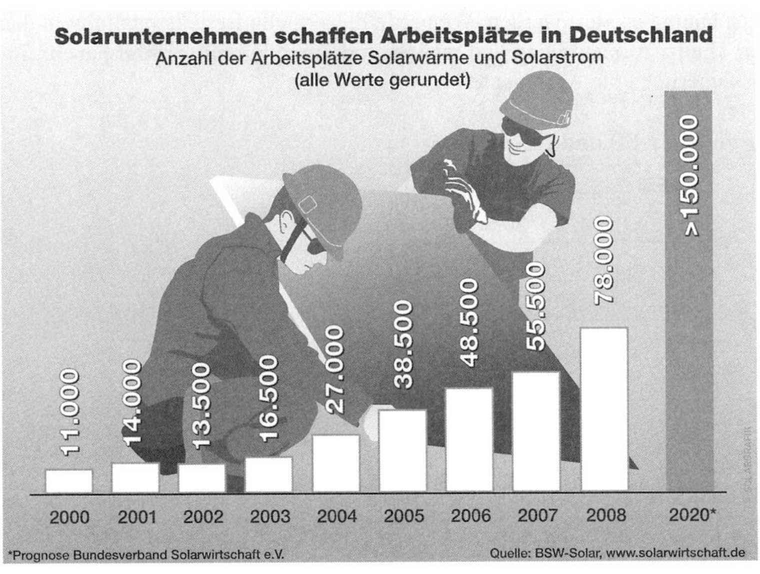

Quelle: BWS-Solar; www.solarwirtschaft.de; Zugriff am 19. 05. 11

Allgemeine Hinweise zur Lösung der Aufgabe

Die Übungsaufgabe zur Stadtentwicklung in Freiburg bezieht sich vorwiegend auf den für 2012 festgelegten thematischen Schwerpunkt 3 (**Siedlungsräume in ihren Entwicklungen**) mit einem **Semesterübergriff** zum thematischen Schwerpunkt 2 (**Räumliche Disparitäten und Strukturwandel in Europa**).
Im Hinblick auf „Siedlungsräume in ihren Entwicklungen" sind die folgenden Aspekte besonders zu berücksichtigen:
- Stadtentwicklung in Deutschland,
- ökologische Aspekte einer Stadt,
- nachhaltige Stadtentwicklung.

Aus dem thematischen Schwerpunkt 2 mit dem Unterpunkt „Wirtschaftssektoren im Wandel" ist vor allem das Arbeitsplatzangebot in Deutschland durch den wachsenden Wirtschaftssektor der regenerativen Energie zu berücksichtigen. Die aktuell steigende Nachfrage im Bereich der Solarenergie spiegelt das Umdenken bei der Energieversorgung und den Wandel der Wirtschaftssektoren wider.
Die Klausur ist in vier Teilaufgaben unterteilt, die inhaltlich aufeinander aufbauen. Die erste Teilaufgabe befasst sich mit der Stadtentwicklung des Quartiers Vauban in Freiburg. Ausgehend von dieser Beschreibung werden in der zweiten Teilaufgabe die ökologischen Aspekte analysiert. In der dritten Teilaufgabe erfolgt aufbauend auf den ersten beiden Teilaufgaben die Erläuterung der nachhaltigen Stadtentwicklung. Abschließend wird in der vierten Teilaufgabe der Semesterübergriff zu „Wirtschaftssektoren im Wandel" vorgenommen, wobei das Angebot an Arbeitsplätzen und der Wachstumsmarkt der regenerativen Solarenergie im Hinblick auf nachhaltige Stadtentwicklungsplanung erörtert werden. Wenn Sie die aktuelle Berichterstattung in den Medien zum Thema Atomausstieg und regenerative Energien mitverfolgt haben, finden Sie hier sicherlich gute Argumente.

Zuordnung zu den AFB und Gewichtung

Aufgabe	AFB	Gewichtung
1.	I	20 %
2.	II	30 %
3.	II	25 %
4.	III	25 %

Lösungsvorschläge

1. *Beim „Beschreiben" sollen Sie strukturiert und fachsprachlich angemessen Sachverhalte darlegen bzw. Materialien vorstellen. Die unter M 1 genannten Karten enthalten alle wesentlichen Informationen zum Stadtteil Vauban in Freiburg.*
Ihre Aufgabe ist es, die Karteninhalte unter Anwendung der Fachbegriffe zu versprachlichen. Bevor Sie sich ans schriftliche Ausformulieren machen, sollten Sie die Inhalte strukturieren. Sinnvoll ist es, nach den Aspekten Lage des Stadtviertels Vauban innerhalb Freiburgs und Beschreibung des Stadtviertels zu gliedern.
Vergewissern Sie sich, dass Sie die Quellen (Atlasseite und Karten) angeben, sobald Sie Informationen entnommen haben. Sollten sich ganze Abschnitte Ihrer Ausführungen auf Informationen aus dem Atlas stützen, geben Sie die entsprechende Seite in einem kurzen Einleitungssatz an.

Das Quartier Vauban befindet sich im Südwesten Freiburgs. Es wurde seit 1995 auf dem ehemaligen Gelände der Schlageter- bzw. der Vauban-Kaserne neu erbaut. Laut M 1 ist das Quartier durch reine **Wohnbebauung** gekennzeichnet. Im Norden wird es durch eine Eisenbahnlinie vom Stadtteil St. Georgen abgegrenzt. Im Osten befindet sich die Solarsiedlung am Schlierberg, die durch eine Straße von Vauban getrennt wird. Im Süden und Osten grenzen Ackerland und Weinanbaugebiete sowie teils auch Wald- und Parkflächen an.

In M 1 (Atlaskarte 71.5) ist das Quartier Vauban im Detail dargestellt. Vauban besitzt ein **Verkehrskonzept**, in dem lediglich die das Viertel umrahmenden Straßen mit einer Geschwindigkeit von 50 km/h befahren werden dürfen. Ansonsten gilt eine Geschwindigkeitsbegrenzung von 30 km/h. Zu den Wohnhäusern führen verkehrsberuhigte Wohnstraßen sowie Fuß- und Radwege. Eine Straßenbahnlinie verläuft parallel zur Vaubanallee von Ost nach West quer durch das Viertel.

In Vauban wurden im Hinblick auf **energetische Bauweisen** Niedrigenergiehäuser errichtet, viele mit eigener Solaranlage. Auch Passivhäuser mit einem Heizwärmebedarf unter 15 kWh/m^2 pro Jahr befinden sich mehrfach im Quartier, auch sie haben häufig eine eigene Solaranlage.
Die **Regenwasserversickerung** erfolgt über Pflasterrinnen oder begrünte Kiesmulden nahezu an jeder Wohnstraße sowie an jedem Rad- und Fußweg. Zwischen den Wohnhauskomplexen befinden sich **Grünflächen**, häufig mit **Spielplätzen**, zwischen den einzelnen Wohnhäusern **Gärten**. Ein Bolz- und ein Skateplatz bieten weitere Möglichkeiten zur Freizeitgestaltung. Im Süden von Vauban fließt von West nach Ost der Don- bzw. Reichenbach. Entlang des Bachlaufs bilden **Biotope** den Übergang zu den Wohnhäusern. **Parkplätze** befinden sich in unmittelbarer Nähe zur Schule, nahe des Studentendorfes im Nordosten und südlich der Lise-Meitner-Straße.

2. *Der Operator „analysieren“ fordert Sie auf, Materialien, Sachverhalte oder Räume kriterienorientiert oder aspektgeleitet zu erschließen und strukturiert darzustellen. Das vorliegende Material wird dabei nach Indikatoren untersucht. Eingehen sollten Sie auf die folgenden Aspekte zum ökologischen Städtebau:*
   - *Wohnumfeldverbesserung,*
   - *Begrünung,*
   - *stadtverträgliche Verkehrsplanung,*
   - *Energieversorgung.*

   Sie sollen die mithilfe des Materials dargestellten Strukturen des Quartiers Vauban analysieren und die ökologischen Aspekte des Städtebaus aufführen. Dabei kann es vorkommen, dass einzelne Aspekte nicht in das Muster des ökologischen Städtebaus passen. Dies stellen Sie dar und erklären, warum der Indikator nicht passend ist.

Im Folgenden wird das Quartier Vauban in Bezug auf ökologische Aspekte des Städtebaus analysiert.

Auf M 1 (Atlaskarte 71.5) ist das **Wohnumfeld** deutlich zu erkennen. Meist bilden vier bis zwölf Häuser einen durch Gärten miteinander verbundenen Wohnkomplex. Innerhalb dieser Anlagen verlaufen Fuß- und Radwege oder auch verkehrsberuhigte Wohnstraßen. Die **Lärmbelastung** ist aufgrund des Verkehrskonzeptes (siehe Lösung zu Teilaufgabe 1) reduziert. Lediglich die Wohnungen, die in der Nähe der Wiesenthalstraße oder der Merzhauser Straße liegen, sind aufgrund des höheren Tempolimits von 50 km/h stärkerer Lärmbelastung ausgesetzt. Insgesamt stellt das Verkehrskonzept Vaubans eine Möglichkeit der **stadtverträglichen Verkehrsplanung** dar.

Im direkten Wohnumfeld sind zahlreiche Angebote zur **Erholung** gegeben. Die Bewohner können Gärten, Grünflächen mit Spielplätzen zwischen den Wohnkomplexen oder das Biotop entlang des Flusses im Süden des Quartiers nutzen. Diese Aspekte zählen neben der Wohnumfeldverbesserung auch zur **Stadtbegrünung** und spiegeln den ökologischen Aspekt wider.

Einen weiteren Hinweis auf ökologische Stadtplanung gibt M 2. Erkennbar ist das Prinzip der „**kurzen Wege**“: Geschäfte, Arbeitsplätze, Kindergärten und Schulen befinden sich direkt in Vauban. Die Distanzen können größtenteils mit dem Fahrrad oder zu Fuß überwunden werden, was zusätzlich für eine Verringerung der Autoabgase sorgt. Arbeitsplätze oder Geschäfte, die außerhalb des Viertels liegen, sind mit **öffentlichen Verkehrsmitteln** gut zu erreichen (M 1; M 3, Z. 1). Aufgrund dieser stadtverträglichen Verkehrsplanung kommt in Vauban ein Auto auf sechs Bewohner– ein sehr geringer Wert für ein industrialisiertes Land (M 3, Z. 19 f.).

In Vauban gibt es ausschließlich Niedrigenergiehäuser oder Wohnbauten mit noch geringerem Energieverbrauch (vgl. M 1). Auch bei der umweltverträglichen **Energiebereitstellung** kann Vauban punkten. Die Energie, die im Quartier benötigt wird, wird zu 65 % selbst produziert (Blockheizkraftwerk und Fotovoltaikanlagen; vgl. M 3, Z. 12 f.). Allerdings scheiterten Selbstversorgungsversuche mit Wasser und Abwasserklärung (M 3, Z. 14 f.).

Abschließend ist festzustellen, dass wichtige **Aspekte der ökologischen Stadtplanung** in **Vauban gut umgesetzt** wurden. Lediglich die Bewohner nahe den Straßen mit einer erlaubten Höchstgeschwindigkeit von 50 km/h (Wiesenthalstraße und Merzhauser Straße) sind ggf. einer erhöhten Lärm- und Abgasbelastung ausgesetzt. Um aber genauere Aussagen machen zu können, fehlen hier weitere Daten.

3. *Der Operator „erläutern" verlangt, Sachverhalte in ihren komplexen Beziehungen zu verdeutlichen. Dabei steht die Materialanalyse als Grundlage im Vordergrund. Um eine Stadt auf ihre Nachhaltigkeit hin zu untersuchen, ist die Analyse der Lebensumstände der Menschen unumgänglich. Als Kriterien werden im Folgenden die Grunddaseinsfunktionen herangezogen.*
   Zunächst sollte eine Begriffsklärung von „nachhaltiger Stadtentwicklung" vorgenommen werden, um im Anschluss das Material zielgerichtet auszuwerten. Hilfreich ist es, eine Vorstrukturierung vorzunehmen, sodass die Erläuterung keine Wiederholungen oder Lücken in der Analyse aufweist.
   Fachbegriffe sowie Angaben zu den Fundorten (Materialbenennung und Zeilenangaben) stützen die Ausführungen.

Nachhaltige Stadtentwicklung ist ein Prozess, der zum Ziel hat, gegenwärtigen, aber auch zukünftigen Generationen verbesserte Lebensumstände zu bieten. Neben den gesellschaftlichen Aspekten sind wirtschaftliche Stabilität und ökologische Tragfähigkeit von zentraler Bedeutung. Alle Bewohner sollen die Möglichkeit haben, am urbanen Leben teilzunehmen.

Zu den Lebensumständen werden die **Grunddaseinsfunktionen** gezählt: wohnen, arbeiten, sich versorgen, sich erholen, sich bilden, am Verkehr teilnehmen und in Gemeinschaft leben. Der erste Aspekt (**Wohnen:** Wohnumfeldverbesserung) wurde bereits in der Lösung zu Teilaufgabe 2 analysiert und als positiv bewertet.

In Vauban wurde laut Entwicklungsrahmen eine Mischung von Wohnen und Arbeiten vorgenommen (M 2). Nur die Umnutzbarkeit von Wohn- in Gewerbenutzung entspricht laut M 4 lediglich dem Standard, hier besteht Potenzial zur Verbesserung. Die regionale Wertschöpfung und Stärkung der lokalen Ökonomie hingegen ist über den Nachhaltigkeitsstandard hinaus als innovativ und engagiert zu kennzeichnen (M 4). Neben der Grunddaseinsfunktion **Arbeiten** ist daher auch eine **wirtschaftliche Stabilität** Vaubans anzunehmen.

Durch das Verkehrskonzept (vgl. M 1 und M 2) besteht Anbindung an öffentliche Verkehrsmittel und Hauptverkehrsstraßen, sodass Arbeitsplätze auch außerhalb Vaubans gut zu erreichen sind. Somit ist eine nachhaltige **Teilnahme am Verkehr** möglich.

Der Aspekt des **Versorgens** kann anhand des Materials z. B. auf den Einzelhandel bezogen werden. Im Quartier wurde ein Zentrum mit Geschäften eingerichtet, sodass die Anwohner ihre Einkäufe im Viertel erledigen können (M 2 und M 4). Die innerstädtischen Geschäftszentren sind per Bus oder Straßenbahn gut zu erreichen.

Für die **Erholung** stehen in Vauban zahlreiche Grünanlagen, Gärten, Biotope und Kinderspielplätze zur Verfügung. Diese Anlagen befinden sich in unmittelbarer Nähe zu den Wohnhäusern (M 4).

Das Quartier ist sehr kinderfreundlich: Es gibt Kindergärten und eine Grundschule (M 2); kleine Kinder werden oft gemeinsam von den Nachbarn betreut (M 3, Z. 28). Neben dem Aspekt „**Bildung**" sind weitere Aspekte des **soziokulturellen** Lebens in Vauban als „Top-Runner" zu bezeichnen: Mitbestimmung, gemeinsame Nutzung z. B. von Wohnhöfen und Werkstätten, gemischte Altersstruktur, Alltagstauglichkeit und Barrierefreiheit gehören dazu. Als über den Nachhaltigkeitsstandard hinausgehend werden die Nahversorgung und die soziale Integration bezeichnet. Hier bietet sich noch Potenzial zur Verbesserung, z. B. durch die Schaffung von weiteren Arbeitsplätzen in Vauban, Bildungsmöglichkeiten für Erwachsene oder aber auch kulturellen Angeboten zur Förderung der sozialen Integration (vgl. M 2: „Raum für verschiedene soziale Gruppen").

Abschließend ist Vauban als nachhaltig angelegter Stadtteil einzuordnen, wobei in einigen Punkten Verbesserungen im Sinne nachhaltiger Entwicklung möglich sind.

4. *Der Operator „erörtern" verlangt von Ihnen, zu einer vorgegebenen Problemstellung eine reflektierte und abwägende Auseinandersetzung zu führen, um zu einem begründeten Sach- und/oder Werturteil zu kommen. Im Zentrum steht in diesem Fall der Zusammenhang zwischen dem Angebot an Arbeitsplätzen und dem Wachstumsmarkt der Solarenergie. Diesen müssen Sie herausarbeiten und in seinem Zusammenhang mit der nachhaltigen Stadtentwicklungsplanung des Quartiers Vauban erläutern. Um zu einem Sachurteil zu gelangen, muss mithilfe des Materials begründet werden, ob die Arbeitsplätze und der Wachstumsmarkt im Bereich der Solarenergie nachhaltig sind.*

Seit dem Jahr 2000 hat die Bedeutung der **Solarenergie** in Deutschland bis zum Jahr 2010 stetig zugenommen. Im Jahr 2000 betrug die gesamte Kollektorfläche 2,9 Mio. m^2, hingegen im Jahr 2010 14,0 Mio. m^2; sie hat sich also nahezu verfünffacht. Solarwärme als **regenerative Energie** ist zum „Heizungsstandard" (M 5 a) geworden.

Dieses Wachstum bedeutet einen erhöhten Bedarf an Fachpersonal für die Installation, die Koordination der Aufträge, die Wartung der Anlagen und die Fertigung der Solarmodule. In M 5 b werden die von Solarunternehmen geschaffenen **Arbeitsplätze** aufgezeigt, wobei hier nicht nur der Bereich Solarwärme, sondern auch Solarstrom die Datengrundlage bildet. Im Jahr 2000 stellten Solarunternehmen

11 000 Arbeitsplätze, im Jahr 2008 hingegen 78 000; das Jobangebot hat sich in acht Jahren somit versiebenfacht. Die Prognose für das Jahr 2020 sieht sogar mehr als 150 000 Arbeitsplätze vor.

Beiden Diagrammen von M 5 ist zu entnehmen, dass auf der einen Seite der Wirtschaftszweig Solarwärme/Solarstrom zahlreiche Arbeitsplätze bietet und auf der anderen Seite in Deutschland zunehmend mehr Heizwärme für Wohn- und Arbeitsgebäude aus der regenerativen Fotovoltaik gewonnen wird. Dieser Zusammenhang spiegelt den Wandel der deutschen Wirtschaftsstruktur hin zur **Hochtechnologie** wider.

Im Quartier Vauban ist die Solarenergie ein wichtiger Pfeiler der Energieversorgung. Gefördert wurden hier z. B. Niedrigenergiehäuser mit integrierten solarthermischen Zellen. Auf diese Weise ist der Stadtteil unabhängiger von großen Stromkonzernen. Als Nebeneffekt erzeugt nachhaltige Stadtplanung wie in Vauban ein auch in Zukunft steigendes Angebot an Arbeitsplätzen im Bereich der regenerativen Energien.

Zu beachten ist jedoch, dass ausreichend Personal in Deutschland zu **Fachkräften** ausgebildet wird und nicht qualifizierte Fachkräfte aus anderen Ländern abgeworben werden, um den landesinneren Arbeitsmarkt zu stärken. Dazu sollte ein entsprechendes Bildungsangebot geschaffen und erweitert werden, um den Bedarf an geschultem Personal zu decken.

Die aktuelle politische Lage mit dem beschlossenen **Atomausstieg** spätestens bis zum Jahr 2022 wird in den nächsten Jahren den Markt weiter wachsen und neue Arbeitsplätze entstehen lassen. Auf Solarenergie zu setzen, wie in Vauban bereits geschehen, scheint auf jeden Fall eine sinnvolle Idee zu sein.

Wirtschaftliche Disparitäten in der EU

Aufgabenstellung

1. Charakterisieren Sie großräumige Disparitäten in der EU-27 (M 1, M 2).
2. Erklären Sie in Grundzügen die West-Ost-Disparität in der EU (M 1, M 2).
3. Ordnen Sie grundlegende Entwicklungen des BIP Zielsetzungen der Regionalpolitik der EU zu (M 3).
4. *Im Unterschied zum West-Ost-Gegensatz in der EU ist der West-Ost-Gegensatz in China ausschließlich naturgeografisch bestimmt.*
   Erörtern Sie, inwiefern diese Aussage zutrifft.

Hilfsmittel: eingeführter Schulatlas, Wörterbuch der Rechtschreibung, Taschenrechner

Hinweis:
Aus drucktechnischen Gründen ist die Reihenfolge von M 1 und M 2 vertauscht.

M 2 Wertschöpfung und Erwerbsstruktur in ausgewählten EU-Ländern (in %)

	Rumänien			**Spanien**			**Deutschland**		
	Anteile der Wirtschafssektoren am BIP								
	Prim.	Sek.	Tert.	Prim.	Sek.	Tert.	Prim.	Sek.	Tert.
1985	15	37	48	6	37	57	bis 1990: zwei Staaten		
1994	21	33	46	4	31	65	1	35	64
2004	14	37	49	3*	29*	67*	1	29	70
	Anteile der Erwerbstätigen in den Wirtschaftssektoren								
2004	35,7	29,8	34,5	5,7**	30,8**	63,6**	2,2***	25,8***	71,9***

Hinweis: * Die Daten der Originalquelle addieren sich zu 99 %.
** Die Daten der Originalquelle addieren sich zu 100,1 %.
*** Die Daten der Originalquelle addieren sich zu 99,9 %.

Quelle: Fischer Weltalmanach, Jahrgänge 1992, 1997 (1996), 2007

M1 Bruttoinlandsprodukt pro Einwohner 2005 (in KKS) (EU-25-Durchschnitt = 100)

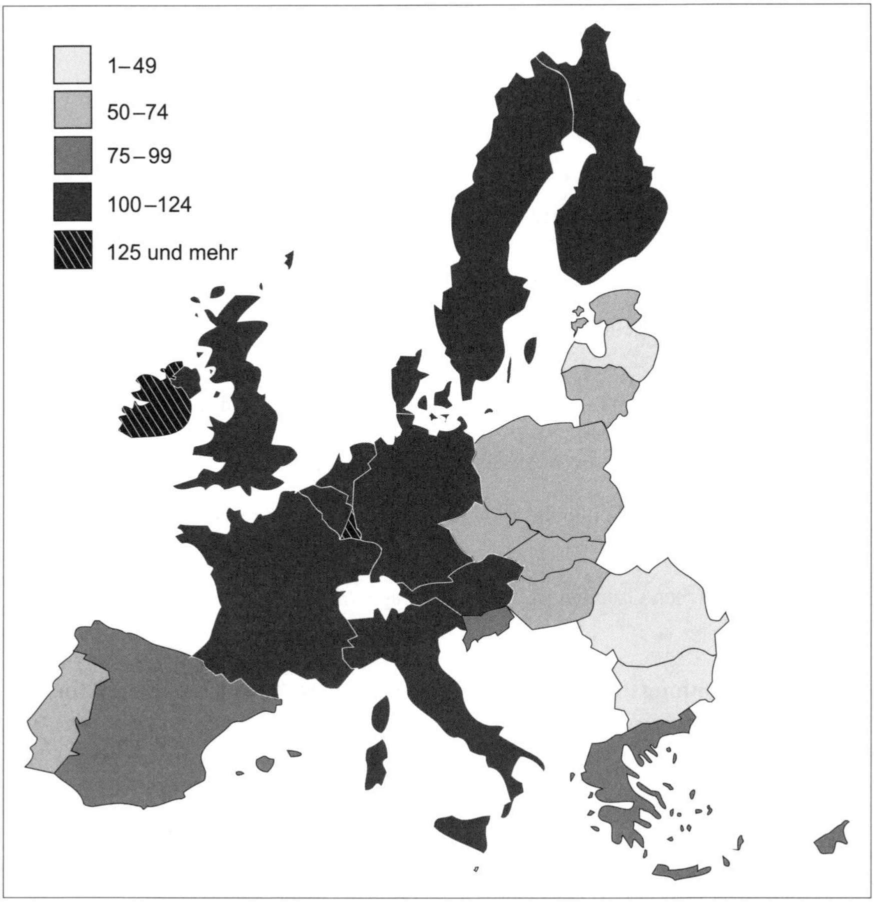

Hinweis: KKS (Kaufkraftstandard) ist eine Umrechnungseinheit, die die Kaufkraftunterschiede zwischen den einzelnen Ländern weitgehend ausblendet.

Quelle: eigene Darstellung nach Daten von Eurostat (http://epp.eurostat.ec.europa.eu/)

M 3 Entwicklung des BIP pro Einwohner (in KKS)

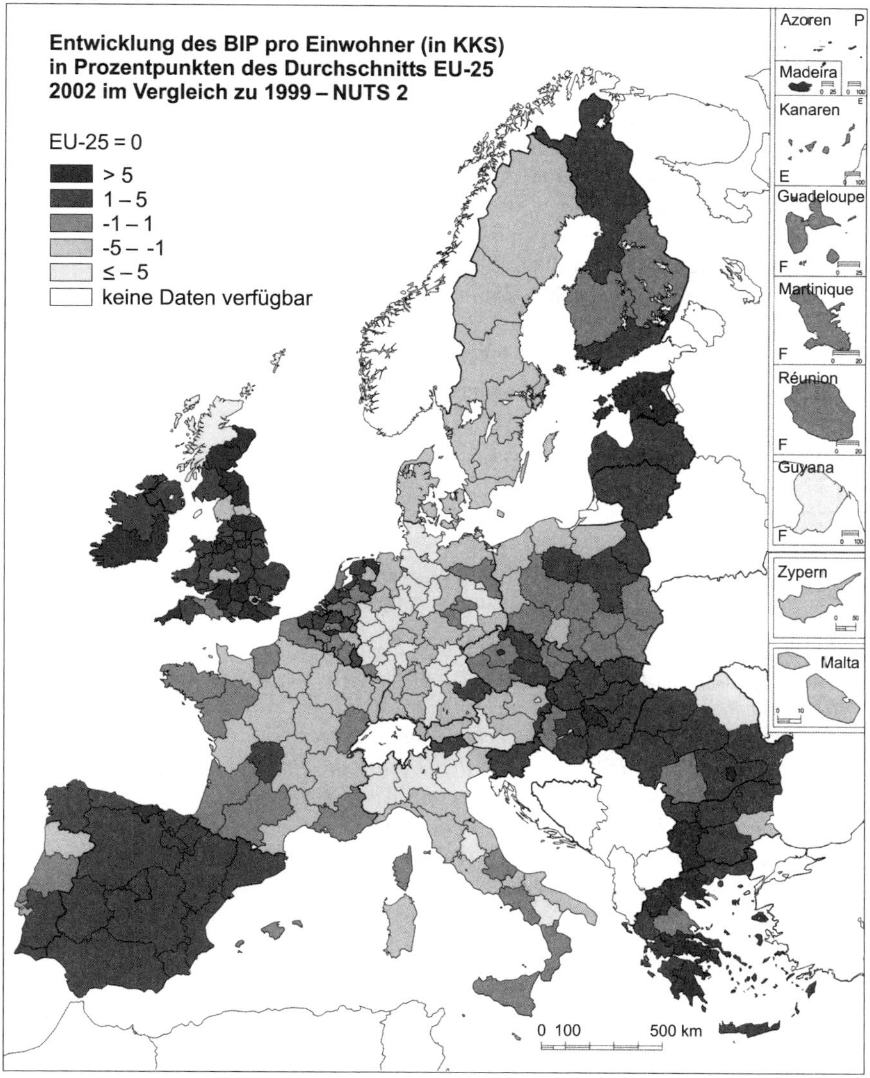

Hinweis: NUTS 2: Flächeneinheit in EU-Staaten für statistische Datenerhebungen (ihre Grenzen sind in M 3 erkennbar).

Quelle: Statistische Daten: Eurostat Datenbank: REGIO, © EuroGeographics, bezüglich der Verwaltungsgrenzen. Kartografie: Eurostat – GISCO, April 2005.
Aus: Amt für amtliche Veröffentlichungen der Europäischen Gemeinschaften: Regionen, Statistisches Jahrbuch 2005, S. 45, Karte 3.3

Allgemeine Hinweise zur Lösung der Aufgabe

Voraussetzungen
Die Aufgabenstellung bezieht sich auf die für das Zentralabitur 2007 festgelegten thematischen Schwerpunkte 1 (**Räumliche Disparitäten und Strukturwandel in Europa**) und 2 (**Süd- und Ostasien im Spannungsfeld sozioökonomischer Strukturen und industrieräumlicher Entwicklung**).
Alle vier Aufgaben akzentuieren die wirtschaftsräumlichen Disparitäten in der EU und erfordern Unterrichtswissen zu Aspekten der Transformationsprozesse in Ostmitteleuropa, der Osterweiterung und der Regionalpolitik der EU.
Der **Semesterübergriff** führt über einen Vergleich zwischen Disparitäten in der EU und in China in den ostasiatischen Raum.

Zuordnung zu den AFB und Gewichtung

Aufgabe	AFB	Gewichtung
1.	I/II	20 %
2.	I/II	20 %
3.	II	30 %
4.	I/III	30 %

Lösungsvorschläge

1. *Ansätze zur Bearbeitung dieser Aufgabe lassen sich in M 1 und M 2 sowie mit Blick auf die Teilaufgabe 2 finden: M 1 ist die Grundlage für die Identifikation der Raumkonstellationen, in denen die Disparitäten ihren Ausdruck finden. M 2 weist exemplarisch auf drei Teilräume hin, die in diesem Zusammenhang eine Rolle spielen: den Osten, den Süden und den Kernraum. In Teilaufgabe 2 wird explizit eine Raumkonstellation angesprochen: die West-Ost-Disparität.*
   Der Operator „charakterisieren" gehört zum AFB II und verlangt eine Beschreibung der Disparitäten in ihren Eigenarten sowie eine Kennzeichnung typischer Merkmale, die Sie entweder aus dem Unterricht mitbringen oder M 1 (BIP) sowie M 2 entnehmen müssen.
   Die Thematik wird zwar z. B. im Diercke Weltatlas 2002, S. 124 angesprochen. Die hier zu findenden Karten basieren aber auf älteren Daten als M 1, das für diese Teilaufgabe als Grundlage ausreicht. Der Atlas ist demnach nur bedingt zur Beantwortung der Teilaufgabe heranzuziehen (z. B. zur topografischen Orientierung).

   Die Karte in M 1 zeigt die großräumigen **Disparitäten** innerhalb der EU-27 anhand des **Indikators** „Bruttoinlandsprodukt pro Einwohner 2005" in Form von Index-Werten. Damit wird die Wirtschaftskraft bzw. der wirtschaftliche Entwicklungsstand der abgebildeten Länder angezeigt.

Es lassen sich drei Großregionen unterschiedlichen Entwicklungsstandes ausweisen: der überdurchschnittlich leistungsstarke Norden, Westen und Kernraum; die mit 50 bis unter 100 KKS unterdurchschnittlich entwickelte südliche Peripherie (Portugal, Spanien und Griechenland sind hier erkennbar) sowie die östliche Peripherie mit weniger als 75 % des Durchschnittswerts der EU-25. Damit sind zwei großräumige Disparitäten zu konstatieren: eine **Nord-Süd-Disparität** und eine **West-Ost-Disparität**.

Neben dem BIP können die **Wertschöpfung** der Wirtschaftssektoren und die **Erwerbsstruktur** als **Indikatoren** für die Charakterisierung der Disparitäten dienen. M 2 liefert exemplarische Daten für die drei oben genannten Großregionen, wobei Rumänien die östliche **Peripherie**, Spanien die südliche Peripherie und Deutschland den **Kernraum** repräsentiert.
Die Daten über die Anteile der Wirtschaftssektoren am BIP in den Jahren 1984–2004 spiegeln die typische Entwicklung der Wirtschaftsstruktur von einem agrarisch geprägten Land über ein Industrieland zu einer Dienstleistungsgesellschaft für alle drei genannten Länder wider. Den höchsten Entwicklungsstand hat in diesem Vergleich Deutschland mit Anteilen von 1 % im primären, 29 % im sekundären und 70 % im tertiären Sektor (2004). Ähnlich weit fortgeschritten ist Spanien mit zwei Prozentpunkten mehr im primären und zwei Prozentpunkten weniger im tertiären Sektor. Rumänien dokumentiert mit 14 % im primären, 37 % im sekundären und 49 % im tertiären Sektor einen geringeren Entwicklungsstand, der sich 2004 gegenüber 1985 so gut wie nicht geändert hat.

Die Disparitäten sind auch an der Erwerbsstruktur zu erkennen (M 2). Während in Staaten des Nordwestens oder des Kernraumes wie z. B. in Deutschland nur noch ein sehr geringer Anteil der Erwerbstätigen in der Landwirtschaft tätig ist (etwas mehr als 2 %), liegt der Anteil in den Staaten der südlichen und östlichen Peripherie deutlich höher. Dies wird am Beispiel Spaniens (über 5 %) und Rumäniens (mehr als ein Drittel) deutlich. Dabei ist in den Ländern mit der geringsten Wirtschaftsleistung gerade die „Unproduktivität" der Landwirtschaft sehr auffällig: So trugen im Jahr 2004 mehr als 35 % der Beschäftigten im primären Sektor Rumäniens lediglich 14 % zur Wertschöpfung in dieser Volkswirtschaft bei.

Zusammenfassend lässt sich Folgendes festhalten:
Großräumig gibt es in der EU eine West-Ost- und eine Nord-Süd-Diparität, die sich u. a. durch Indikatoren wie das Bruttoinlandsprodukt oder die Wirtschafts- bzw. Erwerbsstruktur belegen lassen.

2. *Die West-Ost-Disparität in der EU soll in dieser Aufgabe näher beleuchtet werden. Mit dem Operator „erklären" ist eine Darstellung verbunden, die Bedingungen und Ursachen für die West-Ost-Disparität in Grundzügen verständlich macht. M 1 ist hier nur ansatzweise hilfreich, auch M 2 liefert nur vergleichsweise wenig Anhaltspunkte. Grundlage für die Bearbeitung dieser Teilaufgabe sind demnach Ihre Kenntnisse aus dem Unterricht über geohistorische Zusammenhänge und die Transformationsprozesse in den ostmitteleuropäischen Ländern.*

Sie können den Sachverhalt entweder allgemein oder anhand eines im Unterricht behandelten Fallbeispiels (z. B. Polen oder einer der baltischen Staaten) erklären. Der Tabellenteil über Rumänien sollte hier etwas genauer ausgewertet werden, als es im Zusammenhang mit Teilaufgabe 1 erforderlich war. Verbindendes Element kann der Transformationsaspekt sein. Darüber hinaus sollten die Ergebnisse aus Teilaufgabe 1 mit in die Bearbeitung dieser Teilaufgabe einfließen, ohne dabei wiederholenden Charakter zu haben.

Die Ost-West-Disparität kann man anhand des Fallbeispiels Rumänien (M 2) erklären.

Betrachtet man die Entwicklung der Wertschöpfung Rumäniens seit 1985, so ist im Gegensatz zu Spanien und Deutschland keine kontinuierliche Tendenz festzustellen. Der Anteil des primären Sektors am BIP nahm bis 1994 zu und sank erst in den folgenden 10 Jahren knapp unter den Ausgangswert. Im sekundären Wirtschaftssektor ging er um vier Prozentpunkte zurück und stieg dann wieder auf den Ausgangswert.
Für den Dienstleistungssektor gilt Ähnliches, wobei der Wert von 2004 nur einen Prozentpunkt über dem Ausgangswert lag. Das bedeutet, dass die Entwicklung in diesem 20-Jahreszeitraum nicht gleichsinnig verlief und nicht gesteigert werden konnte.

Die scheinbare Rückwärtsentwicklung bis 1994 ist in Rumänien – wie auch in anderen Ländern des Ostblocks – auf Umbrüche während der **Transformationsphase** zu Beginn der 1990er-Jahre zurückzuführen, als es z. B. im sekundären Sektor zu Schließungen von nicht wettbewerbsfähigen Staatsbetrieben kam. Dementsprechend verläuft auch die Trennlinie zwischen dem wirtschaftsstärkeren Westen und dem wirtschaftsschwächeren Osten entlang des früheren „Eisernen Vorhangs“, der Grenze zwischen dem Einflussbereich der ehemaligen Sowjetunion und den demokratischen Ländern des Westens. Dies ist in M 1 deutlich zu erkennen (wobei die ehemalige DDR hier nicht mehr differenzierbar ist).
In dieser wirtschaftlich schwierigen Phase kam es in Rumänien des Weiteren zu einer Stärkung des primären Sektors, um die Grundversorgung mit landwirtschaftlichen Produkten sicherzustellen (vgl. M 2: Steigerung der Wertschöpfung aus diesem Sektor von 15 % im Jahr 1985 auf 21 % im Jahr 1994).

Die Volkswirtschaften des „Ostblocks“ waren geprägt durch ein staatsmonopolistisches System der **Zentralverwaltungs- und Planwirtschaft**. Sie waren im Rat für Gegenseitige Wirtschaftshilfe (RGW) außenwirtschaftlich eng miteinander verflochten und vom Weltmarkt weitgehend abgeschottet. Die Volkswirtschaften des europäischen Westens waren dagegen **marktwirtschaftlich** ausgerichtet und in den Weltmarkt integriert.
Im Zusammenhang mit der Auflösung der Sowjetunion und der Demokratisierung der Länder in Ost- und Mitteleuropa wandelte sich das Wirtschaftssystem vom Staatsbesitz hin zu überwiegend privaten Eigentumsformen. Dieser Transformationsprozess und die damit einhergehende Öffnung gegenüber dem Weltmarkt führten in der Wirtschaft der **Transformationsländer** zu vorübergehenden Pro-

duktionseinbrüchen. Diese konnten erst allmählich durch die Gründung und Konsolidierung von privaten Unternehmen und mit Unterstützung durch **Direktinvestitionen** aus dem Westen aufgefangen und kompensiert werden. Dabei war die Modernisierung der Produktion und der Infrastruktur Grundlage für ein Wirtschaftswachstum.

Die West-Ost-Dispariät hat also überwiegend historische Ursachen, die sich in den Problemen, die mit den Transformationsprozessen seit Beginn der 1990er-Jahre verbunden sind, fortsetzen.

3. *Aus dem Unterricht sollten Ihnen grundsätzliche Zielsetzungen der Struktur- und Regionalpolitik der EU bekannt sein, z. B. die Förderung von Regionen mit Entwicklungsrückstand (Ziel-1-Regionen).*
Grundlage für die Bearbeitung der Teilaufgabe ist die Karte M 3. Sie ist wesentlich differenzierter als die Karte M 1, weil sie zahlreiche statistische Gebietseinheiten enthält. Auch geeignete Atlaskarten (z. B. Karte 125.1 im Diercke Weltatlas 2002) können bei der Auswertung helfen.
Gefordert ist eine Auswertung der BIP-Entwicklung, wie sie in M 3 dargestellt ist, und ein Abgleich mit M 1. Die Ergebnisse sind dann in einen systematischen Zusammenhang mit den Zielen der EU-Regionalpolitik einzufügen.

M 3 stellt grundlegende Entwicklungen des BIP in Europa von 1999–2002 dar. Vereinfacht lassen sich drei Tendenzen unterscheiden: Regionen mit einer Zunahme des BIP von einem oder mehr Prozentpunkten im Vergleich zum Durchschnitt der EU-25, Regionen mit einer entsprechenden Abnahme des BIP und solche, in denen das BIP im genannten Zeitraum stagnierte bzw. um den Durchschnittswert schwankte.

Regionen mit positiver BIP-Entwicklung sind weite Teile Großbritanniens und Irland, Nord- und Süd-Finnland, Teile der Benelux-Länder, die baltischen Staaten, Ostpolen und nahezu die gesamte südostliche Peripherie, Spanien und der Süden Portugals sowie eine Region im zentralen Frankreich. Eine negative BIP-Entwicklung war in den Regionen des Kernraumes und in Schweden festzustellen. Die gravierendste BIP-Abnahme hatten neben Nordschottland und Nordostrumänien zahlreiche Regionen in Deutschland und Italien zu verzeichnen.

Verglichen mit dem BIP-Status 2005 (M 1) haben sich mit Ausnahme der britischen Inseln sowie einiger Regionen in Benelux und Finnland besonders diejenigen Großräume positiv verändert, die vormals von einem wirtschaftlichen Rückstand gekennzeichnet waren – der Süden und der Osten. Da in weiten Teilen der gut entwickelten Großräume am Anfang dieses Jahrhunderts eine BIP-Abnahme erfolgte, kann man folgern, dass die Regionen mit Entwicklungsrückstand eine Art Aufholprozess durchgemacht haben müssen. Dies entspricht genau den **Zielsetzungen der EU-Regionalpolitik**: Förderung von Regionen mit Entwicklungsrückstand (**Ziel-1-Regionen**), Annäherung ihres Entwicklungsstandes an den EU-Durchschnitt und damit Abbau der regionalen Disparitäten.

Dass es bei diesem Abbau nicht nur um internationale, sondern auch um intranationale Disparitäten geht, also den Ausgleich zwischen unterschiedlich entwickelten Regionen innerhalb der Länder, verdeutlicht ein differenzierender Blick auf M 3: So zeigt sich am Beispiel Rumäniens das gesamte Entwicklungsspektrum, wobei die stärkste Zunahme des BIP in der Hauptstadtregion um Bukarest zu verzeichnen ist. Disparitäten zwischen Regionen mit positiver, stagnierender und negativer BIP-Entwicklung findet man auch in Polen oder Bulgarien, solche mit Konzentration der stärksten Zunahme auf die Hauptstadtregionen in Ungarn (Budapest), der Slowakei (Preßburg) oder der Tschechischen Republik (Prag).

Es gibt in der EU also Disparitäten auf unterschiedlichen Maßstabsebenen, die durch regional-politische Maßnahmen abgebaut werden sollen. Diese Maßnahmen scheinen nach Auswertung des Kartenmaterials zielführend zu sein und zu greifen.

4. *Die vorgegebene Aussage ist hier zu erörtern (AFB III), d. h., sie ist eingehend von verschiedenen Seiten her zu betrachten. Sie sollen dabei die relevanten Aspekte gegeneinander abwägen und Ihre Ausführungen in eine abschließende Einschätzung münden lassen.*
Der West-Ost-Gegensatz in der EU wurde bereits in Teilaufgabe 2 erklärt; es ist hier aber noch ergänzend zu überprüfen, inwiefern naturgeografische Determinanten beim Entstehen dieses Gegensatzes eine Rolle spielen. Vergleichend sollen Sie dann die wesentlichen Bestimmungsgründe für die West-Ost-Disparität in China darlegen – entweder auf der Basis von Unterrichtswissen oder unter Zuhilfenahme von Kartenmaterial (z. B. Diercke Weltatlas 2002, S. 170–173). Abschließend müssen Sie unter Einbeziehung der erarbeiteten Aspekte einschätzen, inwiefern die vorgegebene Aussage zutrifft.

Auch für die Ausbildung der West-Ost-Disparität in der EU spielen naturgeografische Faktoren eine – im Vergleich zu China aber deutlich untergeordnete – Rolle. **Relief** und **Klima** sind zwar auch in Europa heterogen ausgeprägt, wirken sich aber auf die Disparitäten zwischen dem Westen und dem Osten großräumig kaum aus. Regional können zweifellos Gunst- bzw. Ungunsträume unterschieden werden (z. B. hohe Reliefenergie in Skandinavien oder klimatische Extreme in Südspanien); diese wirken sich aber nicht auf das Gesamtsystem aus. Die **geografische Lage** (periphere Lage zum offenen Meer) beeinflusst allerdings die Wirtschaft des Ostens teilweise negativ. Hier ist der Westen klar im Vorteil. Insgesamt ist aber der West-Ost-Gegensatz in der EU nicht vorrangig naturgeografisch bestimmt. Insofern trifft die Aussage der Aufgabenstellung höchstens teilweise zu.

In China stellt sich die Situation ganz anders dar: Der Westen ist hier benachteiligt und zeigt einen deutlichen Entwicklungsrückstand, während der Osten die besser entwickelte Region ist. Die Verhältnisse sind also im Vergleich zu Europa genau umgekehrt.

Naturgeografische Ursachen für diese **West-Ost-Disparität** sind offensichtlich (vgl. z. B. Diercke Weltatlas 2002, S. 170/171 und S. 222/223): Der ausgesprochen hohen **Reliefenergie** im gesamten Westen Chinas, die die Möglichkeiten der infrastrukturellen Erschließung im Westen erheblich einschränkt, stehen Küstenebenen und Täler im Bereich der Flussunterläufe entgegen. Auch **klimatisch** ist der Osten mit kühl- und warmgemäßigten Klimaten begünstigt. Im Westen wirken sich Relief und **Kontinentalität** negativ aus, ausgedehnte **Trockenregionen** erschweren die landwirtschaftliche Inwertsetzung.
Der dritte, ganz entscheidende Vorteil für den Osten ist die **Küstenorientierung** mit der damit verbundenen **Verkehrsgunst**. Der Westen ist auch aufgrund der großen Entfernungen von profitablen Exportmöglichkeiten weitgehend abgeschnitten.

Diese Argumente stützen die zu erörternde Aussage generell. Es ist aber zu fragen, ob es weitere Determinanten für die West-Ost-Disparität in China gibt.
Aus den jüngsten wirtschaftlichen Entwicklungen in dem durch **Binnenmigration** stark wachsenden Osten, besonders im Küstenraum, ergeben sich Faktoren, die sich verschärfend auf die Disparitäten auswirken: Auch China befindet sich, wie die Länder Ostmitteleuropas, in einem wirtschaftlichen **Transformationsprozess**, der im Osten seinen Ausgang nimmt. **Globalisierungseffekte** begünstigen den Küstenraum oder die Regionen, die infrastrukturell an die Küste angebunden sind. Dort findet man die Zentren **exportorientierter Industrialisierung**, dort konzentrieren sich **ausländische Direktinvestitionen**, die ganz entscheidend das seit Jahren rasante Wirtschaftswachstum fördern, dort entstehen **Sonderwirtschaftszonen**, die als Keimzellen für wirtschaftliche Entwicklung gelten können, dort konzentriert sich die Bevölkerung.

Aus diesem Grunde muss die zu erörternde Aussage relativiert werden. Chinas West-Ost-Disparität wird in deutlich höherem Maße durch naturgeografische Faktoren bestimmt, gerade in jüngster Zeit aber auch in immer stärker werdendem Maße durch ökonomische Parameter und Standortentscheidungen. Diese werden von global agierenden Unternehmen in hohem Maß gelenkt und sind so regionalpolitisch nur schwer zu beeinflussen.

Die Chance für einen Abbau der West-Ost-Disparität dürfte in Europa deutlich größer sein als in China, da im „überschaubaren“ Europa Ausgleichsmaßnahmen in den Bereichen Infrastruktur und Betriebe eher vorstellbar sind, als dies bei der Beseitigung natürlicher Standortnachteile in vergleichsweise großen Raumeinheiten wie China der Fall ist.

Bombay (Mumbai) – Millionenstadt auf dem Weg zur internationalen Metropole?

Aufgabenstellung

Die indische Stadt Bombay heißt seit 1995 offiziell Mumbai. Sie hat etwa 18,6 Millionen Einwohner im Großraum der Stadt. Im 17. Jahrhundert kam Bombay in den Kolonialbesitz der Briten, die sich dort im Bereich einer Bucht am Indischen Ozean ansiedelten.

1. Stellen Sie die funktionale Gliederung Bombays und deren Auffälligkeiten im Vergleich zu deutschen Großstädten dar (M 1, M 2).
2. Charakterisieren Sie Bombays nationale wirtschaftliche Bedeutung (M 1, M 2, M 3).
3. Erörtern Sie Bombays Perspektiven, im Rahmen der weltwirtschaftlichen Verflechtungen Indiens zu einer internationalen Metropole zu werden (M 2, M 3).

Hilfsmittel: eingeführter Schulatlas, Wörterbuch der Rechtschreibung, Taschenrechner

M1 Sozial- und wirtschaftsräumliche Differenzierung Bombays (2000)

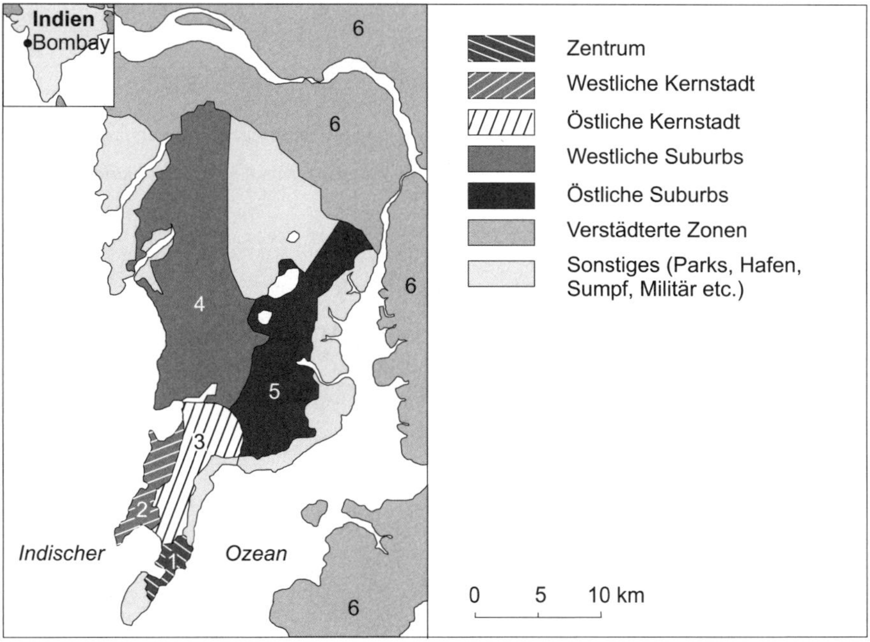

Ausgewählte Wirtschafts- und Sozialdaten zu den in der Karte ausgewiesenen Teilregionen Bombays (um 2000)

	1	2	3	4	5	6
Fläche (km²)	12	25	35	227	169	3 769
Bevölkerung (in 1 000)	157	1 237	1 933	4 950	3 608	6 662
indische Firmen (Top 100)	67	16	7	7	2	1
deutsche Firmen	97	32	9	44	8	12
Hauptsitze indischer Banken	40	4	1	3	0	0
Hauptsitze ausländischer Banken	32	1	1	0	0	0
bedeutende Institutionen (Börsen, Handelskammern, Konsulate, etc.)	102	36	6	12	1	6
Arbeitplätze im formellen Sektor (in 1 000)	816	381	380	617	501	798
Bürojobs (in 1 000)	308	160	89	144	50	48

Bürohochhäuser	15	4	2	0	0	0
Luxuswohnhochhäuser (→ Oberschicht)	11	24	13	23	10	0
neue Wohnkomplexe (→ Mittelschicht)	21	15	67	495	76	105
Slums (→ Unterschicht)	13	14	85	747	621	186

Hinweis: Der formelle Sektor umfasst die Erwerbstätigen in festen, geregelten Arbeitsverhältnissen

Quelle: Wamser, Johannes u. a.: Bombay – Indiens Wirtschaftsmetropole unter internationalem Einfluss. In: Geographie heute 221/222 (2004), S. 31

M 2 Bombays nationale und internationale Bedeutung

	Indien	Bombay	Delhi	Madras	Bangalore	Kalkutta
Hauptsitze der Top 200 exportierender indischer Firmen (2001)	200	93	32	21	17	10
Ausländische Investitionen 1991–2002 (Mrd. Rupien)	2 036	365	335	185	190	65
Hauptsitze ausländischer Banken (2000)	39	34	2	1	0	0
Internationale Messen (2003)	62	22	19	2	4	1
Internationale Flugpassagiere 1999–2000 (in 1 000)	13 259	4 998	3 752	1 703	161	594
Internationaler Seegüterverkehr 1999–2000 (in 1 000)	194 009	35 459	0	22 776	0	24 156
Standorte deutscher/ deutsch-indischer Firmen (2002)	917	283	176	85	87	63

Quelle: Wamser, Johannes u. a.: Bombay – Indiens Wirtschaftsmetropole unter internationalem Einfluss. In: Geographie heute 221/222 (2004), S. 30

M3 Mumbai als Anker der Globalisierung

Indiens Wirtschaftsmetropole steht seit einigen Jahren unter deutlichem Einfluss der Globalisierung. Mumbai fungiert als Anker für die Globalisierung des Subkontinents. Mit 18,6 Millionen Bewohnern in der städtischen Großagglomeration steht die Stadt in der indischen Städtehierarchie weiterhin an der Spitze. Auch im tertiären Sektor kommt der Megastadt nach wie vor eine Führungsrolle zu. Als Knoten im Netzwerk weltweiter Austauschbeziehungen ist Mumbai wichtiger Ankerplatz für ausländische Investoren und Firmen, die sich in einem Land mit über 1 Mrd. Einwohnern entsprechende Marktchancen erhoffen.

Immer wichtiger werden für in- und ausländische Eliten die „weichen“ Standortfaktoren, bei denen Mumbai punktet: hervorragende Bildungs- und Forschungseinrichtungen in großer Bandbreite und Vielfalt, die besten medizinischen Einrichtungen und Ärzte und das mit Abstand umfangreichste Freizeit- und Kulturangebot des Landes. Bombay ist auch das indische Hollywood mit mehreren hundert produzierten Filmen pro Jahr für den indischen Markt.

Gleich den anderen Metropolen in der Dritten Welt gibt es aber neben Geld und schönem Schein auch unvorstellbare soziale Not und Ausgrenzung. Ist Mumbai auf dem Weg zu einer internationalen Metropole? Was Global Cities von gewöhnlichen Metropolen abhebt, ist ihre globale Ausstrahlung, um nicht zu sagen ihre globale Macht.

Quelle: zusammengestellt aus: Nissel, Heinz: Mumbai: Megacity im Spannungsfeld globaler, nationaler und lokaler Interessen. In: Geographische Rundschau 4/2007, S. 55–60

Allgemeine Hinweise zur Lösung der Aufgabe

Voraussetzungen
Die Aufgabenstellung bezieht sich auf die für das Zentralabitur 2008 festgelegten thematischen Schwerpunkte 2 (**Süd- und Ostasien im Spannungsfeld sozioökonomischer Strukturen und industrieräumlicher Entwicklung**) und 1 (**Deutschland: Demografische Strukturen und städtische Entwicklung**). Der inhaltliche Schwerpunkt liegt auf einer stadtgeografischen Thematik innerhalb eines südasiatischen Teilraums. Folgende Aspekte aus dem Unterricht werden als Grundlage benötigt: funktionale – hier sozioökonomische – Gliederung städtischer Räume, Indikatoren-Analyse zur vergleichenden Hierarchisierung zentraler Funktionen, weltwirtschaftliche Verflechtungen und Urbanisierung als Folge industrieräumlicher Entwicklung. Der **Semesterübergriff** wird durch Bezüge zu städtischen Entwicklungen in Deutschland hergestellt.

Zuordnung zu den AFB und Gewichtung

Aufgabe	AFB	Gewichtung
1.	I/II	40 %
2.	II	30 %
3.	II/III	30 %

Lösungsvorschläge

1. *Die Bearbeitung der ersten Teilaufgabe lässt sich in drei Bereiche einteilen: zunächst die allgemeine Darstellung der funktionalen Gliederung auf der Grundlage der Karte in M 1 (in den Atlanten sind keine entsprechenden Karten verfügbar) und der Datentabelle; dann das Herausarbeiten besonders auffälliger Muster, wie sie sich aus den Daten in Verbindung mit der Karte ableiten lassen (AFB I); und schließlich eine davon ausgehende vergleichende Betrachtung im Hinblick auf die funktionale Gliederung deutscher Großstädte (AFB II). Der letzte Bereich kann auf allgemeinen Vergleichskriterien beruhen oder auf dem konkreten Vergleich mit einem Fallbeispiel aus dem Unterricht, also z. B. einer bestimmten deutschen Großstadt. Im Folgenden wird die allgemeine Variante dargestellt. M 2 enthält keine spezifischen Daten zur funktionalen Gliederung Bombays, weil sich die Daten auf den Gesamtraum beziehen. Sie können die Tabelle aber evtl. heranziehen, um einigen Aussagen Nachdruck zu verleihen.*

Der Kartenausschnitt in M 1 verdeutlicht den halbinsel- und buchtenartigen Charakter der **Lage** von Bombay (Mumbai). Der dargestellte Stadtbereich wird in sechs Zonen unterteilt, von Südwest nach Nordost: Zentrum, westliche und östliche Kernstadt, west- und östliche Suburbs und den Bereich verstädterter Zonen. Die räumliche Ausdehnung der Bereiche nimmt in der genannten Reihenfolge zu.

Bereits in der Kolonialzeit (vgl. einleitenden Text zur Aufgabe) konzentrierte sich die Besiedlung Bombays im Bereich des heutigen Zentrums, das aufgrund seiner Lage an der Bucht heute eher in der Peripherie des gesamten Stadtareals liegt. Im Zentrum befinden sich drei Viertel von Bombays Bürohochhäusern, in denen der weitaus größte Anteil der Bürojobs innerhalb der Stadt angesiedelt ist. Auch die absolut höchste Anzahl von formellen Arbeitsplätzen insgesamt ist hier lokalisiert. Unterstrichen wird diese Konzentration gerade im **Dienstleistungsbereich** durch den Anteil bedeutender Institutionen (fast doppelt so viele wie in den anderen fünf Stadtbereichen zusammen) und die absolute Dominanz in- und ausländischer Banken (fast 88 %). Annähernd zwei Drittel der indischen Firmen sind im Zentrum angesiedelt. Bei den deutschen Firmen ist es immerhin noch knapp die Hälfte. Nimmt man die westliche Kernstadt an der Bucht zum Indischen Ozean dazu, wird die ungleiche Verteilung noch deutlicher. Die wirtschaftlichen Aktivitäten laufen also signifikant gehäuft im Zentrum zusammen oder werden von dort gesteuert (M 1). Eine **wirtschaftsräumliche Segregation** ist demnach offensichtlich.

Auch **sozialräumlich** sind **Segregationserscheinungen** festzustellen. Die Wohnfunktion für die Oberschicht erstreckt sich ausschließlich auf den Bereich der Halbinsel mit deutlichen Schwerpunkten in der westlichen Kernstadt und den westlichen Suburbs. Hier finden sich allein zwei Drittel der Wohnquartiere, die der Mittelschicht zugerechnet werden. Die Unterschicht hingegen bevölkert die Slums der Suburbs (1 368 von 1 666 Quartieren insgesamt). Die soziale **Entmischung** wird auch noch einmal überdeutlich, wenn man die Bevölkerungszahlen vergleicht: Mehr als 15 Millionen der insgesamt 18,6 Millionen Einwohner leben in der nordöstlichen Peripherie – gegenüber gut drei Millionen Menschen im südwestlichen Kernbereich. Hier ergeben sich allerdings die höchsten Einwohnerdichten von 50 000 bis 55 000 Einwohnern/km^2 (13 000 Einwohner/km^2 im Zentrum). In den Suburbs sind es etwa 21 000 Einwohner/km^2; in der Peripherie der verstädterten Zonen leben auf einem Quadratkilometer etwa 1 800 Menschen. Bombay weist also in wirtschafts- und sozialräumlicher Hinsicht eine deutliche Differenzierung auf, die sich in der zonalen Gliederung der Stadt erkennbar widerspiegelt.

Eine derart starke sozial- und wirtschaftsräumliche Segregation ist in deutschen Großstädten nicht festzustellen. Hier sind in den letzten Jahren **Suburbanisierungsprozesse** zu beobachten, die im Zusammenhang mit einem Funktionswandel stehen. Damit verbundene sozial- und wirtschaftsräumliche **Umstrukturierungen** in deutschen Stadtregionen sind in Bombay nur ansatzweise zu erkennen. Beispielsweise finden sich in den peripheren Stadtbereichen nur sehr begrenzt nichtwohnfunktionale Nutzungen, wie an der geringen Zahl der bedeutenden Institutionen inklusive der Banken und Firmen sowie der vergleichsweise geringen Zahl der Bürojobs festzumachen ist. Die Errichtung neuer Wohnkomplexe für die Mittelschicht in den verstädterten Zonen deutet die Tendenz zu Verlagerung von Wohnfunktionen in die Peripherie an (M 1).

Fazit: Im Zentrum Bombays sind zentrale Funktionen auf allen Ebenen stärker als in deutschen Großstädten vorhanden. Suburbanisierungsprozesse deuten sich punktuell an.

2. *Die zweite Teilaufgabe (AFB II) ist einerseits sehr klar formuliert und auf die nationale Maßstabsebene beschränkt. Andererseits wird auf Material verwiesen, das auch Informationen über die internationale (M 2) und die globale (M 3) Ebene beinhaltet. Explizit wird auf diese Ebenen erst in der dritten Teilaufgabe Bezug genommen. Daher sollten sich Ihre Ausführungen zu dieser Teilaufgabe klar auf die nationale Bedeutung Bombays beziehen, wobei internationale Aspekte einbezogen werden können, aber möglichst unter nationaler Perspektive.*
Neben den drei in der Aufgabenstellung genannten Materialien sollten hier Atlaskarten zur Auswertung herangezogen werden (z. B. Diercke Weltatlas 2002, S. 162 oder 2008, S. 16; Haack S. 140). Zwar erlauben diese aufgrund ihres kleinen Maßstabes nur sehr generalisierende Aussagen; sie ermöglichen jedoch eine ganzheitliche Sicht auf der nationalen Ebene und unterstützen die vergleichende Betrachtung hinsichtlich der vier weiteren zentralen Räume Indiens, die in M 2 einbezogen wurden.

Im Atlas (z. B. Diercke Weltatlas 2002/2008, S. 162/S. 165) sind die wichtigen **Wirtschaftsräume** Indiens in der Übersicht gut zu erkennen: Bombay im Westen, Delhi im Norden, Kalkutta im Osten, Bangalore und Madras im Süden. Ein Vergleich belegt die führende Rolle Bombays in der Wirtschaft. Mit petrochemischer Industrie, Unternehmen des Maschinen-, Fahrzeug- und Schiffbaus, Standorten der Elektrotechnik, der Bekleidungsindustrie und der Fischverarbeitung weist der **sekundäre Sektor** eine deutlich höhere **Diversifizierung** auf als in den übrigen Wirtschaftszentren. Im Bereich Steinkohlebergbau und der Eisen- und Stahlerzeugung ist die Region nordwestlich von Kalkutta führend. Und Bangalore und Madras heben sich durch **Technologiezentren** positiv von Bombay ab. Punktuell erlangen also auch Zentren außerhalb Bombays eine größere nationale Bedeutung.

Dennoch nimmt Bombay insgesamt eine herausragende nationale Stellung ein, was anhand folgender **Indikatoren** exemplarisch belegt werden kann (M 2):
Ein wesentlicher Gunstfaktor gegenüber den anderen Standorten ist die Lage direkt am Indischen Ozean. So nimmt Bombay bezüglich des internationalen Seegüterverkehrs mit einem Anteil von 18 % gegenüber den anderen beiden Hafenstädten Kalkutta und Madras (jeweils gut 12 %) deutlich den ersten Rang ein. Auch im Bereich des Luftverkehrs führt Bombay mit 38 % des internationalen Fluggastaufkommens die Rangliste an. Die Hauptstadt Delhi folgt mit 28 %, und Madras liegt mit einem Anteil von lediglich 13 % an dritter Stelle.
Wirtschaftliche und besonders **finanzwirtschaftliche** Indikatoren unterstreichen die besondere Bedeutung Bombays im nationalen Vergleich: Die Metropole war 2001 Sitz der meisten großen indischen Exportfirmen (46,5 %). Fast ein Drittel der deutschen bzw. deutsch-indischen Firmen war 2002 in Bombay ansässig. Dementsprechend entfällt auch der größte Anteil **ausländischer Investitionen** auf diese Stadt – allerdings dicht gefolgt von der Hauptstadt. Bei den ausländischen Banken ist die Vormachtstellung Bombays mit einem Anteil von 87 % überdeutlich; das entspricht 34 Bankinstituten gegenüber zweien in Delhi (2000).
In Bombay werden auch einige internationale Messen mehr als in Delhi abgehalten; die anderen Wirtschaftszentren folgen mit großem Abstand. Auch dies bestätigt die nationale und internationale Bedeutung dieser Metropole.

Fazit: Bombay führt gemessen an den Indikatoren aus M 2 in allen Bereichen die nationalen Ranglisten an. Auch die Wirtschaftskarte unterstreicht trotz der sektoralen Unterschiede die nationale und darüber hinaus auch internationale Bedeutung dieser ökonomisch diversifiziert aufgestellten Metropole.

3. *Der Operator „erörtern“ verlangt hier, dass Sie die möglichen Entwicklungsperspektiven Bombays zu einer internationalen Metropole eingehend von verschiedenen Seiten betrachten, das Für und Wider dieser Betrachtung abwägen und zu einem begründeten Sach- und/oder Werturteil kommen (AFB III).*
Ausgangspunkt – gleichsam „Anker“ – der Überlegungen kann der Text in M 3 sein. Mit dem letzten Satz wird Ihnen schon ein Hinweis für die Bewertung der Perspektiven gegeben, nämlich was Bombay als Global City auszeichnen müsste. Empirisch ermittelte Indikatoren finden sich in M 2. Sie sind in geeigneter Weise zur Argumentation heranzuziehen. Es dient der Verdeutlichung und der Veranschaulichung, wenn Sie diese Daten teilweise bearbeiten (z. B. Umrechnung in Prozentangaben), zusammenfassen und entsprechend akzentuieren.
Zusätzliche Argumente für die Erörterung können aus Atlaskarten mit globalem Maßstab gewonnen werden (z. B. Diercke Weltatlas 2002, S. 233 und 236.1, Diercke Weltatlas 2008, S. 245, 248.1 und 250.1, Haack S. 235.3 und S. 237.3).

„Was **Global Cities** von gewöhnlichen Metropolen abhebt, ist ihre globale Ausstrahlung, um nicht zu sagen ihre globale Macht.“ (M 3, Z. 17 f.) Die Frage, ob Bombay diese Messlatte zu Beginn des 21. Jh. bereits erreicht hat, wird implizit in der Aufgabenstellung beantwortet und negiert. Die Frage, inwiefern sich Bombay auf den Status einer Global City zubewegt, ist Gegenstand der folgenden Erörterung.

Der einzige direkte Hinweis zu dieser Frage findet sich im Haack Weltatlas auf S. 235.3. Dort sind die Global Cities ausgewiesen und Bombay ist nicht dabei, nicht einmal in der weiteren Auswahl (unterste Kategorie). Andere Atlanten machen keine direkten Angaben. Lediglich im Diercke Weltatlas 2008 wird Bombay zwar als kontinental, aber nicht als global bedeutendes Zentrum ausgewiesen (S. 248.1).

Gleichwohl sind den Atlaskarten indirekte Hinweise zu entnehmen: Das **Handelsvolumen** Indiens ist im weltweiten Vergleich noch sehr gering (Diercke Weltatlas 2002/2008, S. 233.1/245.1). Die Einbindung Indiens in die globalen Warenströme steckt noch in den Anfängen (Diercke Weltatlas 2008, S. 248.1). Dies lässt keine internationale Vorrangstellung Bombays erwarten, auch wenn einige der Indikatoren aus M 2 darauf hinweisen.

Mit der sehr hohen Einwohnerzahl von 18,6 Millionen ist Bombay zwar eine der größten Städte der Erde, doch ohne eine entsprechende **Wirtschaftskraft** (Diercke Weltatlas 2002/2008, S. 236.1/250.1) hat Indien global gesehen einen niedrigen **Entwicklungsstand**, was sich auch auf den möglichen Status Bombays als globale Metropole negativ auswirkt. Die Stadt hat nur dann eine solche Perspektive, wenn es Indien gelingt, die ökonomischen Wachstumstendenzen der letzten Jahre fortzusetzen und den Abbau sozialer **Disparitäten** voranzutreiben, womit dann entsprechende internationale Marktchancen einhergehen (vgl. M 3, Z. 7 f.).

Für eine mögliche Entwicklung Bombays zu einer Global City spricht die heute bereits vorhandene Konzentration von nationalen und internationalen Dienstleistern – vor allem Finanzinstituten (vgl. M 2), die durchaus den Weg bahnen können in Richtung Weltmetropole. Auch in M 3 wird der „Megastadt“ eine Führungsrolle im **tertiären Sektor** zugesprochen. Bombay wird darin als „Ankerplatz für ausländische Investoren und Firmen“ bezeichnet (Z. 6 f.).

Interessant für Unternehmen und Investoren sind in diesem Zusammenhang auch die **weichen Standortfaktoren** (vgl. Z. 9 ff.). Ein trivialer Indikator für die Standortgunst Bombays aus dem Bereich der Unterhaltungsbranche ist der Begriff „Bollywood“, der den Aufstieg der Metropole durchaus versinnbildlichen kann.

Fazit: Bombay ist bereits eine Metropole, die über den nationalen Status hinaus international bedeutende Akzente setzt. Eine Global City kann die Stadt nur werden, wenn das globale Fundament der weltwirtschaftlichen Verflechtungen Indiens diesen Status auch trägt. Und dies ist zurzeit noch nicht der Fall.

Schriftliche Abiturprüfung Niedersachsen II/2009 – Erdkunde
Grundlegendes Anforderungsniveau – Aufgabe 7

Moskau – auf dem Weg zur Global-City

Aufgabenstellung

1. Stellen Sie Moskaus Zentralität im nationalen und internationalen Kontext dar (Atlas und Materialien).

2. Erläutern Sie den strukturellen Wandel Moskaus im Vergleich zur Stadtentwicklung in Deutschland seit 1990 (M 1, M 2 und M 4).

3. Im Spiegel-Online-Interview (2008) äußert sich Wladimir Jewtuschenkow, einer der führenden Industriellen Russlands, über Moskaus Zukunft mit der Feststellung: *„Weltstadt Moskau – reich, rasant, Russlands neuer Traum und ein Stern zwischen Europa und Asien!"*
   Nehmen Sie Stellung zu dieser Einschätzung vor dem Hintergrund der Gesamtentwicklung Russlands.

Hilfsmittel: eingeführter Schulatlas, Taschenrechner

M 1 Entwicklungen in den sozialistisch überprägten Städten Russlands (Modell)

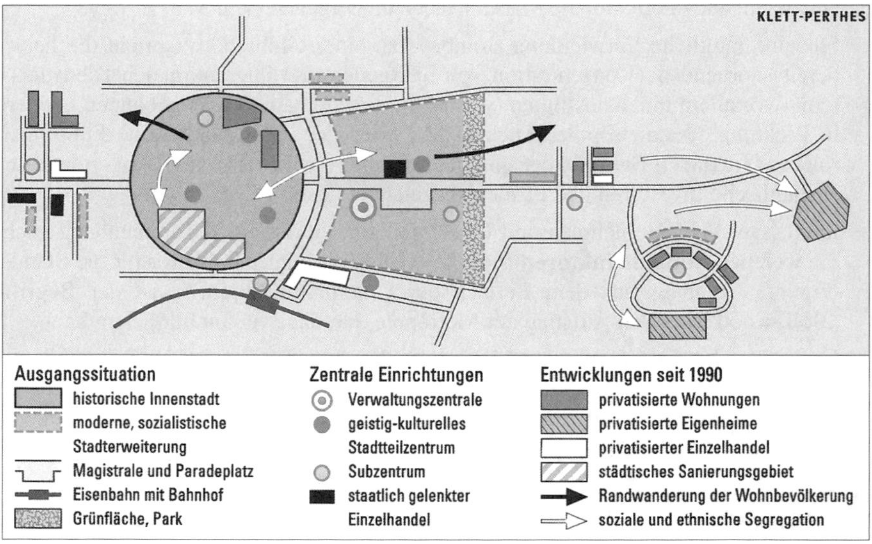

Quelle: Haack Weltatlas, 1. Aufl. 2007, S. 135.6. Klett-Perthes Verlag GmbH, Gotha/Stuttgart

M 2 Moskaus Entwicklung seit dem Ende der Sowjet-Zeit

Nach schroffem Rückgang zu Beginn der 1990er-Jahre erreichte die offizielle Bevölkerungszahl 2006 gut 10 Millionen. Der Zuzug wird wie zu sowjetischer Zeit administrativ kontrolliert. Bis in die aktuelle Zeit hinein wird Moskau von den Merkmalen einer sozialistischen Stadt geprägt.

Im Zentrum erfolgte aufgrund kontinuierlicher Stadterweiterung – abgesehen von den spätstalinistischen Bauten – bis in die Gegenwart kaum Höhenwachstum; neue Büro- und Wohnhochhäuser entstanden eher abseits der inneren Zentren an den Hauptverkehrsachsen, wo seit 1990 auch diverse Mega-Einkaufsmärkte entstanden sind. Auffällig sind nach wie vor Wohnkomplexe und Einrichtungen des Kleinhandels bis in das unmittelbare Umfeld des Kremls. Das soll sich nun aber ändern: Neuestes Prestigeobjekt werden die Federazija-Towers, die im Zentrum Moskaus ein aktuelles Wahrzeichen neben den historischen Bauten der Zarenzeit darstellen werden. Damit soll das Mammut-Projekt „Moscow-City" in Gang gesetzt werden, das – von internationalen Firmen getragen – Moskaus Innenstadt internationalen Glanz geben soll. Bis 2015 werden auf einem Gelände von 110 ha Abrissfläche alter Wohnkomplexe 15 Wolkenkratzer mit ca. 2,5 Mio. m^3 Nutzfläche für Büros, Geschäfte und hochwertige Appartements entstehen.

Die bisherige Wohnbevölkerung der Innenstadt wurde sukzessive in die Peripherien verdrängt. Zwischen 1989 und 1995 wurden 1,1 Mio. Wohnungen privatisiert. Zugleich setzte eine Suburbanisierung durch die Aufwertung älterer Datschensiedlungen und die Entstehung neuer Eigenheimquartiere einschließlich abgeschlossener Wohnviertel (gated communities) ein.

Das Spektrum des Einzelhandels reicht heute vom ambulanten Straßenhandel über Kioske unterschiedlichen Entwicklungsgrades, Handel in Markthallen bis zum zunehmend spezialisierten Ladeneinzel- und Warenhaushandel sowie Handel in Geschäftspassagen, Einkaufszentren und Luxusgeschäften. Mehr als 150 Botschaften, tausende internationale Vertretungen und Betriebe, zunehmend auch aus Asien, haben in Moskau schon längst Fuß gefasst. Über 90 Prozent der ausländischen Geschäftsleute in Russland haben sich für Moskau als Standort entschieden. Viele international operierende Banken unterhalten in Moskau Geschäftsstellen. Als Tor zum Westen und nach Osten will Moskau weitere Unternehmen anlocken.

Die Wirtschaft Moskaus wächst im Schnitt um mehr als zehn Prozent im Jahr. 2005 wurde in der russischen Hauptstadt mit über 20 Prozent ein Rekord beim Wachstum des Bruttoregionalproduktes[1] registriert. Landesweit nahm das BI im vergangenen Jahr nach vorläufigen Angaben um 6,4 Prozent zu.

Die offiziell registrierte Arbeitslosenrate beträgt in Moskau weniger als ein Prozent. Die höchsten Löhne werden in Moskau gezahlt. Bereits jetzt schon beläuft sich das jahresdurchschnittliche Pro-Kopf-Einkommen in Moskau nach Expertenschätzungen auf 8 000 US-Dollar, was um 250 Prozent mehr ist als im Landesdurchschnitt.

Hinsichtlich Immobilienpreisen, Hotelübernachtungen, Mieten und Warenangebot zählt Moskau inzwischen zu den drei teuersten Städten der Welt. Zudem ist Moskau noch immer eine Stadt der Wissenschaften. In mehr als 80 Universitäten studieren über 200 000 Studenten. Mehr als 1 000 Forschungsinstitute und Konstruktionsbüros kennzeichnen Moskaus Bedeutung als Hightech-Metropole. Unzählige Theater und Museen, darunter etliche von Weltruf, beleuchten Moskaus Status als Metropole der schönen Künste.

1 Das Bruttoregionalprodukt (BRP) pro Einwohner beschreibt die Wirtschaftskraft einer Region. Der Wert leitet sich aus der regionalen Differenzierung des BIP (Gesamtstaat) ab.

Quellen:
- *nach www.russland.ru – die Internetzeitung: Moskau aktuell, 31. 01. 2006*
- *Frauke Kraas und Jörg Stadelbauer, Megastädte: Moskau innerstädtische Transformationsprozesse. In: Petermanns Geographische Mitteilungen 2002/5 (verändert; Z. 1–12, 23–31)*

M 3 Moskaus Anteil an bedeutenden sozio-ökonomischen Merkmalen Russlands (in %)

	1992	**1999**
Bevölkerung	5,3	5,9
Beschäftigte	6,6	7,9
Börsenumsatz	89,0	95,0
Bruttoregionalprodukt (s. M 2)	9,8	15,1
Industrieproduktion	3,9	5,9
Direktinvestitionen	4,9	22,2
Zahlungen in den Regionalausgleich	20,0	33,0
Kleinunternehmen	7,9	21,0
Einzelhandelsumsatz	11,9	29,7

Quelle: nach Seydlitz-Geographie S II – CD-Rom, Braunschweig 2005, Abb. 25.2

M 4 Entwicklung von Stadt und Umland in Deutschland seit den 1990er-Jahren

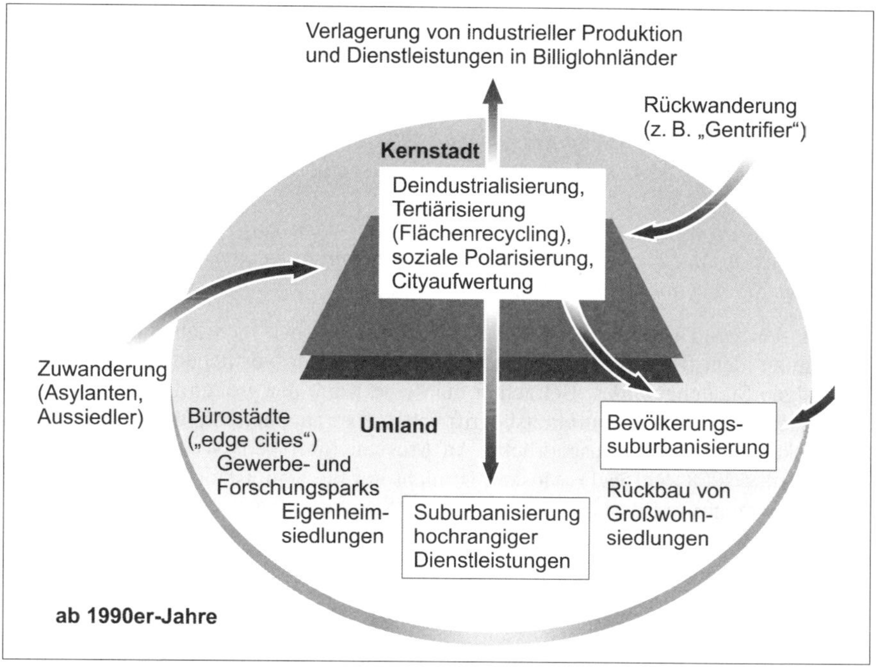

Quelle: Klaus Zehner: Stadtgeographie, Klett 2001, S. 29

Allgemeine Hinweise zur Lösung der Aufgabe

Voraussetzungen
Im Zentrum der Aufgabenstellung stehen Aspekte der Stadtentwicklung und der allgemeinen Wirtschaftsentwicklung in Russland innerhalb des für das Zentralabitur 2009 festgelegten thematischen Schwerpunkts 3 (**Russland und China: Zwei Weltmächte im Wandel**) und 1 (**Deutschland: Demografische Strukturen und städtische Entwicklung**).
Der **Semesterübergriff** wird durch vergleichende Bezüge zur Stadtentwicklung in Deutschland hergestellt.

Zuordnung zu den AFB und Gewichtung

Aufgabe	AFB	Gewichtung
1.	I	25 %
2.	I/II	45 %
3.	II/III	30 %

Lösungsvorschläge

1. *Die Darstellung impliziert eine ausführliche, fachlich angemessene Beschreibung der Zentralität Moskaus. Mit der Forderung, den nationalen und internationalen Kontext gleichermaßen zu berücksichtigen, ist bereits eine grobe Gliederung vorgegeben. Grundlage für die Darstellung sind die Materialien 2 und 3 sowie Atlaskarten – im Diercke Weltatlas (Ausgabe 2008) sind dies beispielsweise die Karten 96.1, 96.2 und 156.1. Im Haack Weltatlas (Ausgabe 2007) sind die Karten auf der Seite 135 und 136.2 geeignet.*
Bei der Formulierung der Darstellung ist auf einen konstruktiven Umgang mit dem Text in M 2 im Sinne eines Erkenntnisgewinns zu achten. Paraphrasierungen sollten Sie möglichst vermeiden.

Von der **geografischen Lage** her ist Moskau sicherlich nicht als nationales Zentrum zu identifizieren, liegt die Stadt doch eher in der westlichen Peripherie eines riesigen Staatengebildes. Betrachtet man eine Karte der großen Eisenbahnverbindungen, so trifft der Zentralitätsbegriff schon eher zu, denn alle Wege führen nach Moskau oder anders ausgedrückt: An Moskau führt kein Weg vorbei (Diercke Weltatlas 2008, S. 156.1). Moskau ist nicht nur die Hauptstadt, sondern eindeutig das Oberzentrum Russlands.

Gemessen an der Einwohnerzahl ist Moskau ohne Zweifel eine **Primatstadt**, denn sie hat mit über zehn Mio. mehr als doppelt so viele Einwohner wie die zweitgrößte Stadt St. Petersburg und ein Vielfaches der Einwohnerzahlen der nächst größeren Städte (Unterrichtswissen).
Auch andere **sozioökonomische Indikatoren** belegen einen nationalen Bedeutungsüberschuss: Mehr als 15 % des **Bruttoinlandproduktes** werden in Moskau erzeugt; die Stadt vereinigt mehr als ein Fünftel aller Kleinunternehmen und **Direktinvestitionen** des Landes auf sich; mehr als ein Viertel des **Einzelhandelsumsatzes** wird in Moskau erzielt; die Stadt trägt ein Drittel der **Regionalausgleichzahlungen**; die **Moskauer Börse** notierte 1999 95 % des Gesamtumsatzes. Alle Indikatorwerte konnten in den 90er-Jahren gesteigert werden (M 3).

Moskaus **Wirtschaftswachstum** überstieg im Jahr 2005 mit 20 % Russlands Wirtschaftswachstum (bei 6,4 %) signifikant. Das **Pro-Kopf-Einkommen** übertrifft den Landesdurchschnitt um 250 %. In Moskau werden nicht nur die höchsten Löhne gezahlt, die Stadt hat auch offiziell die niedrigste **Arbeitslosenquote** (M 2, Z. 36 ff.).
Aber nicht nur in administrativer und wirtschaftlicher Hinsicht ist die nationale Zentralität Moskaus überragend. Sie wird auch unter Bildungs- und Kulturaspekten deutlich: Mehr als 200 000 Studenten in 80 Universitäten sowie mehr als 1 000 Forschungseinrichtungen belegen Moskaus Status als **wissenschaftliches Zentrum** für Forschung und Lehre. Theater und Museen weisen Moskau als **kulturellen Mittelpunkt** des Landes aus (M 2, Z. 47 ff.).

Wie ist es nun um die Zentralität Moskaus im internationalen Maßstab bestellt? Wenn es im Rahmen internationaler Beziehungen um Russland geht, wird meist sehr schnell auf Moskau oder den Kreml fokussiert. Moskau wird quasi mit

Russland synonymisiert. So laufen Russlands Außenbeziehungen schon seit jeher nahezu ausschließlich über Moskau. Drei Viertel der Länder der Erde unterhalten hier Botschaften. Die Stadt ist die erste Wahl für 90 % der ausländischen Unternehmensstandorte in Russland. Moskau kann auch als ein internationales **Bankenzentrum** angesehen werden (M 2, Z. 30 ff.). All diese Indikatoren spiegeln und belegen die Bedeutung dieser Stadt als **internationale Metropole**.

Etwas weniger greifbar, aber dennoch „geopsychologisch“ wichtig ist die Rolle Moskaus als Vermittler bzw. Bindeglied zwischen Ost und West – auf der kontinentalen Maßstabsebene zwischen West- und Mitteleuropa, auf globaler Maßstabsebene zwischen den USA und beispielsweise Asien.
Aufgrund der geringen infrastrukturellen Verflechtungen russischer Regionen untereinander und der wenig entwickelten Verkehrsachsen zur Anbindung des russischen Raumes sowohl in westliche als auch in östliche Richtung (Diercke Weltatlas 2008, S. 156.1) übernimmt Moskau eine besondere **Gateway-Funktion** im internationalen Kontext (M 2, Z. 34 f.: „Tor zum Westen und nach Osten“).

Moskau ist also nicht nur eine der größten Hauptstädte Europas, sondern aufgrund vieler international bedeutsamer Funktionen zweifelsfrei als internationale Metropole einzuschätzen. Entsprechend wird die Stadt im Diercke Weltatlas 2008, S. 248.1 als kontinental bedeutendes Zentrum ausgewiesen. Ob es sich gar um eine **Global City** handelt, wird in Teilaufgabe 3 diskutiert.

2. *Die geforderte Erläuterung kann einmal auf Vorkenntnissen aus dem Unterricht basieren, was in den Anforderungsbereich I fällt. Weitere Grundlage ist die Analyse der Materialien M 1 und 2 in Hinsicht auf die Stadt Moskau und von M 4 für den Vergleich zur Stadtentwicklung in Deutschland seit 1990. Dieser Vergleich ergänzt die Erläuterung und kann integrativ erfolgen oder sich an die Erläuterung des Strukturwandels anschließen. Unterstützend können Sie Stadtkarten von Moskau (z. B. im Diercke Weltatlas 2008 auf S. 96.1 und 96.2 sowie im Haack Weltatlas 2007 auf S. 135.1–6) heranziehen.*

Die Bevölkerungsentwicklung Moskaus hat sich im Laufe der 1990er-Jahre umgekehrt: von einem Rückgang am Ende der Sowjet-Zeit zu einem – wenn auch kontrollierten – kräftigen Wachstum bis heute. Und bis heute „wird Moskau von den Merkmalen einer sozialistischen Stadt geprägt“ (M 2, Z. 3 f.). Bevor also der strukturelle Wandel Moskaus erläutert wird, sollten die **Merkmale einer sozialistischen Stadt** kurz verdeutlicht werden, zumal diese auch für manche deutsche Städte in der ehemaligen DDR charakteristisch sind bzw. waren.

Der Typus der sozialistischen Stadt in den ehemals sozialistischen Ländern spiegelt hinsichtlich seiner Physiognomie, Struktur und Funktion wirtschaftliche, soziale und ideologische Ziele und Grundzüge des Sozialismus wider.
Städtebaulich konkretisiert sich dies in folgenden Elementen: Eine Hauptmagistrale mit wenigstens einem großflächigen zentralen (Parade-)Platz dominiert einen Teil des Stadtbilds. Um den Platz gruppieren sich zentrale Partei-, Verwaltungs- und Kulturbauten, möglicherweise auch ein zentrales Kaufhaus.

Moskau entsprach allerdings nur mit Einschränkungen dem Idealtypus sozialistischer Stadtgestaltung, weil die historische Bausubstanz aus der Zarenzeit in ihrem Bestand erhalten wurde, beispielsweise der Kreml.

Der **strukturelle Wandel** Moskaus lässt sich folgendermaßen verdeutlichen:
- Das **Wachstum** der Stadt vollzog sich vor allem außerhalb des Zentrums an den Hauptverkehrsachsen, und zwar horizontal und vertikal in Form von Bürokomplexen und Hochhäusern mit Wohnfunktion sowie konsumorientierten Mega-Einkaufszentren. Die Anlage dezentraler Büro- und Geschäftszentren wird in der Karte Haack Weltatlas 2007, S. 135.2 anschaulich abgebildet.
- Die Verdrängung der Wohnbevölkerung aus der Innenstadt an die Peripherie, eine Aufwertung älterer Datschensiedlungen und die Anlage neuer Eigenheimquartiere, teilweise als **Gated Communities** (abgeschlossene Nachbarschaften) ausgebildet (M 2, Z. 22 ff.), waren weitere Ausdrucksformen von **Suburbanisierungsprozessen**.
- Mit diesen Veränderungen einher gingen die **Privatisierung** von Wohnungseigentum und der Ausbau privatwirtschaftlicher Einrichtungen in allen Bereichen der Stadt, besonders in der Peripherie (M 1).
- Die Umgestaltung eines Teils der Innenstadt zur „Moscow-City" nach westlichem Vorbild soll ihr „internationalen Glanz" (M 2, Z. 19) verleihen. Dafür sollen alte Wohnkomplexe großflächig abgerissen und durch Vertikalbauten, beispielsweise die Federazija-Towers, ersetzt werden. Diese **vertikale Ausweitung der City** generiert ein Vielfaches an Nutzfläche für Dienstleistungen, aber auch für hochwertigen Wohnraum.

Ähnliche Prozesse des strukturellen Wandels sind auch in der deutschen Stadtentwicklung zu erkennen – im Osten nach der Wende, also seit 1990, im Westen bereits Jahrzehnte früher (M 4):
- Ähnlich wie in Moskau war auch in deutschen Städten die Abwanderung von Teilen der Wohnbevölkerung in die Peripherie oder das nähere Umland zu beobachten. Diese **Wohnsuburbanisierung** ging einher mit der Umgestaltung, der Modernisierung oder dem Rückbau von Großwohnsiedlungen sowie dem Bau von Eigenheimsiedlungen und ist mit dem Slogan „Leben im Grünen" zu beschreiben.
- Die Erschließung des **suburbanen Raumes** erfasste aber auch den Bereich der Dienstleistungen: Viele kleine Einzelhandelsunternehmen wurden zugunsten von Einkaufszentren „auf der grünen Wiese" aus der Innenstadt verdrängt. Extrem ausgeprägt war dies in den neuen Bundesländern nach 1990, wie das Beispiel des Saaleparks in Sachsen-Anhalt eindrucksvoll zeigt. Ähnliches wäre für das Beispiel Moskau vorstellbar.
  Die Suburbanisierung hochrangiger Dienstleistungen schuf Gewerbe- und Technologieparks ohne Wohnfunktion oder ganze Bürostädte (**Edge Cities**) mit untergeordneter Wohnfunktion im städtischen Umland.

- Die Zuwanderung von weniger gut situierten Bevölkerungsgruppen in problematische Kernstadtbereiche und die Rückwanderung finanzkräftiger Einwohner im Rahmen von **Gentrifizierungsprozessen** ist ein weiterer Akzent des Strukturwandels. Dies deutet sich in Moskau ebenfalls an.
- Innerstädtische Quartiere wurden bzw. werden entweder durch Abriss und Neubau oder eine Modernisierung alter Bausubstanz aufgewertet. Die Konservierung von historischer Bausubstanz ist besonders im Hinblick auf das **touristische Potenzial** von Bedeutung. Auch dieser Aspekt dürfte in Moskau eine Rolle spielen.

Inwertsetzung bzw. Aufwertung städtischer Quartiere – gleich welcher Funktion – sind in der Regel mit steigenden Miet- und Immobilienpreisen verbunden. Soziale Umschichtungsprozesse mit der Folge sozialer oder ethnischer **Segregation** sind daher auch in Moskau oder anderen sozialistisch überprägten Städten Russlands zu erwarten (vgl. M 1). In deutschen Städten sind sie als Resultat von **Integrationsproblemen** bzw. **sozialer Polarisierung** (M 4) schon seit längerer Zeit zu verfolgen.

3. *Der Hinweis in der Aufgabenstellung „vor dem Hintergrund der Gesamtentwicklung“ kann aufgegriffen werden, indem die Stellungnahme von einer Einschätzung der wirtschaftlichen Lage Russlands und der daraus resultierenden Zukunftsaussichten ausgeht. Es sollten nach Möglichkeit Aspekte aufgegriffen werden, die auch für die Stadtentwicklung relevant sind und geeignet auf die Zentralität Moskaus rückkoppeln.*
Leitlinien für Ihre Stellungnahme können die bezeichnenden Begriffe aus dem Zitat sein: „reich“, „rasant“, „Stern zwischen Europa und Asien“. Auch die Bezeichnungen „Weltstadt“ im Zitat und „Global-City“ im Thema der Aufgabenstellung können Ansatzpunkte für die Stellungnahme sein.

Russland befindet sich seit 20 Jahren in einem **Transformationsprozess**, der mit einem sozioökonomischen Wandel einhergeht und nicht nur gesellschaftliche und wirtschaftliche Strukturen erfasst, sondern sich auch auf die Geografie der Städte auswirkt, allen voran Moskau.
Die Russische Föderation verfügt über energetisch bedeutsame **Ressourcen** und konnte sich in den letzten Jahrzehnten auf dieser Grundlage im **Weltmarkt** positionieren. Dies funktioniert nicht immer reibungslos – die Probleme im Zusammenhang mit Gaslieferungen sind bekannt – und aus Sicht der Abnehmer zeitweise unerfreulich. Auf die Wirtschaft Russlands wirkt sich diese Macht- und Marktposition jedoch förderlich aus. Und die wirtschaftlichen Aktivitäten wiederum beeinflussen nachhaltig auch die **Stadtentwicklung**.

Weitere Wirkungen der Transformationsprozesse sind wachsende Beschäftigung und dadurch zunehmende Kaufkraft, die eine dem westlichen Vorbild nacheifernde **Konsumorientierung** ermöglicht. Mit einer Bevölkerung von fast 150 Mio. Menschen stellt Russland einen bedeutenden **Absatzmarkt** dar. Dies gilt auch für die großen Städte wie St. Petersburg mit fast fünf Mio. und Moskau mit über zehn Mio. Einwohnern.

Wladimir Jewtuschenko bezeichnet Moskau als **Weltstadt** und versieht sie mit dem Adjektiv „reich". Laut M 2 (Z. 46) gehört Moskau zu den drei teuersten Städten der Welt. Dies wird an den Immobilienpreisen und den Kosten für Hotels, Mieten und dem exklusiven Warenangebot festgemacht. Sicherlich gibt es aber auch in Moskau gravierende **Einkommensdisparitäten**, die am Spektrum des Einzelhandels – vom Kiosk bis zum Luxusgeschäft – sichtbar werden.
„Rasant" ist ein weiteres Adjektiv in dem Zitat aus dem Spiegel-Online-Interview. Die entsprechend zu bezeichnende Entwicklung einiger sozioökonomischer Indikatoren (vgl. M 3) bestätigt diese dynamische Einschätzung im Sinne einer **Boomtown**. Das Ende des Zitats bezieht sich noch einmal auf die bereits in Teilaufgabe 1 angesprochene Integrationsfunktion Moskaus „zwischen Europa und Asien".

Moskau als Weltstadt zu bezeichnen ist sicherlich keine Übertreibung. Neben der Einwohnerzahl sind es vor allem die Repräsentanz ausländischer Vertretungen und Firmen sowie die kulturelle und touristische Zentralität, die diese Bezeichnung rechtfertigen. Ist Moskau auch eine der **Global Cities** wie Paris, Tokyo, New York? Nach der Definition von Beaverstock/Smith/Taylor (1999), die der Karte 235.3 im Haack Weltatlas 2007 zugrunde liegt, gehört Moskau zu den Global Cities und wird konkret als **Beta-Stadt** geführt. Das ist die dritthöchste von vier Kategorien. Eine Alpha-Stadt oder eine **Acting Global City** ist Moskau als genau genommen nicht, da sich eher Filial- als Entscheidungsstrukturen in der Stadt konzentrieren.
Die in M 2 angesprochenen Entwicklungsprojekte lassen aber erkennen, dass Moskau durch die enormen Investitionen für **Global Player** weiter an Attraktivität gewinnen wird und in der Tat auf dem Weg zur Global City ist. Zumindest in Europa dürfte sich Moskau neben Paris und London als dritte Kraft der Global Cities etablieren, was beispielsweise an der Konzentration des Bankenwesens zu erkennen ist.

„Russlands neuer Traum" von der Global City Moskau ist im Rahmen der Gesamtentwicklung Russlands allerdings nicht ganz unproblematisch: Die Entwicklung der Metropole determiniert in vielerlei Hinsicht – nicht zuletzt unter dem Primat der **Globalisierung** – die sozioökonomische Situation des gesamten Landes. Der Bedeutungsüberschuss dürfte eine Zentralisierung verstärken, die zulasten der Entwicklung anderer städtischer Räume gehen könnte. Lediglich St. Petersburg kann als zweitwichtigste Stadt neben Moskau bestehen.
Die dem Zitat des Industriemagnaten immanente Euphorie ist also durchaus kritisch zu hinterfragen. Neben Moskaus Weg zur Global City sind durchaus auch alternative Wege im Sinne von **Dezentralisierung** und **Abbau von Disparitäten** zu bedenken, nicht zuletzt vor dem Hintergrund der 2008 einsetzenden weltwirtschaftlichen Rezession.

Schriftliche Abiturprüfung Niedersachsen I/2007 – Erdkunde
Erhöhtes Anforderungsniveau – Aufgabe 8

Andalusiens Stellung in der EU

Aufgabenstellung

1. Beschreiben Sie die landwirtschaftliche Nutzung in Andalusien und deren naturräumliche Voraussetzungen.
2. Charakterisieren Sie den Entwicklungsstand Andalusiens innerhalb der EU.
3. Erläutern Sie Auswirkungen der EU-Osterweiterung für Andalusien.
4. Nehmen Sie vor dem Hintergrund der EU-Förderpolitik Stellung zu den Subventionen der USA und der EU für die Baumwollproduktion.

Hilfsmittel: eingeführter Schulatlas, Wörterbuch der Rechtschreibung, Taschenrechner

Karte zur topografischen Einordnung der autonomen Gemeinschaften in Spanien

M 1 Südwesteuropa – Wirtschaft (Ausschnitt)

Siehe Diercke Weltatlas, Braunschweig 2002, S. 100

M 2 Europäische Union

Siehe Diercke Weltatlas, Braunschweig 2002, S. 124

Karten:

1. Erwerbsstruktur
2. Wirtschaftskraft
3. Arbeitslosigkeit
4. Bevölkerungsentwicklung

M 3 Statistische Angaben zu Spanien

Autonome Gemeinschaften in Spanien	**Fläche in km² (2003)**	**Bevölkerung (2003)**	**Zahlungen an Spanien aus dem europäischen Ausrichtungs- und Garantiefonds für die Landwirtschaft (2005) in 1 000 €**
Andalusien	87 000	7 606 848	1 682 054
Aragonien	47 720	1 230 090	495 940
Asturien	10 604	1 075 381	85 760
Balearen	4 992	947 361	31 552
Kanarische Inseln	7 447	1 894 868	109 188
Kantabrien	5 321	549 690	44 988
Kastilien La Mancha	79 462	1 815 781	844 369
Kastilien Leon	94 224	2 487 646	913 369
Katalonien	32 113	6 704 146	360 164
Extremadura	41 635	1 073 904	622 028
Galizien	29 574	2 751 094	168 594
Madrid	8 028	5 718 942	40 273
Murcia	11 314	1 269 230	105 806
Navarra	10 391	578 210	122 145
Baskenland	7 235	2 112 204	59 412
La Rioja	5 045	287 390	33 551
Valencia	23 255	4 470 885	188 901
Ceuta/Melilla	32	143 394	k. A.
Spanien gesamt	505 992	42 717 064	6 267 903

Quelle: Intervencion y regulation de mercados agrarios: Ministerio de Agricultura, Pesca y Alimentación en España. Fundort: www.mapa.es/ministerio/pags/anuario2005/pdf/cap05.pdf

M 4 Verteilung von Mitteln aus EU-Strukturfonds an Mitgliedsstaaten im Zeitraum 2000–2006

Land	Gesamtmittel[1] in Mio. €	davon Ziel-1-Mittel[2] in Mio. €
Belgien	1 829	0
Dänemark	745	0
Deutschland	28 156	19 229
Griechenland	20 961	20 961
Spanien	43 087	37 744
Frankreich	14 620	3 254
Irland	3 088	1 315
Italien	28 484	21 935
Luxemburg	78	0
Niederlande	2 635	0
Österreich	1 474	261
Portugal	19 029	16 124
Finnland	1 836	913
Schweden	1 908	722
Großbritannien	15 635	5 085
EU-15	183 564	127 543

1 Gesamtmittel enthalten die Fördermittel aller vier Strukturfonds (Europäischer Ausrichtungs- und Garantiefonds für die Landwirtschaft, Europäischer Fonds für regionale Entwicklung, Europäischer Sozialfonds, Finanzinstrument für die Ausrichtung der Fischerei)

2 sog. Ziel-1-Fonds (Förderung und Entwicklung der strukturellen Anpassung der Regionen mit Entwicklungsrückstand)

Quelle: Nohlen, D./Hildenbrand, A.: Spanien, Wirtschaft – Gesellschaft – Politik. Ein Studienbuch. Wiesbaden: VS Verlag für Sozialwissenschaften, 2. erweiterte Auflage 2005

M 5 Baumwollanbau weltweit

In der EU wird Baumwolle nur in Griechenland und Spanien angebaut. Die EU gehört im internationalen Vergleich zwar zu den kleineren Baumwollproduzenten, zahlt aber für die Produktion Subventionen.

Die Förderung pro Tonne ist drei bis vier Mal höher als die für Mais und Ölsaaten, und sogar sieben bis acht Mal höher als die für Getreide. Durch die hohen Subventionen ist die Baumwollanbaufläche in Griechenland und Spanien seit 1990 um mehr als 50 % ausgeweitet worden.

Produktion u. Subventionskenndaten einiger Baumwollanbauländer, 2001/2002[1]

Land	Produktion (in 1 000 t)	Produktionsanreize (US-Cent pro Pfund Rohbaumwolle)	Subventionen Gesamt (in Mio. US-$)
USA	4421	24	2421
China	5320	10	1210
Griechenland	410	59	537
Spanien	107	76	179
Brasilien	750	3	50
Kolumbien	33	16	12
Indien	2475	9	500
Mali	242	3	14
Benin	179	5	20
Mexiko	92	9	18
Sahel-Region[2]	950	k. A.	50[3]

1 vorläufige Zahlen. Finanzielle Unterstützung des Baumwollsektors durch Produktionsprogramme
2 nur frankophone Staaten außer Guinea-Bissau und Niger
3 außerordentliche Zahlung als Nothilfe

Quelle: nach International Cotton Advisory Committee (ICAC): Production and Trade Policies affecting the Cotton Industry, 2002

Allgemeine Hinweise zur Lösung der Aufgabe

Voraussetzungen

Die folgende Klausur bezieht sich gemäß den Vorgaben für das Zentralabitur 2007 auf den Themenschwerpunkt 1 (**Räumliche Disparitäten und Strukturwandel in Europa**). In dieser Klausur stand die Stellung der spanischen Region Andalusien im Mittelpunkt, deren Entwicklung auch im Zusammenhang mit der Osterweiterung der EU betrachtet werden sollte.

In den Ausführungen zu diesem thematischen Schwerpunkt wurden u. a. folgende Schwerpunkte gesetzt, die für diese Aufgabe relevant sind:
- Naturräumliche Gliederung: Abgrenzung, Gliederung der Landmasse, Relief, Klima
- Wirtschaftsräumliche Disparitäten: Ursachen und Auswirkungen
- Wirtschaftliche Entwicklung infolge europäischer Struktur- und Regionalpolitik
- Transformationsprozesse und Osterweiterung

Außerdem wurden im Rahmen des **Semesterübergriffs** auch folgende Kenntnisse und Methoden vorausgesetzt, die zum für 2007 festgelegten thematischen Schwerpunkt 3 (**Die USA und Japan in ihrer globalen Verflechtung**) gehörten:
- Natürliche Gunst- und Ungunstfaktoren der Landwirtschaft
- Leistungsfähigkeit der Landwirtschaft: Überproduktion und Agrarexporte
- Die Rolle Japans und der USA in der Weltwirtschaft

Zuordnung zu den AFB und Gewichtung

Aufgabe	AFB	Gewichtung
1.	I	20 %
2.	I/II	30 %
3.	II	20 %
4.	II/III	30 %

Lösungsvorschläge

1. *Beim Operator „beschreiben“ sollen Sie strukturiert und fachsprachlich angemessen Materialien vorstellen und/oder Sachverhalte darlegen. In diesem Fall ist die Beschreibung zweier Sachverhalte (naturräumliche Voraussetzungen und landwirtschaftliche Nutzung) verlangt. Wichtig ist, dass Sie diese beiden Aspekte nicht losgelöst voneinander betrachten, sondern miteinander verknüpfen, um Zusammenhänge deutlich zu machen.*
   Die erste Teilaufgabe Ihrer Klausur können Sie mit einer Vorstellung Ihrer geplanten Aufgabengliederung und einer knappen Lageeinordnung von Andalusien beginnen. Sinnvoll ist es, danach das Naturpotenzial der Region strukturiert zu beschreiben und anschließend die regional unterschiedliche landwirtschaftliche Nutzung anhand der naturräumlichen Voraussetzungen darzustellen.

   Im Folgenden wird zunächst eine kurze Lageeinordnung vorgenommen und anschließend werden die wesentlichen Naturfaktoren beschrieben, um auf dieser Grundlage, regional differenziert, die landwirtschaftliche Nutzung zu erläutern.

   Kurze Lageeinordnung
   Andalusien ist die südlichste und zweitgrößte autonome Gemeinschaft in Spanien (M 2, M 3). Innerhalb der EU kann man von einer eher peripheren Lage sprechen.

   Relief
   Das Relief Andalusiens, das in erster Linie auf die **alpidische Gebirgsbildung** zurückzuführen ist (vgl. z. B. Diercke Weltatlas 2002, S. 218.1), ist durch viele Gebirge (Sierra Morena, Bettische Kordilleren, Sierra Nevada) geprägt. Diese erstrecken sich teilweise bis dicht an die Küste (z. B. Sierra de Gador) und erreichen im Süden Höhen von 500–3 000 m, in der Sierra Nevada bis 3 478 m. Teilweise, z. B. an der Costa del Sol, sind die Küstenebenen deshalb nur sehr schmal. Zum Fluss Guadalquivir nehmen die Höhen auf ca. 200 m ab und im Flussdelta bei Cadiz öffnet sich eine breitere Ebene mit Höhen zwischen 0–100 m.
   Insgesamt ist bezüglich der landwirtschaftlichen Nutzung festzuhalten, dass diese durch das steile Relief erschwert wird, weil der Maschineneinsatz dort kaum möglich ist. Weite Gebiete sind lediglich extensiv nutzbar. Nur in den Flussebenen und z. T. an der Küste ist intensivere Landwirtschaft möglich.

Hydrologie
Andalusien wird vom Guadalquivir durchströmt. Durch diesen Fluss und seine zahlreichen Nebenarme gelangt Wasser aus den Bergen in die Täler. Es wird für die trockeneren Jahreszeiten in zahlreichen Stauseen aufgestaut und kann für Bewässerungsanbau genutzt werden.

Böden
In Andalusien findet man hauptsächlich **mediterrane Braunerden** und **Terra rossa** (vgl. z. B. Diercke Weltatlas 2002, S. 224.1), die eine mittlere Fruchtbarkeit aufweisen. Entlang des Deltas des Guadalquivir gibt es aber auch feuchtere, fruchtbare Auenböden, z. T. sind diese aber auch versumpft (vgl. z. B. Diercke Weltatlas S. 100). An der Südostküste sind landwirtschaftlich nur mit intensiver **Bewässerung** nutzbare Halbwüstenböden zu finden. Außerdem gibt es z. B. bei Las Marismas im Mündungsdelta des Guadalquivir dunkle Tonböden, die zwar fruchtbar, aber schwer zu bearbeiten sind, sowie saure Braunerden, die weniger ertragreich sind (vgl. z. B. Diercke Weltatlas 2002, S. 119.2). Insgesamt ist festzuhalten, dass alle Böden nur bei genügend Feuchtigkeit Erträge liefern können.
Durch falsche Bewässerung sind manche Böden durch **Versalzung** gefährdet oder es treten sonstige Bodenschädigungen wie Skelettierung auf (vgl. z. B. Diercke Weltatlas 2002, S. 119.2 und S. 225.3).

Klima
Andalusien befindet sich in der Klimazone der **winterfeuchten und sommertrockenen Subtropen** mit z. T. semiaridem Klima (3–5 humide Monate; vgl. z. B. Diercke Weltatlas 2002, S. 220.1 bzw. S. 222.1). Im Januar fallen ca. 50–100 mm Niederschlag, im Juli sind es unter 25 mm (Diercke Weltatlas 2002, S. 220/221, Karten 2 und 3). Der Jahresdurchschnitt liegt je nach Höhenlage zwischen 250–1 000 mm (Diercke Weltatlas 2002, S. 117.1).
Diese Werte sind auch in Bezug zur hohen Sonneneinstrahlung, den hohen Temperaturen und der extrem hohen Verdunstung in den Sommermonaten zu sehen. Die Temperaturen liegen im Januar bei ca. 15 °C an der Küste und –5 °C im Hochgebirge. Im Juli werden im Tiefland Durchschnittstemperaturen von 25–30 °C erreicht (vgl. z. B. Diercke Weltatlas 2002, S. 116). Die Temperaturverhältnisse werden auch noch durch den warmen Schirokko verstärkt. Im Bergland nimmt die Temperatur mit der Höhe deutlich ab.
Aufgrund der hohen Wintertemperaturen ist der Frühlingseinzug in Andalusien am frühesten in Europa (vgl. z. B. Diercke Weltatlas 2002, S. 117.2). Die Vegetationszeit ist demzufolge sehr lang. Allerdings wird sie, wenn nicht bewässert wird, durch die sommerliche Trockenheit unterbrochen.

Vegetation
Die natürliche Pflanzenwelt hat sich an die sommerliche Trockenheit mit verschiedenen Strategien angepasst (z. B. dickere, kleinere Blätter, tiefe Wurzeln, eingesenkte Spaltöffnungen, dicke Rinde). Man spricht von **Hartlaubvegetation** (vgl. z. B. Diercke Weltatlas 2002, S. 227.1).

Landnutzung (M 1)
Die traditionelle Landnutzung hat sich an die natürlichen Bedingungen angepasst. Es werden sowohl typische Mittelmeerpflanzen wie Ölbaum, Wein, Sonnenblumen und Korkeichen angebaut, aber auch Pflanzen, die nur bei Bewässerung gedeihen, wie Gemüse, Zitrusfrüchte, Obst und Baumwolle. Der Anbau konzentriert sich auf die schwach reliefierten Flächen wie die Flusstäler und Küstenebenen. Im Einzelnen findet man Weinbau vor allem in der Umgebung von Cadiz im Südwesten und an der Südküste. Obstbau konzentriert sich auf die Südküste östlich von Malaga und auf den Südosten bei Cartagena. Baumwolle wird an verschiedenen Stellen angepflanzt.
Wegen des Mittelmeerklimas ist außerdem der frühzeitige Anbau von Weizen und Gerste im **Regenfeldbau** möglich, wenn der Winterregen genutzt wird und die Ernte bereits im Mai erfolgt. Getreideanbau erkennt man in Material M 1 vor allem südlich des Guadalquivir. Weiter nördlich sind Schweine- und Schafzucht in **extensiver Weidehaltung** zu finden, da das Relief hier kaum Ackerbau zulässt.

Als Fazit lässt sich festhalten, dass die Anbaubedingungen aufgrund des Reliefs und des sommertrocknen Klimas nicht ideal sind. Allerdings ist durch die milden Winter ein fast ganzjähriger Anbau möglich. Durch intensive Bewässerung und Folienkulturen kann der europäische Markt auch im Winter mit Obst und Gemüse aus Andalusien versorgt werden.

2. *In dieser Aufgabe wurde die Charakterisierung des Entwicklungsstandes von Andalusien verlangt. Hierzu sollen wichtige Kriterien zur Kennzeichnung des Entwicklungsstandes anhand der Karten 1–4 in M 2 beschrieben und ausgewertet werden. Im offiziellen Erwartungshorizont wurden weiterhin Erklärungsansätze für die Strukturschwäche Andalusiens erwartet.*
Zum Kriterienkatalog, um den Entwicklungsstand eines Staates zu beurteilen, zählen wirtschaftliche, demografische, soziokulturelle und eventuell politische und ökologische Aspekte. Beachten Sie, dass Weltkarten (z. B. Diercke Weltatlas 2002, S. 230–237), die Sie ansonsten sicher häufig zur Charakterisierung des Entwicklungsstandes heranziehen, nur Werte zum Gesamtstaat Spanien angeben, in diesem Fall also nicht brauchbar sind. Beziehen Sie sich deshalb nur auf Daten zu Andalusien (M 2). Im Vergleich zu Gesamtspanien und anderen EU-Staaten können Sie so die Position Andalusiens charakterisieren und die Disparitäten innerhalb Spaniens herausstellen.

Wirtschaftliche Aspekte
In M 2, Karte 2 wird die **Wirtschaftskraft** anhand des BIP je Einwohner in KKS angegeben und farblich abgestuft differenziert. Auffällig ist, dass im Jahr 2000 Andalusiens Wirtschaftskraft nur 50–75 % des EU-Durchschnitts betrug. In keiner anderen Region Spaniens gab es so niedrige Werte. Nur einige wenige Teile Portugals und Griechenlands waren innerhalb der EU-15 auf ähnlich niedrigem Niveau. Lediglich in den neuen mittel- und osteuropäischen EU-Staaten wurden

ähnlich geringe Werte erreicht. Bezüglich seiner Wirtschaftskraft lag Andalusien im Jahr 2000 also auf dem niedrigsten Niveau der EU-15.

Der unterdurchschnittliche wirtschaftliche Entwicklungsstand zeigt sich auch in M 2, Karte 1, in der die Anteile der **Erwerbstätigen nach Sektoren** bezogen auf das Jahr 2000 klassifiziert werden. So lag der Anteil der Erwerbstätigen im primären Sektor in Andalusien bei 8 %, im sekundären Sektor bei 26 % und im tertiären Sektor bei 66 %. Die überdurchschnittlich hohe Zahl an Arbeitskräften im primären Sektor kann als Indiz für eine noch nicht weit fortgeschrittene wirtschaftliche Entwicklung gewertet werden. Das Gleiche gilt für die unterdurchschnittliche Bedeutung der Industrie. Der wirtschaftliche Strukturwandel von der Agrar- über die Industrie- zur Dienstleistungsgesellschaft war im Jahr 2000 noch nicht so weit fortgeschritten wie in anderen Regionen Spaniens.

Wegen der relativ geringen Zahl von Arbeitsplätzen in der Industrie war auch die **Arbeitslosenquote** (M 2, Karte 3) mit über 15 % überdurchschnittlich hoch. Vergleichbar hohe Arbeitslosenquoten findet man noch in Süditalien, Teilen Ostdeutschlands, Nordfinnland, Litauen und Polen. Obwohl auch in Gesamtspanien die Arbeitslosigkeit über dem EU-Durchschnitt von 8 % lag, war Andalusien mit dieser Quote eines der Schlusslichter in Europa. Auch die Jugendarbeitslosigkeit, die bei über 35 % lag, war in Andalusien fast doppelt so hoch wie der EU-Durchschnitt (18,4 %). Beide Parameter zeigen noch einmal den verhältnismäßig geringen **wirtschaftlichen Entwicklungsstand** innerhalb Spaniens und innerhalb der EU. Zur Erklärung der wirtschaftlichen Strukturschwäche könnten Hinweise auf traditionelle Agrarstrukturen (duale Strukturen mit Latifundien und Minifundien, Rentenkapitalismus) im südlichen mediterranen Raum eingebracht werden.

Die anhand der vorgenommenen Kennzeichnung der wirtschaftlichen Aspekte zum Ausdruck kommenden Probleme werden durch die Lage Andalusiens an der Peripherie im Süden Europas verstärkt.

Demografische Aspekte

Andalusien ist mit über 7 Mio. Einwohnern (M 3) die bevölkerungsreichste autonome Gemeinschaft in Spanien. Andalusien wies im Jahr 2000 ein positives natürliches Bevölkerungswachstum von 2,0 bis 4,0 Promille auf, das deutlich über dem Durchschnitt der EU von 0,5 Promille lag (M 2, Karte 4).

Hohe natürliche Bevölkerungsraten galten lange als ein Zeichen für Unterentwicklung. In ländlich geprägten Regionen mit niedrigem Bildungsstand und schlechter staatlicher Altersversorgung werden zwar auch heute noch mehr Kinder geboren. In Anbetracht des in Europa allmählich einsetzenden **demografischen Wandels** kann die hohe **Geburtenrate** aber auch als Vorteil gesehen werden, da Andalusien im Vergleich zu anderen spanischen und europäischen Regionen vorerst nicht mit den Problemen der **Überalterung** zu tun haben wird.

Neben dem natürlichen Bevölkerungswachstum ist aber auch ein Wachstum durch Zuwanderung zu verzeichnen. Der interregionale **Wanderungssaldo** betrug im Jahr 2000 3–5 Promille (M 2, Karte 4). Dies ist eventuell auf Zuwanderungen von

Ausländern zurückzuführen, die aufgrund des ganzjährig milden Klimas an der Mittelmeerküste z. B. in Malaga ihren neuen Wohnsitz anmelden (vgl. z. B. Diercke Weltatlas 2002, S. 123).

Abschließend lässt sich auf der Grundlage der angesprochnen Parameter feststellen, dass Andalusien innerhalb der EU 15-zu den am stärksten unterentwickelten Regionen mit deutlichen Strukturproblemen zählt. Deshalb erhielt Andalusien große Teile der speziellen **Ziel 1-Fördermittel** zur „Förderung und Entwicklung der strukturellen Anpassung der Region mit Entwicklungsrückstand" (M 4).

3. *In dieser Teilaufgabe wird erwartet, dass Sie auf der Grundlage Ihrer Kenntnisse zur EU-Osterweiterung und mithilfe von M 3 und M 4 die Auswirkungen der EU-Osterweiterung auf Andalusien beschreiben und erklären. Nach einem kurzen Abriss der aktuellen Entwicklungen der EU-Osterweiterung sollten Sie überlegen, in welche Abschnitte Sie die Auswirkungen gliedern wollen. Der folgende Lösungsvorschlag orientiert sich an einer Strukturierung nach wirtschaftlichen, finanziellen, demografischen und sozialen Folgen.*

Grundsätzliches zur EU- Osterweiterung
Im Mai 2004 wurden im Rahmen der sog. EU-Osterweiterung zehn neue Staaten (Estland, Lettland, Litauen, Polen, Tschechien, Slowakei, Ungarn, Slowenien, Malta, Zypern) in die Union aufgenommen, wobei bis auf drei Staaten (Zypern, Malta, Slowenien) alle Erweiterungsländer den ehemaligen **Ostblockstaaten** angehörten. Im Januar 2007 kamen noch zwei weitere Staaten aus Südosteuropa zur EU hinzu (Rumänien und Bulgarien).
Diese Erweiterung hat für die alten EU-15-Staaten und -Regionen, also auch für Andalusien, erhebliche Auswirkungen. Auf die wichtigsten Folgen im wirtschaftlichen, sozialen und demografischen Bereich soll im Folgenden näher eingegangen werden.

Wirtschaftliche und finanzielle Folgen
Grundsätzlich gilt für fast alle neuen Mitgliedsstaaten, dass diese wirtschaftlich sehr viel weniger entwickelt sind als die EU-15-Staaten. So lag im Jahr 2000 das BIP/Kopf in weiten Teilen noch unter 50 % des EU-Durchschnitts (M 2, Karte 2). Damit haben all diese Gebiete Anspruch auf die schon in Teilaufgabe 2 angesprochene Ziel 1-Förderung, die jenen Regionen gewährt wird, deren BIP weniger als 75 % des EU-Durchschnitts beträgt. Waren dies vor der Osterweiterung größtenteils Gebiete in Spanien, Portugal, Süditalien, Griechenland und Ostdeutschland (vgl. M 4), haben sich die anspruchsberechtigten Gebiete nach der Erweiterung räumlich verschoben. Da die Fördermittel in Zukunft voraussichtlich schwerpunktmäßig in die strukturschwachen „neuen" EU-Länder fließen werden, wird Andalusien vermutlich bedeutend weniger Fördergelder erhalten.
Von 2000–2006 hatte Spanien den größten Teil der Ziel 1-Fördermittel bekommen, nämlich 37 744 Mio. € von insgesamt 127 543 Mio. €. Dies gilt auch für die Gesamtmittel aller vier Strukturfonds (M 4). Bei den Zahlungen an Spanien aus

dem europäischen Ausrichtungs- und Garantiefonds (2005) geht hervor, dass Andalusien den größten Teil (fast ein Viertel) der Fördermittel Spaniens erhielt (M 3).

Die meisten der neuen EU-Mitglieder sind noch stärker agrarisch geprägt als Andalusien. Deshalb stellen sie für Andalusien eine große Konkurrenz dar, da sie aufgrund niedrigerer Löhne noch kostengünstiger produzieren können.
Man muss hier allerdings bezüglich der Anbauprodukte differenzieren. Die Länder Mittel- und Osteuropas bauen aufgrund des gemäßigten kühleren Klimas ganz andere Kulturpflanzen wie Kartoffeln, Zuckerrüben und Getreide an (vgl. z. B. Diercke Weltatlas 2002, S. 118). Sie stellen deshalb keine allzu große Gefährdung für die spanische Landwirtschaft dar. Die südlicher gelegenen Staaten wie Rumänien und Bulgarien könnten hingegen mittelfristig zu ernst zu nehmenden Mitbewerbern werden, da sie Produkte anbieten können, auf die sich auch Andalusien spezialisiert hat (Frühgemüse, Erdbeeren, Sonnenblumen, Wein, Baumwolle, Tabak, vgl. z. B. Diercke Weltatlas 2002, S. 118). Andererseits wird die Umstrukturierung der Wirtschaft und der **Transformationsprozess** besonders in Rumänien und Bulgarien noch eine Weile dauern.

Wegfallende Handelsgrenzen können für Andalusien auch neue Märkte bedeuten. So ist es nach der Osterweiterung möglich, z. B. Erdbeeren oder Zitrusfrüchte nach Tschechien oder in die baltischen Staaten zu verkaufen. Der Ausbau des Exports von Winter- und Frühjahrsernten in die neuen EU-Staaten könnte sich in der Zukunft als positive Entwicklung herauskristallisieren.

Demografische und soziokulturelle Folgen
Da Andalusien eine stark agrarisch geprägte Region ist, sind schon lange Saisonkräfte und Tagelöhner in Andalusien beschäftigt. Viele dieser Saisonarbeitskräfte kommen illegal aus Nordafrika und arbeiten für einen sehr niedrigen Lohn und unter widrigen Bedingungen auf den Feldern Andalusiens.
Nach der EU-Osterweiterung kommen verstärkt auch Saisonarbeitskräfte aus Osteuropa. Zwischen den beiden Gruppen kann verstärkt Konkurrenz auftreten. Die Osteuropäer sind von den Andalusiern lieber gesehen, da sie nach der Ernte in ihr Heimatland zurückgehen, während viele Nordafrikaner im Land bleiben und die Städte und Gemeinden vor humanitäre und infrastrukturelle Probleme (Segregation, Kriminalität, Slumbildung, Umweltprobleme) stellen.

Der südspanische Arbeitsmarkt wird durch ein noch größeres Angebot an Saisonkräften aus Osteuropa belastet, da die vielen heimischen andalusischen Arbeitskräfte unter diesen Bedingungen keine Arbeit finden (vgl. Teilaufgabe 2, Arbeitslosenquote). Steigende Arbeitslosigkeit bedeutet weniger Steuereinnahmen für die Region, deren Möglichkeiten zum Ausbau der Infrastruktur, der Sozialsysteme, Bildungs- und Freizeitangebote weiter abnimmt. Die regionalen Disparitäten in Andalusien werden sich verschärfen.

Fazit: Die EU-Osterweiterung hat auf Andalusien sowohl positive als auch negaive Auswirkungen. Man kann jedoch davon ausgehen, dass der Rückgang der Fördergelder eine erhebliche Benachteiligung der Region nach sich ziehen wird.

4. *Teilaufgabe 4 verlangt eine Stellungnahme zur Förderpolitik der EU und der USA zum Thema Baumwolle. Damit wird der geforderte Semesterübergriff zum Themenschwerpunkt 3 (2007) hergestellt.*
Wenn Sie zu diesem Sachverhalt differenziert argumentieren wollen, müssen Sie zunächst anhand von M 5 den Umfang der Förderung in den verschiedenen Staaten erläutern. Kenntnisse über die Agrarwirtschaft der USA, eventuell auch speziell zum Baumwollanbau, zum Welthandel und zum fairen Handel sollten einfließen. Daraus sollen Sie Ihre eigene Meinung entwickeln.

Baumwollproduzierende Staaten und Förderungspraxis (M 5)
In den USA und in Europa wird der Anbau von Baumwolle massiv subventioniert (USA: 24 US-Cent, Griechenland: 59 US-Cent, Spanien: 76 US-Cent pro Pfund Rohbaumwolle). Neben den bereits genannten Staaten bauen noch viele andere Länder in tropischen und subtropischen Regionen Afrikas (Mali, Sahel- Staaten, Benin), Mittel- und Südamerika (Brasilien, Kolumbien, Mexiko) sowie Asiens (Indien, China) Baumwolle an. In all diesen Staaten liegen die Fördersummen pro Pfund weit unter denen in Europa und den USA.
Die USA wiesen im Jahr 2001 eine Baumwollproduktion von 4 421 000 t auf. Im Jahr 1998 wurden hier 16 % der Weltproduktion erzielt (vgl. z. B. Diercke Weltatlas 2002, S. 230.2). Nur China übertrifft diesen Wert mit einer Produktion von 5 320 000 t, wobei es nur 10 Cent pro Pfund Rohbaumwolle an Fördermitteln vergibt. China steht so bei den Gesamtsubventionen hinter den USA auf Platz 2 vor Griechenland und Spanien. Die spanische Baumwollproduktion, die sich ausschließlich auf Andalusien beschränkt, wird am höchsten subventioniert, erreicht aber nur Rang 11 bei der Weltproduktion mit 107 000 t. Allerdings ist aufgrund der hohen Fördergelder der Baumwollanbau in Andalusien erheblich ausgeweitet worden (seit 1990 um mehr als 50 %; vgl. M 5, Z. 6 f.).

Die Baumwollproduktion und deren Subventionierung in den USA
Teile der USA sind vom Naturpotenzial her für den Baumwollanbau geeignet (Vorwissen: Baumwolle ist frostempfindlich und benötigt Jahresniederschläge von 1 000–1 500 mm).
Der **Baumwollanbau** hat eine lange Tradition im Südosten der USA: Im feuchtwarmen Klima des Südostens (vgl. z. B. Diercke Weltatlas 2002, S. 186) baute man bereits im 18. und 19. Jh. Baumwolle auf Plantagen an. Im 20. Jh. wurde der Baumwollanbau zunehmend ausgeweitet und auch in den semiariden Südwesten verlagert (Vorwissen). In diesen Gebieten kam es infolge der notwendig werdenden Bewässerung zu erheblichen ökologischen Schäden, z. B. Bodenversalzung und Absenkung des Grundwasserspiegels. Die Böden sind hier z. T. stark degradiert (vgl. z. B. Diercke Weltatlas 2002, S. 225.3). Vor diesem Hintergrund ist die **Subventionierung** des Baumwollanbaus aus ökologischer Sicht sehr zweifelhaft. Seit den 1990er-Jahren ist allerdings eine zunehmende Rückverlagerung des Baumwollanbaus in den klimatisch günstigeren Südosten zu beobachten. Trotzdem ist auch hier der Baumwollanbau heute nur noch durch die hohen Subventionen rentabel. Baumwolle aus den USA wäre sonst auf dem Weltmarkt nicht konkurrenzfähig, da andere Staaten (z. B. Indien und auch Staaten in Afrika)

wegen geringerer Lohnkosten günstiger produzieren können. Diese Staaten werden durch die Förderpolitik der USA behindert, mehr Baumwolle auf den Weltmarkt zu bringen, da die Subventionen den Weltmarktpreis künstlich niedrig halten. Mit den Zielen der Entwicklungshilfe oder gar **„fairem Handel" (fair trade)** hat diese Agrarpolitik der USA nichts zu tun.

Die Förderpolitik der EU

Die Anbaugebiete für Baumwolle und die Ziele der EU wurden bereits im Überblick dargelegt. Als Zusammenfassung lässt sich festhalten, dass die EU den Baumwollanbau in Andalusien und Griechenland so stark unterstützt, weil diese Gebiete zu den wirtschaftlich weniger entwickelten Regionen zählen. Hier wird eine „Nischenproduktion" gefördert, um die Wirtschaftskraft dieser Gebiete zu stärken. Da Baumwollanbau in Europa nur in wenigen Gebieten möglich ist, erhofft man sich Vorteile für diese Regionen. Allerdings sind auch Südspanien und Griechenland **semiaride** Länder, d. h., auch hier muss die Baumwolle bewässert werden, was die bereits oben geschilderten Folgen nach sich zieht. Gerade vor dem Hintergrund des Klimawandels, durch den die Aridität in Südeuropa zunehmen wird, ist eine Subventionierung ökologisch nicht zu vertreten.

Die auf die Produktionsmenge bezogen deutlich höheren Subventionen der EU tragen erheblich zum Preisverfall bei. Durch Exportsubventionen wird der Verkauf auf dem „niedrigpreisigen" Weltmarkt erst möglich. Andererseits sinkt in Europa die Nachfrage auf dem **Weltmarkt** nach Baumwolle aufgrund der eigenen subventionierten Produktion.

Die im Vergleich zu denen der USA noch höheren Subventionen der EU widersprechen noch stärker den Zielen, Entwicklungs- und Schellenländer mehr Chancen zu geben, an einem freien Welthandel teilzunehmen.

Das Beispiel der Baumwollsubventionierung steht stellvertretend für die Agrarpolitik der USA und Europas, die beide massiv die Weltmarktpreise beeinflussen. Die USA und die EU erschweren es damit ärmeren Staaten, die nicht so stark subventionieren können, auf dem Weltmarkt ihre Agrarprodukte zu verkaufen.

Schriftliche Abiturprüfung Niedersachsen II/2008 – Erdkunde
Erhöhtes Anforderungsniveau –Aufgabe 9

Die „HafenCity Hamburg“ im Kontext von Stadtentwicklung

Aufgabenstellung

1. Stellen Sie das Projekt „HafenCity Hamburg“ im Rahmen der Cityentwicklung Hamburgs dar und erläutern Sie seine Zielsetzungen.
2. Vergleichen Sie die Projekte „HafenCity Hamburg“ und „Lingang New City“ (Shanghai) vor dem Hintergrund städtischer Entwicklungen im jeweiligen Land.
3. *„Im 21. Jahrhundert haben sich die Rahmenbedingungen für die Entwicklung der Städte erheblich geändert. Verschärfter internationaler wirtschaftlicher Wettbewerb ist hierbei ein wichtiger Einflussfaktor. Das Ergebnis widerspricht aber einer nachhaltigen, sozialverträglichen Entwicklung.“*
   Nehmen Sie – ausgehend von dem Projekt „HafenCity Hamburg“ – zu dieser Aussage Stellung.

Hilfsmittel: eingeführter Schulatlas, Wörterbuch der Rechtschreibung, Taschenrechner

M 1 Tag- und Nachtbevölkerung (Hamburg)

Siehe Diercke Weltatlas, Braunschweig 2002, S. 67.3

M 2 Strukturkonzept „HafenCity Hamburg“ (Deutschland)

Die „HafenCity Hamburg“ ist das derzeit größte Stadtentwicklungsprojekt Europas: Auf 1,55 km Land- und Wasserfläche entsteht ein neues innerstädtisches Quartier, gegliedert durch ehemalige Hafenbecken, brachliegende Industrie- und Speicherflächen sowie erhaltenswerte Bauwerke der Hafengeschichte. Das Spektrum der Baumaßnahmen umfasst z. B. die Neugründung der „HafenCity Universität“, den Neubau einer Grundschule und die Schaffung von Wohnraum für 12 000 Menschen in Quartieren mit unterschiedlicher Bebauungsstruktur sowie energiesparenden Gebäuden. Die Mietpreise bewegen sich zwischen 9,50 €/m^2 und 20 €/m^2 (zum Vergleich: Hamburg gesamt: 6,53 €/m^2). Bei der Verkehrsanbindung der Hafencity soll der motorisierte Individualverkehr zugunsten anderer Verkehrsarten eingeschränkt werden. Im Zuge der Baumaßnahmen bekommt Hamburg darüber hinaus ein neues, markantes Wahrzeichen: Mit dem Bau der „Elbphilharmonie“ im westlichen Teil des Planungsgebietes wird ein bedeutendes kulturelles Vorhaben umgesetzt; das Dach dieses Gebäudes ist spektakulär dem Bild einer Wellenlandschaft nachempfunden. Der Abschluss der 1997 begonnenen Bautätigkeit in der „HafenCity“ wird im Jahr 2025 erwartet.

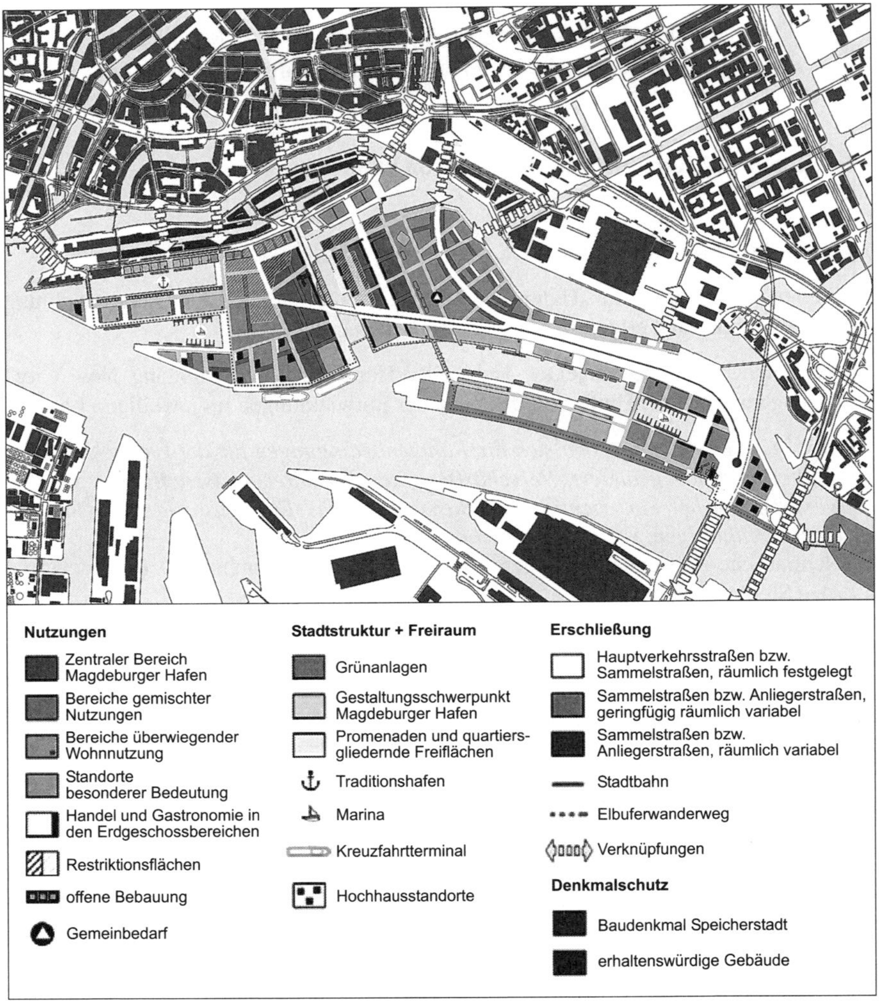

Worterklärungen:

- Restriktionsflächen: zunächst nicht für die Bebauung vorgesehen (inzwischen z. T. bebaubar)
- Gemeinbedarf: für die Bebauung mit Einrichtungen, die der Allgemeinheit dienen (z. B. öffentliche Verwaltungen, Schulen bzw. Gebäude für kirchliche, soziale, kulturelle oder sportliche Zwecke) vorgesehen
- Marina: Yachthafen

Hinweis: Eine Farbabbildung der Karte finden Sie zum Download unter www.stark-verlag.de/erdkunde/35900-2008/

Quelle: HafenCity Hamburg GmbH in Zusammenarbeit mit der Behörde für Stadtentwicklung und Umwelt der Freien und Hansestadt Hamburg: „HafenCity Hamburg" – Der Masterplan. Hamburg 2000 (Reprint 2006), Anlage 1 [verändert]; Bruns-Berentelg, J.: HafenCity Hamburg – eine kohärente Realisierungsstrategie als Grundlage für den Entwicklungserfolg (= Regionalwirtschaftliche Studien, Nr. 21), Vorabdruck 2007, S. 2

M3 Strukturdaten Hamburg und Shanghai

	Hamburg gesamt	Shanghai gesamt
Fläche in km²	755	6000
Einwohner/km² (2005)	2 297 Zum Vergleich: Deutschland 231	3100 Kerngebiet: 17 000 Zum Vergleich: China 136
Bevölkerungsentwicklung in Mio.	1950: 1,6 1960: 1,8 1970: 1,8 1980: 1,6 1990: 1,7 2000: 1,7 2005: 1,7	1950: 4,9 1960: 10,6 1970: 10,7 1980: 11,5 1990: 12,8 2000: 13,2 2005: 14,6

Quellen:
- *Statistisches Jahrbuch Hamburg 2006/2007, S. 15. Fundstelle: www.statistik-nord.de*
- *Statistisches Amt für Hamburg und Schleswig-Holstein (Hrsg.): Bevölkerung. Strukturen und Trends Hamburg 1950 bis 2003. Hamburg 2005, S. 11*
- *www.china-guide.de/china/shanghai/bev_oe_lkerung.html*

M 4 Strukturkonzept „Lingang New City“ (Shanghai/China)

Den Mittelpunkt der 60 km südöstlich von Shanghai gelegenen neu geplanten Satellitenstadt „Lingang New City“ bildet – anstelle eines baulich verdichteten Stadtzentrums – ein kreisrunder See von 2,5 km Durchmesser und 8 km Seepromenade inklusive Badestrand. Kulturbauten und Freizeitangebote sind auf Inseln gelegen und per Schiff erreichbar. Das Bild konzentrischer Wellen, die durch einen ins Wasser fallenden Tropfen gebildet werden, ist metaphorisches Leitbild der Stadtstruktur. In die Mitte des Sees soll eine 300 Meter hohe „Wolkennadel“ aus filigranem Stahl gebaut werden, die Wasser aus einer Nebelmaschine versprüht und eine Wolke erzeugt.

Die Nutzungsstrukturen gliedern sich dementsprechend in konzentrischen Ringen von innen nach außen um den zentralen See Lake Dishui (Promenade, zentrales Geschäftsviertel mit gemischter Nutzung, Stadtpark mit öffentlichen Bauten, großflächig angelegte, blockartige Wohnquartiere). Die konzentrische Struktur wird von radialen Strahlen in Form von Straßen und Wegen nach dem Prinzip einer Windrose überlagert. Die ebenfalls radial verlaufenden Stadtkanäle übernehmen wichtige Funktionen im Wasserhaushalt der Stadt.

Nach Abschluss der Bautätigkeit im Jahr 2020 sollen dort 800 000 Menschen (ursprüngliche Planung: 300 000 Menschen) auf 74 km² Fläche wohnen können, die zum Teil durch Landgewinnung entstanden ist.

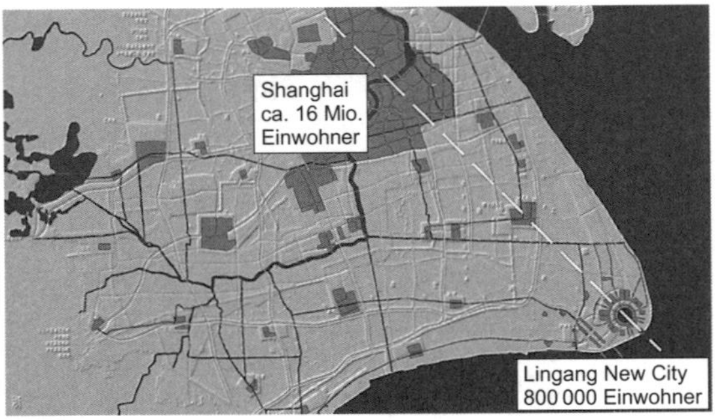

Hinweis: Die geplante Stadt „Luchao Harbour City“ wurde im Jahr 2003 in „Lingang New City“ umbenannt, da bereits ein benachbartes Fischerdorf den Namen „Luchao“ trägt.

Quelle: Architekten von Gerkan, Marg und Partner (www.gmp-architekten. de). © Plan: gmp, © Modellfoto: Heiner Leiska

Allgemeine Hinweise zur Lösung der Aufgabe

Voraussetzungen

Der inhaltliche Schwerpunkt der Aufgabe liegt auf der Analyse von Stadtentwicklungsprozessen der deutschen Großstadt Hamburg (**thematischer Schwerpunkt 1/ 2008**). Diese werden semesterübergreifend mit Stadtentwicklungsprozessen der chinesischen Großstadt Shanghai (**thematischer Schwerpunkt 2**) verglichen.

Erläuterungen zur Aufgabenstellung und zum Lösungsvorschlag

Die Klausur ist in drei Teilaufgaben unterteilt, die inhaltlich aufeinander aufbauen. Ergänzend zu den Materialien muss der Atlas zu Rate gezogen werden. M 1 stammt aus dem Diercke Weltatlas 2002, S. 67.3. Diese Karte ist im neuen Diercke Weltatlas 2008 nicht mehr enthalten. Dafür enthält der neue Atlas auf S. 31.3 eine genauere Karte zur Altstadt und zur Hafencity, die M 2 ergänzt. Auch weitere Atlaskarten zu Hamburg sollten an passender Stelle einbezogen werden (z. B. Diercke Weltatlas 2002, S. 28.1, 28.2 und 67.1 bzw. Diercke Weltatlas 2008, S. 30.1, 30.2, 31.4).

Zuordnung zu den AFB und Gewichtung

Aufgabe	AFB	Gewichtung
1.	I/II	30 %
2.	II	40 %
3.	III	30 %

Lösungsvorschläge

1. *Diese Aufgabe enthält zwei Operatoren, nämlich „darstellen“ und „erläutern“, und ist deshalb für eine Einstiegsaufgabe recht anspruchsvoll. Es reicht an dieser Stelle also nicht, das Projekt „HafenCity Hamburg“ detailliert anhand von M 2 zu beschreiben. Vielmehr geht es auch darum, dieses Projekt im Rahmen der Cityentwicklung Hamburgs zu verstehen, daraus die Zielsetzungen des Projekts abzuleiten und zu erklären. Hierzu ist vor allem M 1 heranzuziehen. Außerdem müssen Sie Vorwissen zu den Begriffen Alt- und Neustadt, Innenstadt und City parat haben. Zu Beginn sollten Sie außerdem eine kurze Lageeinordnung vornehmen.*

Die geplante HafenCity liegt unmittelbar zwischen der Norderelbe im Süden und der Altstadt Hamburgs im Norden (Diercke Weltatlas 2008, S. 31.3). Sie umfasst 1,55 km^2 Land- und Wasserfläche (M 2, Z. 2) im Bereich der ältesten Hafengebiete Hamburgs.

Die Zielsetzungen der HafenCity sind eng mit der Cityentwicklung Hamburgs, aber auch mit Entwicklungen des Hamburger Hafens verbunden. Weiterhin spielen demografische und wirtschaftliche Entwicklungen eine Rolle, auf die die Stadt reagieren will.
Hamburg ist ein **Oberzentrum** und eine **Agglomeration** mit internationaler und großräumiger Ausstattung (Diercke Weltatlas 2002/2008, S. 62 bzw. S. 66). Viele Waren des gehobenen, nicht-täglichen Bedarfs werden in der **City** angeboten. Außerdem konzentrieren sich im Citybereich auch kulturelle (z. B. Thalia-Theater) und Verwaltungseinrichtungen (z. B. Hamburger Rathaus).
Für Hamburg ist es wichtig, dass die City attraktiv bleibt und vor allem auch nachts nicht verwaist. Sie muss deshalb erweitert werden, neue und vorhandene Nutzungen müssen verstärkt werden. Als Ziele der HafenCity sind deshalb die Erweiterung, Aufwertung und Belebung der Hamburger City zu erschließen.

M 1 ist zu entnehmen, dass die Alt- und die Neustadt citytypische Merkmale aufweisen, da sich hier der Dienstleistungsbereich konzentriert und kaum noch Wohnungen vorhanden sind. Dies wird deutlich, wenn man die **Tag- und Nachtbevölkerung** Hamburgs im Citybereich vergleicht. Durch die Zunahme der Mobilität hat im Laufe des 20. Jahrhunderts eine **Funktionstrennung** stattgefunden, sodass sich heute tagsüber viele Tausend Menschen in der City aufhalten, um dort zu arbeiten oder einzukaufen, während es kaum noch Wohnbevölkerung gibt. Durch die starke **Suburbanisierung** und die damit verbundene Abwanderung der innerstädtischen Wohnbevölkerung seit ca. 1960 droht auch die Hamburger Innenstadt zu veröden. Ziel ist es, diesen Trend umzukehren und wieder mehr Menschen in die Innenstadt zu bringen. Die jüngere Stadtplanung zielt im Rahmen der „Stadt der kurzen Wege“ auf eine Mischnutzung aus Wohnen, Arbeiten, Freizeit und dienstleistungsorientiertem Gewerbe. Damit werden auch Ziele „nachhaltiger Stadtplanung“ verfolgt, die auf eine Entlastung des Umlandes und eine Reduzierung des Flächenverbrauchs sowie des Pendlerverkehrs ausgerichtet sind (M 2 und Vorwissen; vgl. Teilaufgabe 3).

Die Erweiterung der City-Nutzungen als Ziel des Projekts HafenCity lässt sich aus M 2 ableiten, da sowohl eine „HafenCity Universität“ (Z. 5) als auch „Wohnraum für 12 000 Menschen“ (Z. 6) entstehen sollen. Auch die Karte zu M 2 spricht in der Legende eine „gemischte Nutzung“ an. Ausgewiesene Flächen für Handel und Gastronomie, Grünflächen, Promenaden und Yachthäfen (Marina) weisen auf die geplante Nutzung für Freizeit und Tourismus hin. Die geplante Elbphilharmonie (M 2, Z. 12) weist auf die kulturelle Ausrichtung des Projekts hin. Atlaskarten (z. B. Diercke Weltatlas 2008, S. 31.3) zeigen weiterhin, dass Büro- und Geschäftszentren einen großen Teil der HafenCity einnehmen werden. Mehrere Zentralen von Großunternehmen haben sich bereits in der HafenCity angesiedelt. Es lässt sich also erkennen, dass das überwiegend brachliegende ehemalige Hafengebiet **innerstädtischen Nutzungen** zugeführt werden soll, die über die reinen Cityfunktionen hinausgehen.

Ein weiteres zentrales Anliegen der HafenCity ist die **Revitalisierung** der brachliegenden ehemaligen Industrie- und Hafengebiete. Hamburg als größter Seehafen Deutschlands mit stark expandierendem **Containerverkehr** hat in den letzten Jahrzehnten seine Hafenflächen nach Westen verlegt und erweitert (vgl. M 2), um konkurrenzfähig gegenüber anderen europäischen Nordseehäfen wie Antwerpen und Rotterdam zu bleiben. Die Schwerpunktverlagerung des Hafenumschlags vom **Stückgut** zum Container führte dazu, dass ein Großteil der Hafenfläche nicht mehr benötigt wurde. Die alten Lager- und Löschanlagen z. B. der „**Speicherstadt**“ müssen nun als **Baudenkmäler** einer neuen Nutzung zugeführt werden.

Weiterhin kann man M 2 entnehmen, dass die verkehrsmäßige Anbindung der neuen HafenCity an die bestehende Alt- und Neustadt ein wichtiges Planungsziel darstellt. Die räumliche Verknüpfung zwischen der HafenCity und der derzeitigen City von Hamburg lässt sich an dem geplanten Ausbau der öffentlichen **Verkehrsinfrastruktur** festmachen (M 2: geplante Stadtbahn bzw. Diercke Weltatlas 2008, Karte 31.3: U-Bahnanschluss geplant/im Bau). Zudem sind klimaschützende und energiepolitische Zielsetzungen zu vermuten, da z. B. der **motorisierte Individualverkehr** eingeschränkt werden soll und die neuen Gebäude energiesparend gebaut werden sollen (M 2, Z. 7, 9 f.).

2. *In dieser Teilaufgabe geht es darum, Gemeinsamkeiten und Unterschiede zwischen den beiden Städtebauprojekten HafenCity in Hamburg und Lingang New City bei Shanghai zu erkennen und strukturiert zu erläutern. Als Hintergrundwissen müssen Sie grundsätzlich unterschiedliche städtische Entwicklungen in Deutschland und China zur Begründung heranziehen. Sie sollten hierzu zwar die Projekte im Zusammenhang mit der Stadtentwicklung Hamburgs und Shanghais betrachten, doch ist nicht verlangt, losgelöst von der Aufgabenstellung allgemein die Stadtentwicklung Hamburgs und Shanghais im Detail zu beschreiben.*
Neben den Ergebnissen aus Teilaufgabe 1 sind vor allem die Strukturdaten aus M 3 und die Informationen aus M 4 zu Lingang New City heranzuziehen. Zu Shanghai gibt es im Diercke Weltatlas 2008 weiterhin eine spezielle Karte (S. 173.4).

Hamburg und Shanghai lassen sich sowohl in der Fläche als auch bezüglich der Einwohnerzahlen kaum vergleichen. Shanghai ist ca. 8-mal so groß wie die Hansestadt und hatte 2005 8,5-mal so viele Einwohner (M 3).
Die Bevölkerungsdichte scheint nur auf den ersten Blick in beiden Städten vergleichbar zu sein. Bei genauerer Betrachtung fällt auf, dass sie in der Kernstadt von Shanghai deutlich höher ist (17 000, M 3) als in der Hamburger City (5 000–10 000, Diercke Weltatlas 2002/2008, S. 67.1 bzw. S. 30.2).
Eine Gegenüberstellung der **Bevölkerungsentwicklung** von Hamburg und Shanghai zwischen 1950 und 2005 verdeutlicht, dass in Hamburg seit 1950 kaum Bevölkerungszuwachs stattgefunden hat. Lediglich von 1950 bis 1970 erfolgte ein Anstieg von 1,6 auf 1,8 Mio. Einwohner, was auf Zuwanderung nach dem Zweiten Weltkrieg und auf natürliches Bevölkerungswachstum in den Zeiten geburtenstarker Jahrgänge zurückzuführen ist. Danach verlor Hamburg im Rahmen der **Suburbanisierung** an Bevölkerung. Die Einwohnerzahl hat sich in den letzten beiden Jahrzehnten bei etwa 1,7 Mio. Einwohnern eingependelt. Shanghais Bevölkerung dagegen hat sich in diesem Zeitraum von 4,9 Mio. auf 14,6 Mio. verdreifacht (M 3).

Aus dieser unterschiedlichen demografischen Entwicklung ergeben sich verschiedene Planungsansätze für die Projekte HafenCity bzw. Lingang New City. Während für Shanghai wegen des hohen Bevölkerungswachstums in erster Linie die Entlastungsfunktion der Kernstadt im Vordergrund steht, hat Hamburg ganz andere Ziele vor Augen, nämlich die Steigerung der Attraktivität der City, die Revitalisierung brachliegender Industrie- und Speicherflächen und den Versuch, mittelfristig einer weiteren Zersiedelung entgegenzuwirken (vgl. Teilaufgabe 1). Deshalb besteht auch ein grundlegender Unterschied in der räumlichen Entfernung der beiden Projekte zur bestehenden City. Während die HafenCity in unmittelbarer Nachbarschaft zur alten City zu finden ist, liegt Lingang New City 60 km südöstlich von Shanghai und wird eine eigene vollständige Stadt werden. Deshalb werden in Lingang New City auch Wohnquartiere für 800 000 statt der ursprünglich vorgesehenen 300 000 Menschen (M 4, Z. 16 f.) geplant, während in der HafenCity maximal 12 000 Menschen leben sollen (M 2, Z. 6). Weiterhin handelt es sich in China um eine **planmäßige Stadtneugründung**; bereits der Name „Lingang New City" verdeutlicht dies. Deshalb gibt es im Umland von Shanghai auch keine ersichtliche Umnutzung von vorhandenen Flächen, wie es in Hamburg der Fall ist.

Andererseits gibt es aber auch eine Gemeinsamkeit bei den Zielsetzungen der beiden Stadtentwicklungsprojekte HafenCity Hamburg und Lingang New City, nämlich die angestrebte **Nutzungsmischung** von Wohnen, Arbeiten und dienstleistungsorientiertem Gewerbe (vgl. M 2, M 4).

Insgesamt lassen die Vergleichsindikatoren erkennen, dass sich beide Projekte hinsichtlich ihrer Dimension kaum vergleichen lassen. Sie sind jeweils ganz verschiedenen **Stadtentwicklungsphasen** zuzuordnen, was mit der unterschiedlichen wirtschaftlichen Entwicklung Deutschlands und Chinas zu tun hat. So erfolgte die heute in China zu beobachtende **Landflucht** in Deutschland bereits im 19. Jahrhundert während der Industriellen Revolution. Auch das natürliche Bevölkerungswachstum infolge verbesserter hygienischer Verhältnisse setzte in Deutschland sehr viel früher ein, sodass die deutschen Städte ab ca. 1850 bis ca. 1970, abgesehen von Einbrüchen durch die Weltkriege, stark wuchsen. Seitdem war die Landflucht in Deutschland lange Zeit kein Thema mehr. Im Gegenteil, man sprach im Zeitalter der „**autogerechten Stadt**" von **Stadtflucht**, weil besonders Familien die Städte verließen und sich im Umland niederließen. Die zunehmende funktionale Trennung bezüglich Arbeiten und Wohnen bewirkte eine starke **Suburbanisierung**. Erst in den letzten Jahren ist ein Trend zurück in die Städte zu beobachten, von dem auch Hamburg profitiert.

In China, das sich erst in den letzten beiden Jahrzehnten extrem stark industriell entwickelt hat, ist die Zuwanderung vom Land in die Großstädte enorm. Hinzu kommt das immer noch anhaltende starke natürliche Bevölkerungswachstum in China. Die „**Ein-Kind-Politik**" hat zwar zu rückläufigen Geburtenraten geführt, wird aber erst richtig greifen, wenn die geburtenschwachen Jahrgänge im Heiratsalter sind. Derzeit gibt es eine große Zahl junger Menschen im arbeitsfähigen Alter, die in die chinesischen Städte strömen. Deshalb besteht in China die Notwendigkeit, **Entlastungsstädte** wie Lingang New City zu bauen. In deutschen Großstädten im 21. Jahrhundert dagegen steht die Notwendigkeit der **Revitalisierung** der Innenstädte im Vordergrund, um weiteren Suburbanisierungstendenzen entgegenzusteuern.

3. *Stellung nehmen fordert eine Beurteilung mit zusätzlicher Reflexion individueller, sachbezogener und/oder politischer Wertmaßstäbe, die Pluralität gewährleisten und zu einem begründeten eigenen Werturteil führen. Dies setzt voraus, dass Sie den Inhalt der Aussage verstehen und Kernbegriffe klären. In diesem Fall sind dies besonders „nachhaltige, sozialverträgliche Stadtentwicklung" und „verschärfter internationaler Wettbewerb". Hier sollte Vorwissen aus dem Unterricht einfließen. Sicherlich haben Sie im Rahmen der Agenda 21 auch ein lokales Stadtbeispiel näher besprochen. In diesem Lösungsvorschlag wird neben Hamburg exemplarisch auf Berlin eingegangen.*
Ausgehend von den Erkenntnissen aus den Teilaufgaben 1 und 2 sowie Ihrem Unterrichtswissen über Konzepte der Stadtentwicklung im 20. Jahrhundert ist dann am konkreten Beispiel HafenCity zu prüfen, ob sich Sozialverträglichkeit, Nachhaltigkeit und Globalisierung widersprechen oder vereinbar sind.
Bei solch komplexen Aufgabenstellungen bietet es sich an, dass Sie Ihre geplante Vorgehensweise zu Beginn des Lösungsvorschlags kurz beschreiben.

Als Ziel moderner Stadtentwicklung in Deutschland werden häufig die Schlagworte „sozial" und „Nachhaltigkeit" benutzt. Im Folgenden soll zunächst erklärt werden, was unter „Nachhaltigkeit" zu verstehen ist. Danach wird anhand des verschärften internationalen Wettbewerbs aufgezeigt, was dieser für Städte wie Hamburg bedeutet. Anschließend folgt eine differenzierte Stellungnahme zu den Chancen und Risiken nachhaltiger und sozialer Stadtentwicklung.

Nachhaltige Stadtentwicklung hat zum Ziel, die Lebensbedingungen zu verbessern, ohne die Chancen folgender Generationen einzuschränken. Oft wird nachhaltiger Städtebau fälschlicherweise mit umweltverträglichem Städtebau gleichgesetzt. Dies ist jedoch eine zu stark einschränkende Reduzierung, da nicht aus dem Auge verloren werden darf, dass die Verbesserung der Lebensbedingungen für alle Stadtbewohner gelten soll und nicht nur für die gut verdienende Bevölkerung. Deshalb wird auch die soziale Komponente schon in der Aufgabenstellung betont. Im Rahmen der **lokalen Agenda 21** haben viele Städte deshalb Zielsetzungen formuliert, um die nachhaltige Zukunft ihrer Stadt zu gestalten. So hat beispielsweise Berlin verschiedenste Handlungsfelder formuliert, die deutlich machen, wie breit Nachhaltigkeit zu verstehen ist:

- das soziale Leben gestalten,
- Verkehr und Mobilität nachhaltig gestalten,
- Energie- und Klimaschutz ausbauen,
- Ressourcen schützen,
- Wirtschaftsstandort stärken,
- Bildung zukunftsfähig gestalten.

Die **Verschärfung des internationalen Wettbewerbs** ist eine Entwicklung, die sich im Rahmen der **Globalisierung** seit Ende des 20. Jahrhunderts verstärkt. In der Wirtschaft wird es immer wichtiger, kostengünstig und international konkurrenzfähig zu produzieren. Dies ist für Deutschland und auch für eine Stadt wie Hamburg mit nachhaltigen Zielsetzungen schwer vereinbar, da diese Ziele zunächst mit hohen Kosten verbunden sind. Ökonomie und **Sozialverträglichkeit** sind in der freien Marktwirtschaft nur durch gesetzliche Mindeststandards und Vorschriften zu vereinbaren. Die jüngsten öffentlichen Diskussionen zu Mindestlöhnen oder Alters- und Kinderarmut zeigen dies deutlich. Im „freien" Wettbewerb, wie er sich zur Zeit in China abspielt, bleibt die soziale Komponente immer auf der Strecke. Deshalb ist nachhaltige, sozialverträgliche Stadtplanung in China auch noch kein vorrangiges Thema. Allerdings fließen moderne Stadtplanungselemente wie Funktionsmischung und die Belebung der Stadtlandschaft durch Wasser ein (Anmerkung: An der Planung der „Lingang New City" waren deutsche Architekten beteiligt!). Doch vor dem Hintergrund einer anderen demografischen Entwicklung muss die Umsetzungsmöglichkeit einer sozialverträglichen und ökologischen Stadtentwicklung in China und anderen südostasiatischen Staaten relativiert werden.

Auch Hamburg kann diesen „Spagat" zwischen Wirtschaftsinteressen und Sozialverträglichkeit mit seiner HafenCity nicht überwinden. So wird die angestrebte soziale Durchmischung im Citybereich vermutlich nicht erfolgen, da fast ausschließlich teure Wohnquartiere geschaffen werden (vgl. die in M 2, Z. 8 genannten Mietpreise). Dies fördert eine sozialräumliche **Segregation**, d. h. die räumliche Trennung gesellschaftlicher Gruppen. Dies geht sogar so weit, dass sich Tendenzen zur **Gentrification** erkennen lassen. Besonders in der Speicherstadt werden denkmalgeschützte Gebäude luxussaniert. Einkommensschwache Bevölkerung wird verdrängt. Die sozialen **Disparitäten** innerhalb der Stadt werden wachsen.

Auch der Bau einer Grundschule wird nicht dazu führen, dass Familien aus breiten Bevölkerungsschichten sich hier niederlassen werden, da das Mietpreisniveau dies verhindert.

Letztlich wird das Projekt HafenCity Hamburg vorwiegend von ökonomischen Interessen gesteuert. Die meisten Baumaßnahmen dienen der Steigerung der kulturellen und wirtschaftlichen Attraktivität, womit sich Hamburg als **Metropole** im internationalen Wettbewerb profilieren will. Hamburg will auch internationalen Unternehmen attraktive innerstädtische Freiflächen für hochwertige Dienstleistungsunternehmen und Wohnquartiere anbieten.
Andererseits muss aber auch anerkannt werden, dass ökologische Aspekte zur Steigerung der Nachhaltigkeit in die Planung der HafenCity eingeflossen sind. Dazu zählen z. B. der geplante Bau energiesparender Gebäude (M 2, Z. 7), die Stärkung des öffentlichen und nicht motorisierten Individualverkehrs (M 2, Z. 9 f.), die öffentliche Nutzbarmachung von attraktiven, wassernahen Freizeitflächen (M 2, Karte), die Verringerung des Pendlerverkehrs durch Mischnutzung, die Vermeidung einer weiteren Zersiedelung des Umlandes durch zusätzliche Verdichtung im Innenbereich der Stadt und die Reduzierung weiteren Flächenverbrauchs durch Umnutzung von Gebäuden (Speicherstadt) und Inwertsetzung bislang ungenutzter Brachflächen.

Abschließend ist festzuhalten, dass die Hamburger HafenCity hauptsächlich ökonomische und ökologische Ziele bei der Stadtentwicklung verfolgt und die Sozialverträglichkeit dabei in den Hintergrund tritt. Der zunehmende internationale Wettbewerb erschwert die Zielsetzung, bessere Lebensbedingungen zu ermöglichen. Dies gilt nicht nur für Hamburg, sondern für alle Städte weltweit.

Stadtkonzepte im Vergleich

Aufgabenstellung

1. Beschreiben Sie mithilfe des Atlas die funktionale und sozialräumliche Gliederung Brasilias.
2. Vergleichen Sie anhand selbst gewählter Kriterien die Gründungen Freiburg und Brasilia.
3. *„Geplante Städte sind die besseren Städte."*
   Nehmen Sie – ausgehend von der Charta von Athen – Stellung zu dieser Behauptung.

Hilfsmittel: eingeführter Schulatlas, Taschenrechner

M 1 Südbaden – Basel – Oberelsass

Siehe Diercke Weltatlas, Braunschweig 2002, S. 41.1

M 2 Gründungsurkunde des Herzogs Konrad von Zähringen[1] (1095–1152) für die Stadt Freiburg

Kund sei allen, Zukünftigen wie Gegenwärtigen, dass ich, Konrad, in meinem Ort Freiburg einen Markt errichtet habe im Jahre 1120 nach der Geburt des Herrn. Mit den von überallher zusammengerufenen angesehenen Kaufleuten habe ich in einer beschworenen Vereinbarung beschlossen, dass sie die Marktsiedlung beginnen und ausbauen sollen.

Daher habe ich jedem Kaufmann in der geplanten Marktsiedlung eine Hausstätte zugewiesen, auf der er ein eigenes Haus erbauen kann, und habe verfügt, dass mir und meinen Nachfolgern von jeder Hausstätte ein Schilling öffentlicher Münze jährlich am Martinstage [11. November] zu zahlen sei. Es sei daher jedermann kund, dass ich auf ihre [der Kaufleute] Bitten und Wünsche hin folgende Rechte bewilligt habe, die – so schien es mir ratsam – in einer Urkunde zusammengeschrieben werden sollte, damit man sie auf lange Zeit im Gedächtnis bewahre, so dass meine Kaufleute und ihre Nachkommen mir und meinen Nachkommen gegenüber dieses Privileg für alle Zeit behaupten könne.

1. Ich verspreche Frieden und sichere Reise in meinem Machtbereich und Herrschaftsgebiet allen, die meinen Markt aufsuchen.
2. Wenn einer meiner Bürger stirbt, soll seine Frau mit den Kindern alles besitzen und frei von allen Ansprüchen behalten, was ihr Mann hinterlassen hat.
3. Allen Marktsiedlern gewähre ich, dass sie an den Rechten meines Volkes und der Landsleute teilhaben sollen, damit sie insbesondere frei von aller Banngewalt die Weiden, Wasserläufe, Gehölze und Wälder benutzen dürfen.
4. Allen Kaufleuten erlasse ich den Zoll.
5. Niemals werde ich meinen Bürgern einen neuen Vogt oder einen neuen Priester ohne ihre Wahl vorsetzen, sondern wen immer sie dazu wählen, den sollen sie von mir bestätigt bekommen.
6. Wenn sich zwischen meinen Bürgern ein Zwist oder Streit erhebt, soll er nicht nach meinen oder ihres Vorstehers Belieben entschieden werden, sondern soll gerichtlich verhandelt werden, wie es Gewohnheit und Recht aller Kaufleute ist.

[...]

1 Die Zähringer betrieben in ihrem Einflussbereich eine aktive Siedlungspolitik und gründeten zahlreiche Städte, Dörfer und Klöster.

Quelle: Weltgeschichte im Aufriss. Die Welt des Mittelalters. Frankfurt 1995, S. 124 f. (verändert)

M 3 Le Corbusier's „Charta von Athen" – Schlussfolgerungen

Lehrsätze:

- Der gegenwärtige Wandel der Städte vollzieht sich nicht auf den Grundsätzen des zeitgenössischen Städtebaus und ohne Präzision und Kontrolle.
- Individuelle Freiheit und der Nutzen des kollektiven Handelns müssen gesichert sein.
- Der Mensch muss der Maßstab für alle Größenbestimmungen im Plan der Stadt sein.
- Die Schlüssel zum Städtebau liegen in folgenden vier Funktionen: wohnen, arbeiten, sich erholen (in der Freizeit), sich bewegen.
- Die Wohnung muss das Zentrum der städtebaulichen Bestrebungen sein. Die vier Funktionen müssen unter Berücksichtigung größter Zeiteinsparung hieraus geregelt werden.
- Der Verkehr muss nach den Geschwindigkeiten der einzelnen Teilnehmer eingeteilt werden.
- Durch das Element der Höhe können freie Flächen gewonnen werden, die für den modernen Verkehr und die Freizeitgestaltung genutzt werden können.
- Die Stadt muss im größeren Rahmen ihres Einflussbereichs untersucht werden. Eine Gebietsplanung hat eine einfache Gemeindeplanung zu ersetzen.
- Die Hilfsmittel der modernen Technik müssen genutzt werden.

Quelle: Thilo Hilpert, Le Corbusier's „Charta von Athen". Bauwelt Fundamente 56. Birkhäuser Verlag, Braunschweig 1984

M 4 Brasilia – Konzept und Realität

Vor einem halben Jahrhundert hat die brasilianische Regierung ihre Vision von der makellosen Stadt einfach aus dem Boden gestampft. Im Nirgendwo, 1 000 Kilometer von der brasilianischen Küste entfernt, wurde die brasilianische Hauptstadt Brasilia aus dem Nichts erschaffen.

Präsident Juscelino Kubitschek hatte beschlossen, dem Land, das mit Wirtschaftskrise und kolonialer Vergangenheit zu kämpfen hatte, ein Vorbild zu errichten. Brasilien, das sollte alle Welt hier erfahren, stehe an der Spitze des Fortschritts. Brasilia sollte frei sein von der Zufälligkeit, dem Chaos und dem Schmutz der damaligen Hauptstadt Rio de Janeiro oder der Metropole Sao Paulo. Brasilia sollte anders sein, klar und funktional. Er beauftragte die Architekten Lúcio Costa und Oscar Niemeyer. Niemeyer war Kommunist und wollte eine bessere Gesellschaft schaffen: mit Hilfe von sozialem Wohnungsbau und avantgardistischer Urbanisierung. In nur vier Jahren war die neue Hauptstadt fertig zur Besiedlung.

Brasilia fasziniert. Die Stadt steht für die Bombastik der vergangenen Fortschrittserwartungen. Nicht umsonst hat die UNESCO die Stadt zum Weltkulturerbe erklärt. „Die Weite und Größe dieses Experiments sind beeindruckend, doch zu Fuß kann man sich hier eigentlich gar nicht bewegen“, sagt heute Architektin Liliana Gómez über die Utopiestadt. „Die Entfernungen schon zwischen einzelnen Gebäuden sind viel zu groß, es gibt kaum Schatten. Man sieht deshalb kaum Fußgänger auf der Straße.“ Dass sich noch irgendjemand zu Fuß fortbewegen würde, war im utopischen Plan für Brasilia nicht vorgesehen. Manches erinnert an die Plattenbauten in europäischen Vorstädten: viel Platz, wenig Schatten, weite Entfernungen. Die Straßen und Gebäude haben keine Namen, sondern sind mit Buchstaben und Zahlen bezeichnet. Menschen wirken fehl am Platz.

„Das Zentrum ist eine tote Beamtenstadt“, resümiert Gómez. „Das Kern-Brasilia ist langweilig, das Leben spielt sich nicht auf der Straße ab, es gibt keine gewachsenen städtischen Strukturen und es fehlt der Charme einer lokalen Kultur.“ Schon 1960, als das Land seine neue Hauptstadt einweihte und Regierung und Verwaltung aus Rio nach Brasilia verlegte, murrten die Staatsbeamten, die dort hinziehen mussten. Wer wollte schon gern das Strandflair von Rio gegen die Betonstadt im Landesinneren tauschen?

Das Leben der meisten der rund 2,3 Millionen Einwohner fängt da an, wo der Plan der Architekten aufhört. Rund um das Zentrum der eigentlichen Stadt ist in den letzten 50 Jahren ein Gürtel aus Satellitenstädten und Elendsvierteln entstanden. „Das ist das reale Brasilia“, sagt Gómez, „die zweite Stadt, wo die gleichen Probleme an der Tagesordnung sind wie in den alten Metropolen des Landes: Arbeitslosigkeit, Gewalt, Drogen, Armut.“

Quelle: Isabel Exner, http://zuender.zeit.de/2006/46/brasilia-utopie (verändert)

Allgemeine Hinweise zur Lösung der Aufgabe

Voraussetzungen
Die Aufgabenstellung bezieht sich auf die für 2009 festgelegten thematischen Schwerpunkte 2 (**Entwicklungsbedingungen und sozioökonomische Strukturen in Afrika und Lateinamerika**) und 1 (**Deutschland: Demografische Strukturen und städtische Entwicklung**). Der inhaltliche Akzent liegt auf der Behandlung von Stadtentwicklung sowohl unter konzeptionellen Gesichtspunkten als auch in historischer Dimension. Allgemeingeografisch akzentuiert die Aufgabenstellung daneben die funktionale Gliederung. Der **Semesterübergriff** erfolgt über den Vergleich Freiburg mit der lateinamerikanischen Stadt Brasilia.

Erläuterungen zur Aufgabenstellung und zum Lösungsvorschlag
Die Klausur ist in drei Aufgaben unterteilt, die inhaltlich aufeinander aufbauen. Zu den Aufgaben gehören vier Materialien, die umfassend zu studieren und zu zitieren sind. Außerdem muss der Atlas zu Rate gezogen werden. Material M 1 stammt aus dem Diercke Weltatlas 2002, S. 41.1. Diese Darstellung entspricht im Wesentlichen der aktualisierten Karte des Diercke Weltatlas, 2008, S. 43. Weiterhin ist zur Bearbeitung die Spezialkarte zu Brasilia zu nutzen (Diercke Weltatlas 2002, S. 213.3, Diercke Weltatlas 2008, S. 219.6 oder Haack Weltatlas, S. 205).

Zuordnung zu den AFB und Gewichtung
Die Aufgaben sind den drei Anforderungsbereichen zugeordnet; sie werden zunächst einzeln bepunktet. Die Zuordnung zu den Anforderungsbereichen und die vorgesehene Gewichtung entnehmen Sie der folgenden Tabelle:

Aufgabe	AFB	Gewichtung
1.	I	30 %
2.	II	40 %
3.	III	30 %

Lösungsvorschläge

1. *Zu Beginn können Sie als Einführung eine kurze Lageeinordnung der Stadt Brasilia geben. Diese ist aber nicht zwingend erforderlich, da die Lage bei Teilaufgabe 2 noch einmal aufgegriffen werden muss. Wichtiger ist, dass Sie zu Beginn die zentralen Begriffe der Aufgabenstellung klären, um danach strukturiert vorgehen zu können. Sie sollten diese Vorgehensweise vorher genau überlegen und dem Leser in der Einleitung auch erklären.*

   In dieser Aufgabe sollen zwei Gliederungsprinzipien auf Brasilia angewendet werden. Die **funktionale Gliederung** zielt auf die **Grunddaseinsfunktionen** wohnen, sich bewegen, arbeiten, sich erholen und sich versorgen ab, die in vielen Städten zur Gliederung z. B. in Wohn-, Geschäfts-, Erholungs-, Industrie- und Gewerbegebiete geführt haben. Dies soll an Brasilia gezeigt werden. Im Anschluss wird auf die **sozialräumliche Gliederung** eingegangen, also ob eine Gliederung z. B. nach gesellschaftlichem Status, Religionszugehörigkeit o. ä. vorliegt.

Brasilia liegt, wie der Name schon erkennen lässt, im Inneren Brasiliens und ist die Hauptstadt des Landes (Diercke Weltatlas 2008, S. 212/213 und M 4).
Betrachtet man die Detailkarte von Brasilia (M 1), so fällt sofort auf, dass diese Stadt im Zentrum geplant ist. Dies wird besonders am strukturierten Straßennetz mit einer zentralen Ost-West-Achse und schachbrettartigem Straßenaufbau in den Wohngebieten deutlich. Schon die Legende der Karte und die nach Farben klar abgegrenzten Gebiete weisen auf die klare funktionale Gliederung Brasilias hin.
Bei genauerer Betrachtung fällt auf, dass der Aufbau der Stadt dem Grundriss eines Flugzeuges ähnelt. Dabei liegt im „Cockpit" das Regierungsviertel, im „Rumpf" das Geschäftsviertel, in den „Flügeln" befinden sich Wohngebiete und im „Heck" Grünanlagen, Bahnhof, Fernsehturm und Industriegebiete. Im Folgenden wird noch einmal detailliert auf die Funktionen der verschiedenen Viertel Brasilias eingegangen.

Rund um den Platz der Gewalten im Ostteil der geplanten Stadt befinden sich öffentliche Gebäude, die je nach Perspektive die Funktion „**sich versorgen**" (für die Kunden) und „**arbeiten**" (für die diese Dienste anbietenden Angestellten und Beamten) erfüllen. Hier sind es vor allem Dienstleistungen kultureller (z. B. Nationaltheater), juristischer (Oberster Gerichtshof) und politischer (Nationalkongress, Regierungspalast) Art. Nördlich und östlich des oberen „Flügels", also des Wohngebiets, liegen ebenfalls noch Gebäude, die die Bevölkerung versorgen, und zwar mit Gesundheitsdiensten (Krankenhaus) und Bildung (Universität). Auf die Lage der zahlreichen Wohngebiete, die nur die Funktion „**wohnen**" erfüllen, wird im Zusammenhang mit der sozialräumlichen Gliederung noch eingegangen. Die Grünanlagen im Westen (einschließlich des Stadions und des Zoos), aber auch der Grünstreifen entlang der Ost-West-Tangente im Stadtzentrum, die Grünflächen entlang des Paranoastausees und der angrenzende Golfplatz gehören zur Funktion „**sich erholen**". Auf die Funktion „**sich bewegen**" wurde bei der Beschreibung des Straßennetzes z. T. schon eingegangen. Anhand des recht ungenauen Stadtplans aus dem Atlas kann man nur erahnen, dass in Brasilia die zentrale Leitlinie der "Charta von Athen umgesetzt wurde, die eine hierarchische Gliederung der Verkehrswege nach der Geschwindigkeit der Verkehrsteilnehmer vorsieht (vgl. M 3, Z. 13 f.).

Man erkennt aber, dass Brasilia über dieses „Flugzeug" hinausgewachsen ist. Weitere Wohn- und Industriegebiete sind entstanden. Industrie- und Gewerbebetriebe, die der Funktion „arbeiten" dienen, haben sich weiter nach Westen ausgedehnt. Außerdem gibt es noch kleinere Industrie-/Gewerbegebiete oder Kasernen im Norden. Letztere gehören als militärische Dienstleistungen zur Funktion „versorgen".

Auch die Wohngebiete befinden sich jetzt nicht mehr nur in den „Flügeln", was sicherlich mit dem Bevölkerungswachstum der Stadt zu tun hat. Dieses hat, wie das Säulendiagramm am Rand zeigt, vor allem im Bundesdistrikt und nicht in der Kernstadt stattgefunden.

Zur genaueren Verteilung der Wohngebiete ist zu sagen, dass eine starke **sozialräumliche Gliederung** zu beobachten ist. Während in den „Flügeln" die **Mittelschicht** wohnt, hat sich die **Oberschicht** in privilegierten Lagen rund um den Stausee (z. T. wahrscheinlich in abgeschlossenen „**gated communities**") angesiedelt. Weitere Mittelschicht-Wohngebiete befinden sich in neuen Satellitenstädten im Südosten (Mansoes Park Way) und Südwesten (Dom Bosco). Auffällig ist, dass es in Brasilia auch viele Wohngebiete der **Unterschicht** und auch Elendsviertel (= **Favelas**) gibt, die sich hauptsächlich auf den westlichen Stadtrand nahe der Industriegebiete konzentrieren. Eine Favela gibt es aber auch in unmittelbarer Nähe des Diplomatenviertels, was damit zu erklären ist, dass sich viele arme Leute dort angesiedelt haben, um als Bedienstete bei der reichen Oberschicht zu arbeiten. Diese räumliche Trennung und Abgrenzung von sozialen Gruppen gegeneinander nennt man **Segregation**.

2. *Diese Teilaufgabe ist eine klassische Vergleichsaufgabe. Es geht darum, Gemeinsamkeiten und Unterschiede zwischen den beiden Städten Brasilia und Freiburg bezüglich der Gründung herauszuarbeiten. Beachten Sie, dass nur die Gründungszeit verglichen werden soll und nicht die gesamte Stadtentwicklung beider Orte. Dazu ist entscheidend, dass Sie zu Beginn klar unterscheidbare Vergleichskriterien formulieren. Mithilfe einer tabellarischen Übersicht sollten Sie sich dann passende Notizen zu den Materialien M 2 (Freiburg) und M 4 (Brasilia) machen. Auf Grundlage dieser Vorarbeit gelingt die schriftliche Ausformulierung dann schnell und strukturiert. Sie sollten diese Punkte zu Beginn in der Einleitung zur Aufgabe nennen und danach gliedern. Wichtig ist, dass Sie die Regeln zum Zitatnachweis beachten und nicht einfach Passagen ohne Nachweis wörtlich abschreiben!*

Für den Vergleich von Brasilia mit Freiburg sind folgende Kriterien relevant:
- Lage / Naturraum
- Gründungszeit
- Zielsetzung der Gründung
- Zugrunde liegendes Konzept
- Attraktivität
- Bevölkerung

Lage / Naturraum
Brasilia und Freiburg gehören zu ganz unterschiedlichen Kontinenten (Südamerika/Europa) und Staaten (Brasilien/Deutschland). Beide Städte liegen weit entfernt von der Küste (vgl. Brasilia „1 000 km von der brasilianischen Küste entfernt", M 4, Z. 2 f.). In Brasilia war das von der Regierung erklärte Ziel, den Regenwald zu erschließen, Grund dafür, Brasilia als „Vorposten" weit entfernt von den alten Metropolen des Landes zu errichten (M 4). Brasilia liegt in mehr als 1 000 m Höhe im Brasilianischen Bergland, was im tropischen Klima von Vorteil ist, da dort die Temperaturen etwas kühler sind.

Freiburg liegt am Fuße des Schwarzwaldes am Rand der Oberrheinebene. Hier herrscht deutlich milderes Klima als im angrenzenden Schwarzwald, was sicherlich bei der Gründung eine Rolle gespielt hat. Geschützt durch das Mittelgebirge im Rücken hat sich Freiburg am Rand eines Nebenflusses des Rheins entwickelt. Der Rhein war damals noch nicht begradigt, sodass die Entfernung von ca. 15 km wegen der häufigen Überflutungen ein Vorteil war. Zur damaligen Rohstoffsituation kann man nur vermuten, dass im Schwarzwald bereits Rohstoffe abgebaut wurden. Das ist aber nicht entscheidend für die Gründung gewesen.

Gründungszeit

Während Freiburg im 12. Jahrhundert (M 2), also im Hochmittelalter gegründet wurde, erfolgte die Gründung Brasilias ca. 1956 (1960 wurde Brasilia nach nur vier Jahren Bauzeit eingeweiht, vgl. M 4, Z. 12 f. und Z. 28).

Ziele

Daraus wird deutlich, dass diese beiden Städte ganz unterschiedlichen Stadtentwicklungsepochen zuzuordnen sind.

Freiburg als mittelalterliche Stadt entwickelte sich rund um einen **Marktplatz**, den der damalige Herzog als Teil seiner Siedlungspolitik (M 2, Fußnote) errichten ließ. Damit wollte der Herzog seine Macht demonstrieren, den Handel in seinem Land ausbauen und natürlich langfristig auch Geld (aus Steuern und Mieten) einnehmen. Hauptziele waren also die Ansiedlung von **Kaufleuten** und Händlern (vgl. M 2, Z. 3: „zusammengerufenen angesehenen Kaufleuten") und die Errichtung eines Marktes (M 2, Z. 4: „dass sie die Marktsiedlung beginnen").

Die Gründung **Brasilias** dagegen verfolgte ganz andere Ziele. In den 50er-/60er-Jahren des 20. Jahrhunderts war die Umsetzung der Gedanken von **Le Corbusier's „Charta von Athen"** (M 3) modern. Dieses neue Stadtkonzept mit der zentralen Aussage „Trennung der Funktionen" war Grundlage für die Planung einer Stadt, die „anders sein" sollte, „klar und funktional" (M 4, Z. 9 f., „ein Vorbild" (Z. 6) für Brasilien und die ganze Welt. Die neue Hauptstadt sollte zur Aufwertung Brasiliens beitragen und ein Symbol für den Aufstieg des Landes durch Industrialisierung und Erschließung Amazoniens. Sie war gleichzeitig auch ein Prestigeobjekt des damaligen Präsidenten Kubitschek, der einen Gegenpol zu den anderen brasilianischen Metropolen errichten wollte (M 4, Z. 5 f.). Auch für eine bessere Gesellschaft nach sozialistischem Vorbild sollte die neu gegründete Stadt stehen (M 4, Z. 11 f.).

Konzepte

Brasilia ist eine neue, geplante Stadt. Sie wurde von zwei Architekten nach den Vorstellungen der Charta von Athen am Reißbrett entworfen und in nur vier Jahren gebaut. Entsprechend der Hauptfunktion „Hauptstadt" hat man sich das Flugzeugmodell ausgedacht, das das Regierungsviertel an die Spitze setzt. Der großzügige „Platz der Gewalten" erinnert an Aufmarschplätze **sozialistischer Stadtplanung** in Russland, China oder der damaligen DDR. Die breite Ost-West-Tangente sollte sicherlich auch zu Paradevorführungen dienen. Alle Menschen sollten gleiche Wohnbedingungen in den einheitlich gestalteten Wohnvierteln erhalten.

Zur Zeit der Gründung Freiburgs im Mittelalter hat sich dagegen noch niemand über Stadtplanung Gedanken gemacht. Herzog Konrad von Zähringen wollte schnellstmöglichst viele Siedler anlocken. Deshalb warb er mit einer Vielzahl von Privilegien und Garantien, die in M 2 abgedruckt sind. Im Einzelnen sind das:

- günstige Grundstücke (Z. 6 ff.)
- Sicherheit und Frieden (Z. 15 f.)
- soziale Absicherung (Z. 17 f.)
- Freiheit vor Banngewalt (Z. 20)
- Nutzungsrechte (Z. 19 f.)
- freie Wahlen des Vogts und Priesters (Z. 23 ff.)
- Gerichtsbarkeit (Z. 26 ff.).

Nur die Anlage des Markts wurde nicht geplant. Alles andere entwickelte sich zufällig und unkontrolliert Es gab in der mittelalterlichen Stadt Freiburg folglich keine Trennung, sondern eine totale Mischung aller Funktionen.

Attraktivität

Bei der Erläuterung der Lage wurden bereits einige Vorteile herausgestellt, die hier nicht wiederholt werden. Freiburg war zur Zeit seiner Gründung sicherlich durch die eben beschriebenen Privilegien attraktiv. Außerdem lag die Stadt an wichtigen Handelswegen. Die damals übliche Stadtmauer bot Schutz. Alle Funktionen waren durch kurze Wege verbunden.

Brasilia konnte zu Beginn mit dem visionären Stadtbild punkten. Es existierten hier zu Beginn keine Elendsviertel u. ä. Andererseits gab es schon bei der Gründung Widerstände aufgrund der fehlenden Atmosphäre, der Strandferne und des fehlenden Schattens (M 4).

Bevölkerung

Brasilia ist eine Verwaltungsstadt und besteht zu einem großen Teil aus Menschen, die im Dienstleistungssektor tätig sind. Bereits im Gründungsjahr 1960 mussten 60 000 Menschen nach Brasilia Stadt (und 80 000 im Bundesdistrikt) umziehen. Die Bevölkerung wuchs in nur 45 Jahren auf über 3 Mio. Einwohner an (Atlaskarte zu Brasilia im Diercke Weltatlas 2008, S. 219).

Freiburg dagegen hatte damals wahrscheinlich nur wenige Einwohner (weniger als 5 000) und ist heute eine Stadt in der Größenordnung zwischen 1 000 000 und 500 000 Einwohnern (M 1).

3. *„Stellung nehmen“ fordert eine Beurteilung mit zusätzlicher Reflexion individueller, sachbezogener und/oder politischer Wertmaßstäbe, die Pluralität gewährleisten und zu einem begründeten eigenen Werturteil führen. Hierzu bieten sich verschiedene Möglichkeiten der Gliederung an. Grundsätzlich gilt, dass zentrale Begriffe in der Aufgabenstellung zu beachten sind (hier: Charta von Athen und bessere Stadt). Auch die Materialien M 2, M 3 und M 4 müssen Sie natürlich wieder nutzen, um Ihre Argumente zu belegen. Die Stellungnahme muss argumentativ schlüssig und zur Aufgabenstellung passend sein.*

Für die Stellungnahme bietet es sich an zu klären, was eine „bessere Stadt" ausmacht. Um dies zu überprüfen, ist zu überlegen, ob die Kriterien der **„Charta von Athen"** auf Brasilia zutreffen und ausreichen, um bessere Städte zu garantieren.

Die in den Leitlinien der Charta von Athen festgehaltenen Lehrsätze gelten zum größten Teil auch heute noch, wenn man die Anforderungen an eine „bessere Stadt" definieren will.
So ist zuzustimmen, dass in erster Linie der Mensch Maßstab bei der Stadtentwicklung sein sollte (M 3, Z. 5). Betrachtet man Brasilia, so scheint dies aber nicht zuzutreffen, denn sonst gäbe es dort nicht so viele Probleme (M 4, Z. 36 f.: „Arbeitslosigkeit, Gewalt, Drogen, Armut"). Auch müsste der Mensch im Mittelpunkt stehen und nicht „fehl am Platz" (M 4, Z. 24) wirken.
Ein weiterer wichtiger Punkt in den Lehrsätzen ist die „individuelle Freiheit", doch auch diese scheint in Brasilia ins Hintertreffen zu geraten, denn die Uniformität einer Plattenbauarchitektur hat nichts mit Individualität zu tun.
Die Wohnfunktion der Stadt sollte die wichtigste sein (M 3, Z. 8). Im ursprünglichen Brasilia von 1960 hatte man durch die zentrale Anbindung der Wohngebiete an den Rumpf der Stadt diese Forderung noch erfüllt, aber inzwischen hat sich die Stadt immer mehr von den Idealen entfernt. Betrachtet man Brasilia heute (vgl. auch Teilaufgabe 1), so sprechen die inzwischen am Stadtrand entstandenen Unterschicht-Wohngebiete dagegen, da diese heute weit entfernt vom Zentrum liegen. Dies hat auch Folgen für den Verkehr, denn schon lange gilt nicht mehr, dass „kurze Wege und „Zeitersparnis" Berücksichtigung finden.
Die Forderung nach „Trennung des Verkehrs nach den Geschwindigkeiten der einzelnen Teilnehmer" (M 3, Z. 11 f.) wurde im Plan umgesetzt. Sie führte aber im Zusammenhang mit dem großzügigen Grundriss dazu, dass man sich im Zentrum zu Fuß kaum bewegen kann. Brasilia ist also eine autogerechte und fußgängerfeindliche Stadt geworden. Dies ist mit aktuellen stadtpolitischen Zielsetzungen einer **ökologischen, nachhaltigen Stadtentwicklung** nicht zu vereinbaren.
Im 7. Punkt der Lehrsätze wird die damals moderne These vertreten, dass durch Hochhausbebauung mehr Freiflächen entstehen, die für Verkehr und Freizeit genutzt werden können. Dieser Punkt wurde in Brasilia umgesetzt und prägt noch heute die Stadt: „Plattenbauten (…): viel Platz, wenig Schatten, weite Entfernungen" (M 4, Z. 21 f.). Gerade von dieser Forderung sind heute die Stadtplaner weit abgerückt, da sich gezeigt hat, dass die freien Flächen ungemütlich sind und als „Abstandsgrün" oft ungenutzt bleiben. Vielerorts z. B. in Ostdeutschland (z. B. Halle-Silberhöhe, Diercke Weltatlas 2008, S. 39.4) hat ein Rückbau und Abriss so konzipierter Wohngebiete aus den 1960er-Jahren begonnen, weil immer mehr Menschen diese Wohnungen verlassen. Auch in Brasilia führen diese Strukturen dazu, dass sich das Leben nicht auf der Straße abspielt (M 4, Z. 26).
Die letzten beiden Lehrsätze gelten dagegen noch immer. Eine Stadtplanung ohne Berücksichtigung des Umlandes ist heute nicht mehr denkbar. Der Einsatz moderner Technik, z. B. bei modernen Nahverkehrssystemen oder moderner Solararchitektur, ist unverzichtbar.

Es bleibt festzuhalten, dass geplante Städte keine Garantie für bessere Städte sind, denn auch geplante Städte entwickeln sich weiter wie ungeplante, und zwar häufig „ohne Präzision und Kontrolle“ (M 3, Z. 3). Die Weiterentwicklung der Städte hängt von vielen Faktoren ab. Entscheidend sind dabei die wirtschaftliche Situation einer Stadt und die bestehenden sozialen Disparitäten. Letztere verschärfen sich zurzeit weltweit, sodass in allen Regionen Segregation stattfindet, egal ob in Hamburg, in den Boomtowns Chinas (z. B. Shanghai), in Moskau oder in den typischen amerikanischen Großstädten. Hierbei ist es völlig egal, ob es sich um historisch gewachsene Städte oder um Neugründungen (Bsp. HafenCity in Hamburg, „Lingang New City“ bei Shanghai, Gated Communities in Florida) handelt.
Zwar sollten Städte oder Stadtteile natürlich auch in Zukunft geplant werden. Doch sind Städte keine statischen Gebilde, sie verändern sich. Bei der Planung besserer Städte gelten die Regeln der Charta von Athen heute nur noch teilweise. Die Ziele der nachhaltigen Stadtplanung setzen z. B. im Zusammenhang der „**Stadt der kurzen Wege**“ wieder mehr auf **Funktionsmischung**. Auch hat bei den Zielsetzungen moderner Stadtplanung eine radikale Abkehr von der „**autogerechten Stadt**“ hin zur „**Fahrradstadt**“ stattgefunden. Weiterhin hat man erkannt, dass eine Stadt nicht kalt und tot wirken darf, sondern Charme haben muss. Diesen Charme zeigen häufig vor allem mittelalterliche Altstadtviertel.

Schriftliche Abiturprüfung Niedersachsen 2010 Erdkunde
Grundlegendes Anforderungsniveau – Aufgabe I

Die Provinz Xinjiang (Singkiang) – Entwicklung in einem Trockenraum

Aufgabenstellung

1. Beschreiben Sie den Naturraum in der Provinz Xinjiang hinsichtlich seiner wirtschaftlichen Nutzung und Besiedlung (M 1–M 4, Atlas).
2. Charakterisieren Sie die sozioökonomische Entwicklung der Provinz Xinjiang sowie ihre erkennbare wirtschaftliche Bedeutung innerhalb Chinas (M 3–M 5).
3. *„Die Ressource Wasser führt zunehmend zu Konflikten in Trockenräumen.“* Nehmen Sie ausgehend von Xinjiang sowie einem Beispiel aus den Trockenräumen Nordafrikas/Vorderasiens Stellung zu dieser Aussage.

Hilfsmittel: eingeführter Schulatlas, Taschenrechner

M 1 Westchina Wirtschaft (verändert)

Siehe Diercke Weltatlas, Braunschweig 2008, S. 170.1

Hinweis: In der Abiturprüfungsaufgabe wurde als M 1 lediglich ein Ausschnitt der Original-Atlaskarte („Ostasien (China) – Wirtschaft“, westlicher Kartenrand bis ca. 105 °O bzw. ca. 32 °N) abgedruckt. Ergänzend wurde eine Übersichtskarte über die chinesischen Provinzen beigegeben, die ungefähr folgender Darstellung entspricht:

Übersichtskarte: Chinesische Provinzen (abiturähnliche Darstellung)

Quelle: RAN, http://de.wikipedia.org/wiki/Datei:China_administrative_(deutsch).png, Lizenziert gem. Creative Commons 3.0

M 2 Klimadaten Xinjiang

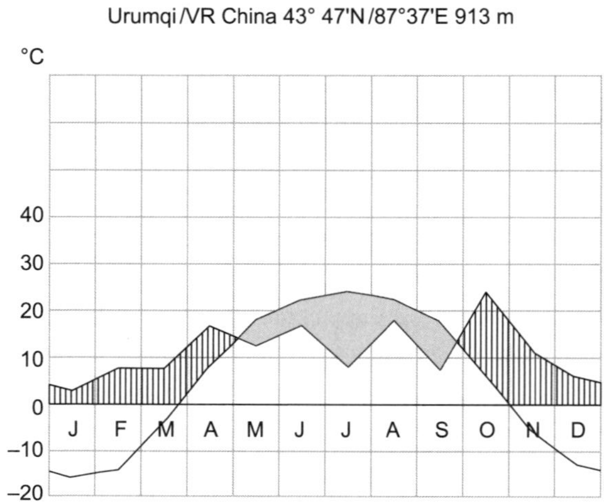

Monat	Temp. (°C)	Nied. (mm)
JAN	–16,0	6
FEB	–14,0	15
MRZ	–4,0	15
APR	9,0	33
MAI	18,0	25
JUN	22,0	33
JUL	24,0	16
AUG	22,0	35
SEP	17,0	15
OKT	6,0	47
NOV	– 6,0	22
DEZ	–13,0	11

Temp.-Jahresmittel
5,4 °C

Niederschlagssumme
273 mm

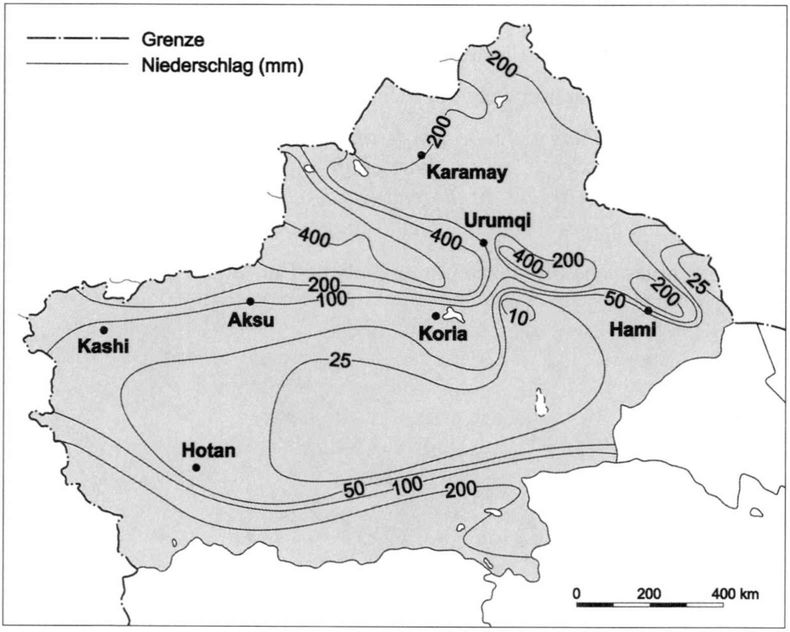

Hinweis: Urumtschi = Urumqi

Quellen:
- *Klimadiagramm: Geoklima 2.1, W. Hanisch; www.w-hanisch.de/geoklima.de*
- *Karte: Katharina Fricke, nach: Autonomous Region Bureau of Surveying and Mapping 2004, S. 12, © Westermann. Fundort: Praxis Geographie. Heft 6, Bildungshaus Westermann 2009, S. 39*

M 3 Entwicklung der Landwirtschaft in Xinjiang

Xinjiang, früher meist Ost- Turkestan genannt, war immer Kontaktraum verschiedener Völker und Kulturen. In der Herrschaft lösten Tibeter, Uiguren, Kirgisen, Mongolen und Dsungaren einander ab. Im 18. Jahrhundert wurde die chinesische Oberherrschaft wiederhergestellt. Nach Gründung der Volksrepublik China wurde Xinjiang 1955 zur Uigurischen Autonomen Region erklärt.

In den 1950er-Jahren begann die chinesische Zentralregierung die bis dahin allenfalls extensiv genutzten Randgebiete der westchinesischen Beckenlandschaften, überwiegend traditionelle Weidewirtschaft der Uiguren, in intensivere Nutzungsformen zu überführen. Große Staatsfarmen wurden gegründet und der Ausbau oberflächlicher Bewässerungskanäle massiv vorangetrieben. Das wirtschaftliche Entwicklungskonzept stützte sich zunächst einmal auf Erdölförderung und den Baumwollanbau. Die Mechanisierung der Landwirtschaft nach sowjetischem Muster war begleitet von umfangreichen Ansiedlungen der Han-Chinesen aus dem chinesischen Kernland.

Der über eine Länge von mehr als 2 000 km in Ost-West-Richtung verlaufende Hochgebirgsriegel des Tianshan fungiert als äußerst markante Wetterscheide. Urumqi selbst liegt auf einer Höhe von 913 m ü. NN. Am Nordrand des Tianshan liegt ein 50 bis 100 km breiter Steppengürtel, auf dem Weidewirtschaft und dank der Bewässerung mit Flusswasser Anbau betrieben werden kann. Die Oasen liegen auf den Schwemmfächern der aus den Randgebirgen in das Beckeninnere vordringenden Flüsse.

Eine Ausweitung der alten, von Uiguren bewohnten Oasen war nur in begrenztem Umfang möglich, so dass sich die Erschließungsmaßnahmen südlich des Tianshan nach Gründung der VR China im Jahr 1949 bald auf das breite Tal des Tarim konzentrierten, das als gigantisches Neulandgebiet ausgemacht wurde. Es besaß im Jahr 1950 lediglich eine Anbaufläche von rund 3 300 ha. Die Bewässerungsfläche wurde in den Oasengebieten entlang des Aksu und Tarim bis zum Jahre 1988 auf 281 400 ha ausgedehnt. Dies hat zu einem starken Anstieg des Wasserverbrauchs geführt. Er wurde insbesondere dadurch verursacht, dass seit Mitte der 1980er-Jahre in zunehmendem Maße Reis und Baumwolle mit Bewässerung angebaut wurden. Die Erschließungsmaßnahmen wurden mit einfachen Mitteln durchgeführt. Kanäle und Wasserstaubecken wurden zum Großteil einfach in den Sand gebaut. Die Nutzungsrate des Bewässerungswassers fällt mit 41 % entsprechend gering aus. In der Aksu-Oase werden für den Anbau von Baumwolle im Durchschnitt 22 500 m^3 Wasser pro Hektar verbraucht (als optimal werden in Israel für den Baumwollanbau 3 500 – 4 000 m^3/ha angesehen), für den Anbau von Reis sogar 45 000 m^3 pro Hektar.

Quellen: eigene Zusammenstellung nach
- *K. Fricke, T. Sterr u. a., Das Beziehungsgeflecht „Megacity/Hinterland" am Beispiel der Wasserproblematik der chinesischen Megacity Urumqi, Uni Heidelberg 2009, www.itas.fzk.de/tatup/091/frua09.htm (verändert)*
- *Giese, Marnatkov, Wang, Wasserressourcen und deren Nutzung im Flussbecken des Tarim, Zentrum für internationale Entwicklungs- und Umweltforschung der Universität Gießen, Nr. 25, Gießen 2005 (verändert), http://www.uni-giessen.de/zeu/Papers/DiscPap%2325.pdf*

M 4 Strukturdaten der Provinz Xinjiang und der Stadt Urumqi

Autonome Provinz Xinjiang	
Hauptstadt	Urumqi
Fläche in km^2 (in Tausend)	1 660
Einwohner 2004 (in Tausend)	19 630
Bevölkerungsdichte (Einw./km^2)	11,8

Zusammensetzung der Bevölkerung nach großen ethnischen Gruppen (2000)

	Xinjiang gesamt		Urumqi
	in Tausend	in %	in %
Uiguren	8 345	45	13
Han-Chinesen	7 489	40	75
Kasachen	839	7	2

Wirtschaftsindikatoren

	Xinjiang gesamt			Urumqi 2007
	2006		2007	
	Wert	Wachstum gegenüber dem Vorjahr	Wert	Wert
Bruttoinlandprodukt (in Mio. US-$)	44 662	11,0 %	51 544	
BIP pro Kopf (in US-$)	21 96	14,4 %	2 482	4 558
Exporte (in Mio.US-$)	7 011	40,4 %	11 503	
ausl. Investitionen (in Mio. US-$)	104	118,3 %	125	

Zusammensetzung des BIP in Xinjiang in %

	2000	2007
Fläche in km^2 (in Tausend)	21,1	17,8
Einwohner 2004 (in Tausend)	39,5	46,8
Bevölkerungsdichte (Einw./km^2)	39,4	35,4

Beschäftigte im Agrarsektor

2002 (in %)	54,9

Produzierte Güter

Wichtige Agrarprodukte in Xinjiang Anbaufläche 2006 (in km^2)	Weizen 7 401	Mais 4 964	Baumwolle 12 865
Viehbesatz 2006	Großvieh 882 300	Schafe, Ziegen, Hammel 5 013 760	
Wichtige Industriezweige in Xinjiang 2007	Öl- und Petrochemie, Lebensmittel- und Getränkeproduktion, Textil-, Metall- und Baustoffindustrie, Stromerzeugung		

Hauptexportländer	
2007	Aserbaidschan, Kasachstan, Kirgisistan, Russland, Pakistan
Xinjiangs Anteil an der chinesischen Brutto- Industrieproduktion 2007 (in %)	
Öl- und Erdgasgewinnung	34
Öl und Kohle verarbeitende Industrie	22
Eisen- und Metallerzeugende und verarbeitende Industrie	7
Stromerzeugung, Heizkraftwerke	5
Textilindustrie	4
Agrar- und Lebensmittelindustrie	3

Quellen: eigene Zusammenstellung nach
- *Market Profiles on Chinese Cities and Provinces, http://www.info.hktdc.com/mktprof/china/xinjiang.htm*
- *Statistic Bureau of Xinjiang Uygur Autonomous Region 2007*
- *National Bureau of Statistics of China*

M 5 Das Beziehungsgeflecht „Megacity/Hinterland“ am Beispiel der Wasserproblematik der chinesischen Megacity Urumqi

Urumqi gehört zu den Oasenstädten, die als Teil der alten Seidenstraße Handel und Wandel aufgeschlossen gegenüber stehen. Sie wandelte sich von einer traditionellen zentralasiatischen Stadt mit unter 100 000 Einwohnern im Jahr 1950 zum wichtigsten wirtschaftlichen Wachstumspol Nordwestchinas. In der Region Urumqi entstanden gigantische Industrieanlagen, Wolkenkratzer, Straßen und Autobahnen. Kohle, Erdgas und Erdöl müssen nun nicht mehr zwingend in andere Regionen transportiert, sondern können vor Ort verarbeitet werden. Urumqi bildet das Zentrum dieser explosionsartigen Entwicklung. Durch die Eingemeindung von Nachbarstädten der Region Changji ist mittlerweile ein Ballungsraum mit vier Millionen Menschen entstanden, und in den nächsten Jahren könnte sich diese Zahl verdoppeln, zumal der Verschmelzungsprozess politisch gewollt ist.

Die räumliche Erweiterung und Ausdehnung des urbanen Gebiets führt jedoch auch zu einer Umwidmung naturräumlich begünstigter und zuvor landwirtschaftlich durch Ackerbau und Viehweide genutzter Flächen, die sich wiederum in die Steppen und Halbwüsten mit ungünstigerem bodengeographischen und hydrologischen Voraussetzungen verlagern. Gleichzeitig wird das Weideland der von der Viehhaltung lebenden ethnischen Minderheiten der Kasachen und Uiguren eingeschränkt.

Tatsächlich trocknen die vom Tiashan durch den Grüngürtel bzw. die Agglomeration von Urumqi in Richtung Wüste fließenden zunehmend verschmutzten Flüsse aufgrund der verstärkten Nutzungsintensität immer früher und schneller aus.

Die zunehmende Versalzung sowie die mangelhafte Aufbereitung des Abwassers in der Vergangenheit haben negative Auswirkungen auf das Grundwasser. Im

Distrikt Midong, nordwestlich und nördlich des Stadtzentrums von Urumqi, ist der oberste Grundwasserleiter in 80 m Tiefe bereits heute so stark verschmutzt, dass er nicht mehr nutzbar ist. Zur Gewährleistung der der Wasserversorgung muss deshalb bereits der nächste, auf 150 m Tiefe gelegene Grundwasserleiter angezapft werden.

Im Jahr 2004 wurden in Urumqi nur 44 Prozent der städtischen Abwässer behandelt, bevor sie in die Oberflächengewässer abgegeben wurden. Während die Landwirtschaft jedoch hauptsächlich mit Oberflächenwasser sowie geklärtem Abwasser versorgt wird, beträgt der Grundwasseranteil für Haushalte und Industrie bereits mehr als 50 %. Das bedeutet jedoch auch, dass für die natürliche Vegetation einschließlich der damit verbundenen Verdunstungsverluste nur 20 Prozent des ursprünglich vorhandenen Wasserangebots zur Verfügung stehen, wodurch sich auch das Degradations- und Desertifikationsrisiko für das natürliche Ökosystem erhöhen. Wachsen Bevölkerung und Wirtschaft wie erwartet weiter, so wird auch die Nachfrage nach dem qualitativ hochwertigeren Grundwasser weiter ansteigen.

Quelle: eigene Zusammenstellung nach K. Fricke, T. Sterr u. a., Das Beziehungsgeflecht „Megacity/Hinterland“ am Beispiel der Wasserproblematik der chinesischen Megacity Urumqi, Uni Heidelberg 2009, www.itas.fzk.de/tatup/091/frua09.htm (verändert)

Allgemeine Hinweise zur Lösung der Aufgabe

Voraussetzungen
Die Aufgabenstellung bezieht sich auf die für das Zentralabitur 2010 festgelegten thematischen Schwerpunkte 1 „**Russland und China: Zwei Weltmächte im Wandel**“ und 2 „**Entwicklungsbedingungen in Trockenräumen Nordafrikas und Vorderasiens**“. Im Fokus der Aufgabe steht die Entwicklung in einem Teilraum der Volksrepublik China. Der **Semesterübergriff** wird durch einen geforderten exemplarischen Bezug zu den Entwicklungsbedingungen in einem Trockenraum Nordafrikas oder Vorderasiens gewährleistet.

Zuordnung zu den AFB und Gewichtung

Aufgabe	AFB	Gewichtung
1.	I	30 %
2.	II	40 %
3.	III	30 %

Lösungsvorschläge

1. *Die Beschreibung kann nach folgenden Gesichtspunkten strukturiert werden: Lage des Raumes und Relief (Diercke Weltatlas 2008, S. 170/171) sowie Klima (M 2 und Diercke Weltatlas 2008, S. 220 ff.). Die geforderten Bezüge zur wirtschaftlichen Nutzung und zur Besiedlung sind über M 1 und den Atlas (z. B. Diercke Weltatlas 2008, S. 172/173) herzustellen. Außerdem müssen Sie M 3 und M 4 gezielt auswerten.*
Aus dem Unterricht müssen Kenntnisse über den Aspekt „Bevölkerungsverteilung: Gunst- und Ungunsträume mit ihren prägenden Geofaktoren" reorganisiert werden.

Xinjiang ist die größte chinesische Provinz (fast fünfmal so groß wie die Bundesrepublik Deutschland) in **peripherer Lage** im äußersten Nordwesten der Volksrepublik (M 1). Die Entfernung zwischen der Provinz-Hauptstadt Urumqi und Peking beträgt weit mehr als 2 000 km.

Der Wechsel von Hochgebirgszügen und Beckenlandschaften prägt das **Relief**. Die bis über 7 000 m hohen Ausläufer des Tianshan-Gebirges trennen ein kleineres nördliches Becken (Dsungarei) vom riesigen Tarimbecken im Süden. Im Nordosten grenzt das Gebiet an das Altai-Gebirge und im Süden wird das Tarimbecken umrahmt von den Hochgebirgszügen des Kunlunshan und des Altunshan.

Hochkontinentales Trockenklima dominiert weite Teile der Region, besonders die großen ariden Beckenlandschaften. Die Klimastation Urumqi (M 2) dokumentiert Jahresschwankungen der Monatsmitteltemperaturen von 40 °C (–16 bis 24 °C). Die Monate Mai bis September sind arid und in den Monaten November bis März fallen die Niederschläge als Schnee. Die Jahresniederschlagssumme ist mit 273 mm sehr gering.

Die orografischen und klimatischen Bedingungen sind für die Besiedlung und besonders die Landbewirtschaftung denkbar ungünstig, was sich in der äußerst **geringen Bevölkerungsdichte** von 12 Einw./km^2 (M 4) spiegelt. „Am Nordrand des Tianshan liegt ein 50 bis 100 km breiter Steppengürtel, auf dem Weidewirtschaft und dank der Bewässerung mit Flusswasser Anbau betrieben werden kann" (M 3, Z. 16–18). Was dort angebaut wird, ist den Karten nicht zu entnehmen. Am Südrand des Tianshan liegen Oasen auf den Schwemmfächern der aus den Randgebirgen austretenden Flüsse. in M 1 weist im Westen des Tarimbeckens **Bewässerungsland** mit Flussoasen-Charakter und Baumwollanbau aus. Dieses Produkt scheint in der Textilindustrie von Hotan und Urumqi auch weiter verarbeitet zu werden. Die Karte im Diercke Weltatlas 2008, S. 172/173, kennzeichnet mit Kashi einen weiteren Standort dieser Branche. Fundamente der **Landwirtschaft** scheinen also die Bewässerung und der darauf basierende Baumwollanbau zu sein – beides staatlich vorangetrieben. So ist in M 3 (Z. 9 ff.) von Staatsfarmen und entsprechenden Entwicklungskonzepten die Rede. Allein im Tal des Tarim wurde zwischen 1950 und 1988 die Anbaufläche (von 3 300 ha) um den Faktor 85 auf über 280 000 ha Bewässerungsfläche ausgeweitet, nicht nur für den Baumwoll-, sondern auch für den Reisanbau (Z. 24 ff.). Weitere **Agrarprodukte** sind Weizen und Mais, deren Anbaufläche zusammen etwa der von Baumwolle entspricht

(M 4). Auch der Viehbesatz ist mit fast 6 Mio. Tieren 2006 nicht unbedeutend. Die ungünstigen natürlichen Ressourcen werden also durchaus unter Einsatz entsprechender Verfahren genutzt.

Ein weiterer naturräumlicher Wirtschaftsfaktor ist das Vorkommen von **Bodenschätzen** wie Erdöl und Erdgas sowie Kohle und in geringem Umfang auch Eisenerz in den zentralen Bereichen der Provinz. Diese ermöglichten den Aufbau einer bescheidenen Grundstoffindustrie (Diercke Weltatlas 2008, S. 172/173 und M 1) sowie verarbeitender Industriezweige (M 4).

2. *Der Operator „charakterisieren" verlangt eine Typisierung anhand charakteristischer Merkmale, die durch Indikatoren abgesichert und am Material belegt werden müssen. Da hier die sozioökonomische Entwicklung der Provinz Xinjiang im Fokus steht, sind gesellschaftliche und wirtschaftliche Indikatoren aus dem Material heranzuziehen, insbesondere aus den in M 4 dokumentierten Strukturdaten. M 3 enthält spezielle Aussagen zur landwirtschaftlichen Entwicklung. Um die Provinz Xinjiang hinsichtlich ihrer wirtschaftlichen Bedeutung innerhalb der Volksrepublik China zu positionieren, bietet das Material eher indirekte Hinweise. Hierzu müssen Sie Kenntnisse aus dem Unterricht mobilisieren, etwa zu den Aspekten „wirtschaftlicher Wandel und seine räumlichen, sozialen und ökologischen Auswirkungen" und „Chinas wachsende Bedeutung in der Weltwirtschaft".*

In der Betrachtung der naturräumlichen Voraussetzungen für die Landwirtschaft deutete sich bereits der damit einhergehende **Strukturwandel** an: von der traditionellen Oasenwirtschaft und der extensiven Weidewirtschaft der Uiguren zu intensiveren Nutzungsformen wie dem Bewässerungsfeldbau durch angesiedelte Han-Chinesen aus dem chinesischen Kernland (M 3).

Im Zuge der Entwicklung der Provinz Xinjiang veränderte sich die **ethnische Zusammensetzung** der Bevölkerung. Während der Anteil der Han-Chinesen in der gesamten Provinz im Jahre 2000 40 % betrug, waren es in der Hauptstadt Urumqi bereits 75 %. Hier lag der Anteil der Uiguren, die im Provinzmaßstab noch die Bevölkerungsmehrheit bilden, nur noch bei 13 %. Ethnische Spannungen und sozioökonomische **Disparitäten** dürften sich verschärfen und nicht ohne Auswirkungen auf die Entwicklung der Provinz bleiben.

Diese stellt sich, gemessen an den **Wirtschaftsindikatoren**, insgesamt beeindruckend positiv dar. Die absoluten und relativen Wachstumsraten des **BIP** bewegten sich in den Jahren 2005–2007 zwischen 11 und 15 % – das sind selbst im innerchinesischen Vergleich überdurchschnittlich hohe Zahlen. Der Wert der **Exporte** nahm von 2005 auf 2006 um 40 % zu, im Folgejahr sogar um 64 %. Haupthandelspartner sind Länder Zentralasiens. Ausländische **Investitionen** konnten im gleichen Zeitraum um 125 % bzw. im Folgejahr um 20 % gesteigert werden (vgl. M 4). Diese äußerst dynamische Entwicklung konzentriert sich in erster Linie auf die Hauptstadtregion und dürfte somit in erster Linie den Han-Chinesen zugutekommen.

Wirtschaftsstrukturelle Veränderungen zeigen sich in den Jahren 2000–2007 beispielsweise hinsichtlich der Anteile der Wirtschaftssektoren am BIP: Die Landwirtschaft verlor 3,3 % und trug 2007 mit 17,8 % zum BIP bei – und das bei einem Erwerbsanteil von fast 55 % (2002), was für eine geringe Wertschöpfung spricht. Hier spiegeln sich auch die in Teilaufgabe 1 identifizierten Ungunstfaktoren, allen voran die mangelnde **Wasserverfügbarkeit** und die wenig effiziente Nutzung dieser Ressource wider (Nutzungsrate des Bewässerungswassers: 41 %, vgl. M 3). Der tertiäre Sektor verlor ebenfalls an Bedeutung (4 %) und erwirtschaftete 2007 gut ein Drittel des BIP. Demzufolge konnte nur der sekundäre Sektor seinen Anteil um beträchtliche 7,3 % steigern, basierend auf den in Teilaufgabe 1 dargestellten Ressourcen, insbesondere an Erdgas, Erdöl und Kohle. Der Sekundäre Sektor erwirtschaftete 2007 fast die Hälfte des BIP. Angaben in M 5 unterstützen dieses Bild: Hier ist von der Entstehung gigantischer Industrieanlagen und einer explosionsartigen Entwicklung die Rede. Untermauert wird diese Einschätzung durch Bevölkerungsdaten zur Hauptstadt. Hatte Urumqi 1950 noch weniger als 100 000 Einwohner, so hat sich die Stadt heute zu einem Ballungsraum mit vier Millionen Einwohnern entwickelt – die Überschrift in M 5 betitelt die Stadt sogar als „**Megacity**". Eine entsprechende urbane **Infrastruktur** ist sichtbarer Ausdruck dieser Entwicklung.

Das außerordentliche Wirtschaftswachstum, besonders die Expansion der verarbeitenden Industrie, der relative Rohstoffreichtum an Erdöl, Erdgas und Kohle sowie die Lage in der Mitte des zentralasiatischen Wirtschaftsraumes lassen auf eine zunehmende Bedeutung der Provinz Xinjang für China schließen, obwohl die Entfernungen zu den bedeutenden Wachstumszentren im Osten Chinas sehr groß sind und die Region innerhalb Chinas eine extreme Randlage hat. Der Stadt Urumqi selbst wird in wissenschaftlichen Untersuchungen (vgl. M 5) die Rolle als wichtigster **Wachstumspol** in Nordwestchina beigemessen.

3. *Eine Stellungnahme erfordert eine differenzierte und argumentative Darlegung einer eigenen Position, in diesem Fall zu einer Behauptung (Zitat). Zunächst ist also das Konfliktpotenzial im Zusammenhang mit der Ressource Wasser in dem betrachteten Raumbeispiel Xinjiang zu analysieren und zu reflektieren. Im Anschluss daran müssen Sie das Zitat auf einen selbst gewählten Beispielraum Nordafrikas oder Vorderasiens projizieren. Dabei können vergleichend – der Hinweis „ausgehend von" impliziert dieses Vorgehen – Gemeinsamkeiten und/oder Unterschiede beider Fallbeispiele herausgestellt werden. In jedem Fall sollte jeweils eine dezidierte Positionierung erkennbar werden.*
   Außer den genannten Unterrichtskontexten sind für diese Teilaufgabe die Aspekte „Demografische Entwicklung und Tragfähigkeit" sowie „Ressource Wasser als Konfliktpotenzial" relevant.

In dem hier behandelten Fallbeispiel geht es um regionale bzw. nationale Konflikte um die **Ressource Wasser**. Dabei stehen drei **Hauptnutzer** in Konkurrenz: die Landwirtschaft, die Industrie und die städtische Bevölkerung.

Bis in die 1950er-Jahre war die traditionelle Landwirtschaft Hauptnutzer von Wasser in der Provinz Xinjiang. Selbst für die enorme Ausweitung der Bewässerungsflächen bis 1988 war das Wasserangebot ausreichend. Der steigende Bedarf war allerdings mit **Problemen** verbunden:

- Die Erschließungsmaßnahmen zur Bewässerung waren technisch nicht ausgereift und wenig effizient (fast 60 % des Bewässerungswassers gingen verloren). Israel beispielsweise kommt beim Baumwollanbau aufgrund fortschrittlicher Bewässerungstechnik mit weniger als einem Fünftel der Wassermenge aus.
- Mit Baumwolle und Reis werden Produkte angebaut, die einen extrem hohen Wasserbedarf haben. Daher verbietet sich diese Art der Bewirtschaftung in ariden Gebieten wie dem Tarimbecken, wenn sie den Erfordernissen der Nachhaltigkeit gerecht werden soll.
- Die verstärkte landwirtschaftliche Nutzungsintensität führt zu Bodenversalzung sowie zur Austrocknung und Verschmutzung von Flüssen und Grundwasserleitern.

Die dynamische Entwicklung der Industrie und der Bevölkerung generiert weitere Probleme sowie **Wasserknappheit**. Das Oberflächenwasser reicht nicht mehr aus; mehr als die Hälfte des Bedarfs von Haushalten und Industrie wird bereits durch Grundwasser gedeckt. Aus diesem Grund sowie wegen der zunehmenden Verschmutzung des oberen Grundwasserleiters durch Abwässer müssen tiefere Grundwasserreserven angezapft werden. Dies widerspricht einer **nachhaltigen Nutzung** dieser sich erschöpfenden Ressource. Das Wasserangebot verringert sich dadurch weiter und das **Degradations-** bzw. **Desertifikationsrisiko** im gesamten Ökosystem erhöht sich (M 5).

Die rasante **Bevölkerungsentwicklung**, besonders in der Agglomeration Urumqi, verschärft die Konflikte. Der Wasserbedarf steigt, die Aufbereitung des Abwassers wird schwieriger, die Verschmutzung nimmt zu. Der Raumbedarf im Agglomerationsbereich steigt ebenfalls. Die Ausdehnung der städtischen Flächen erhöht den Druck auf die bisher landwirtschaftlich genutzten Areale und führt zu deren Verdrängung und Verlagerung in Ungunsträume. Dies schränkt die traditionelle Weidenutzung der Kasachen und Uiguren ein (M 5) und schürt ethnische Konflikte.

Eine Lösung der aufgezeigten Konflikte ist derzeit nicht absehbar, zumal anzunehmen ist, dass die dynamische Entwicklung von Bevölkerung und Wirtschaft andauern wird.

Die Ressource Wasser generiert aber auch grenzüberschreitende internationale Konflikte in Trockenräumen, beispielsweise an **Euphrat** und **Tigris**. Das türkische **Südostanatolien-Projekt (GAP)** umfasst den Bau zahlreicher Staudämme und Wasserkraftwerke. Er dient der Erzeugung von Energie, aber auch dem Ausbau einer exportorientierten Landwirtschaft. Wie in der Provinz Xinjiang treten auch hier regionale Konflikte auf (Zwangsumsiedlungen, beispielsweise in den von Kurden besiedelten Regionen, Verlust von Kulturgütern und negative ökologische Folgen). **Außenpolitisch** gerät die Türkei in Konflikte mit den Nachbarstaaten Irak und Syrien, die aufgrund der geringen Niederschläge und der hohen Verdunstung vom Wasser der Flüsse Euphrat und Tigris abhängig sind. Sie haben einen volkswirtschaftlichen Mindestbedarf, der Gegenstand von Konflikthandlungen oder Verhandlungen ist, und befürchten, dass die Türkei die Ressource Wasser als **geopolitisches Druckmittel** einsetzt.

Für die Anrainerstaaten am **Nil** – beispielsweise Ägypten, Sudan, Uganda, Äthiopien – oder am **Jordan** – Israel, Syrien, Libanon, Jordanien – birgt die Ressource Wasser ebenfalls ein enormes Konfliktpotenzial. Die Aussage „Die Ressource Wasser führt zunehmend zu Konflikten in Trockenräumen“ lässt sich also exemplarisch durchaus belegen. Ausmaß (regional, national, international) und potenzielle Lösungen (technische, administrative, politische) dieser Konflikte sind unterschiedlich und bedürfen einer differenzierten Analyse.

Schriftliche Abiturprüfung Niedersachsen 2010 Erdkunde
Grundlegendes Anforderungsniveau – Aufgabe II

Der Wirtschaftsstandort Saarland

Aufgabenstellung

1. Beschreiben Sie den Wirtschaftsstandort Saarland und die strukturellen Entwicklungen zwischen 1957 und 2007 (M 1, Atlas).
2. Erläutern Sie Notwendigkeiten, Möglichkeiten und Hemmnisse wirtschaftlicher Entwicklung für das Saarland nach dem Ausstieg aus dem Kohlebergbau (M 2–M 4).
3. *„Rohstofforientierung ist Ausdruck wirtschaftsstruktureller Schwäche eines Raumes und kann den wirtschaftlichen Modernisierungsprozess behindern."*
   Nehmen Sie Stellung zu dieser Aussage in Bezug auf das Saarland und das Kusnezk-Becken (Kusbass) in Russland (M 5, Atlas).

Hilfsmittel: eingeführter Schulatlas, Taschenrechner

M 1 a Saarland/Lothringen/Luxemburg – Wirtschaft 1957 (verändert)

M 1 b Saarland/Lothringen/Luxemburg – Wirtschaft 2007 (verändert)

Siehe Diercke Weltatlas, Braunschweig 2008, S. 42

Hinweis: Die in der Abiturprüfungsaufgabe abgedruckte Karte unterschied sich gegenüber dem Original aus dem Diercke Weltatlas 2008 geringfügig: In die Kartenlegende der Abituraufgabe wurden Signaturen für „Dienstleistungen", „Verkehr" und „Orte (Auswahl)" aufgenommen. Im Atlas sind diese Symbole auf S. 43.1 (Karte „Oberrhein – Wirtschaft") aufgeschlüsselt.

M 2 Saarland mit breiter Brust in schwieriger Zeit

Peter Theiss gibt sich unbeeindruckt von Flaute und Krise. „Um international bestehen zu können, müssen wir wachsen“, sagt der Geschäftsführer von Dr. Theiss Naturwaren. Das Unternehmen versorgt vom Saarland aus Kunden in fünf Kontinenten mit Naturheilmitteln und Pflegeprodukten – etwa einer Zahncreme Laculat. 300 Beschäftigte arbeiten im Stammwerk in Homburg. „hier haben wir beste Bedingungen vorgefunden. Wir expandieren“, sagt Theiss. Den Exportanteil von heute 60 Prozent will er ausbauen: „Wir wollen weiterhin interessante Auslandsmärkte erschließen“.

Im 52. Jahr nach der wirtschaftlichen Eingliederung des Saarlandes in den deutschen Wirtschaftsraum steht Unternehmer Theiss beispielhaft für den Strukturwandel der Region. Naturwaren im ehemaligen Kohle- und Stahlrevier, neue und alte Industrien, Spitzenforschung und Dienstleistung liegen im Saarland ganz dicht beieinander. Es ist beschlossene Sache: Im Jahr 2012 ist Schluss mit dem Bergbau an der Saar. Man weiß bereits heute, wie man den Abschied von der Kohle nehmen will. Von den noch 4 700 Beschäftigten im Saar-Bergbau sollen nach den Worten von Ministerpräsident Peter Müller 2 500 über Anpassungsgelder ausscheiden. Bis zu 1 700 Bergleute werden in den Kohlerevieren Ruhr und Ibbenbüren in Nordrhein-Westfahlen weitermachen. Die anderen sollen die Bergwerksanlagen im Saarland sichern

In der Nachkriegszeit gaben die Bergwerke dieser Region mehr als 60 000 Menschen Arbeit: ihre Stilllegung lassen sich Bund und Land nun gemeinsam 122 Millionen Euro kosten, trotz hoher Landesschulden aufgrund der montanen Vergangenheit. Das Aus für die Kohle ist keineswegs wegweisend für andere Traditionsbranchen: So sind die Stahlkocher trotz Wirtschaftskrise zuversichtlich. Die großen Werke von Saarstahl mit ihren Standorten in Völklingen und Dillingen haben sich so sehr spezialisiert, das sie langfristig auch für schwierige Zeiten gut gerüstet scheinen. Als größter Arbeitgeber trotzen auch die Autohersteller bei Ford in Saarlouis bestmöglich der Krise. Neue Branchen stärken die Wirtschaftskraft des Landes. Die hohe Konzentration an Unternehmen der Nano- und Biotechnologie hat der Region den Namen „Nano-Valley“ eingebracht. Im IT-Bereich hat sich das Saarbrücker Software- Unternehmen IDS Scheer mit seinen knapp 3 000 Mitarbeitern internationales Renommee erarbeitet. Der Keramik-Hersteller Villeroy & Boch exportiert von Mettlach aus in alle Welt. So sieht man sich im Saarland gut gewappnet für die Zukunft.

Das „Investitionsprogramm Saar“ soll darüber hinaus die Binnennachfrage stärken. Aus Mitteln des Bundes und des Landes fließen dabei 260 Millionen Euro auch in den Bildungssektor und die Infrastruktur.

Quelle: Andreas Schulte, Saarland mit breiter Brust in schwieriger Zeit. http://www.handelsblatt.com/politik/deutschland/saarland-mit-breiter-brust-in-schwierige-zeit;2245769; 20. 04. 09 (verändert)

M 3 Ausgewählte Wirkungsfaktoren im Saarland 2005

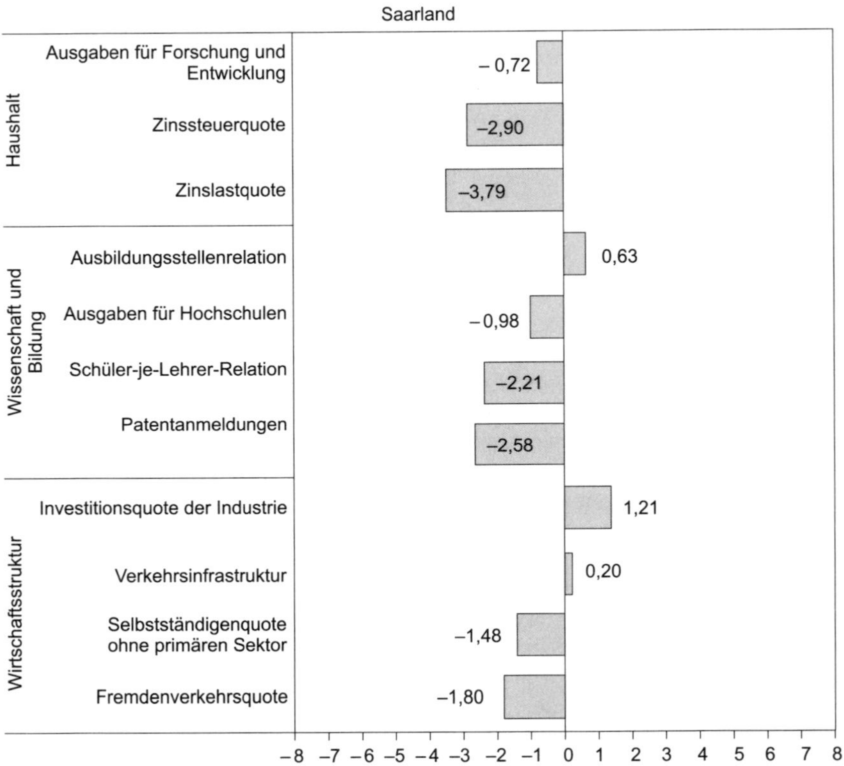

Abgebildet sind die Wirkungsfaktoren, bei denen das Land im Vergleich zum Durchschnitt aller Länder spezifische Stärken bzw. Schwächen aufweist. Dabei bedeutet ein positiver (negativer) Wert, dass das Land besser (schlechter) als der Länderdurchschnitt abschneidet.

Erläuterungen:
Zinssteuerquote: Anteil der Zinsausgaben für Kredite an den Einnahmen aus Steuern eines Landes.
Zinslastquote: Anteil der Zinsausgaben an den Ausgaben eines Landes

Quelle: http//:www.bertelsmann-stiftung.de/bst/de/media/xcms_bst_dms_22579_22580_2 (verändert)

M 4 Strukturvergleich Saarland – Bundesrepublik Deutschland

Veränderung in %		Saarland	alte Bundesländer[2]	Deutschland
Einwohner	1991–2007	–3,2	+6,0	+2,8
	2000–2007	–2,8	+1,1	+0,1
BIP[1]	1991–2007	+44,7	+51,1	+57,9
	2000–2007	+21,0	+17,8	+17,5
BIP je ET[3]	1991–2007	+35,3	+40,6	+53,3
	2000–2007	+19,6	+15,1	+15,7
Arbeitslosenquote 2007 (in %)		8,4	7,5	9,0

1 BIP zu Marktpreisen
2 ohne Berlin
3 ET = Erwerbstätige

	Anteil der Erwerbstätigen nach Wirtschaftssektoren (in %)					
	Primärer Sektor		Sekundärer Sektor		Tertiärer Sektor	
	1996	2006	1996	2006	1996	2006
Saarland	0,8	0,8	32,8	28,3	66,4	70,9
Bundesrepublik Deutschland	2,6	2,2	31,7	25,5	65,7	72,3

Quellen: eigene Zusammenstellung nach
- *Statistisches Bundesamt. Statistisches Jahrbuch, Wiesbaden 2008, S. 82 (verändert)*
- *Metzler aktuell, Juli 2008, Braunschweig 2008 (verändert)*
- *Arbeitsmarkt Deutschland. Amtliche Nachrichten der Bundesagentur für Arbeit, Nürnberg 2008, S. 217*

M 5 Das Kusnezk-Becken (Kusbass)

Das Kusnezk-Becken liegt in der Gebietseinheit Kemerowo im Süden Sibiriens. Dort wohnen 2,8 Millionen Menschen auf 98 500 km². Die größten Orte sind Nowokusnezk mit 536 000 und Kemerowo mit 474 000 Einwohnern (2006).

Bereits im letzten Jahrzehnt der Sowjetunion war das auf Kohleförderung und Stahlerzeugung spezialisierte Gebiet wegen veralteter Produktionsanlagen, Produktions- und Absatzschwierigkeiten, fehlenden Kapitals und Invenstitionsmangels, hoher Arbeitslosigkeit und Verarmung der Bevölkerung in eine tiefe Krise geraten. Die zunehmende Umorientierung der russischen Kunden auf Erdöl und Erdgas führte zu Massenstreiks in den Zechen des Kusbass und läutete 1988 den endgültigen Untergang des sozialistischen Wirtschaftssystems ein.

Doch auch der Übergang zur Marktwirtschaft brachte in der Region zunächst keine Besserung. Die Kohleförderung schrumpfte von 150 Millionen Tonnen (1990) auf unter 100 Millionen Tonnen in den Jahren 1996 bis 1998. Erst seit der drastischen Verteuerung von Erdöl und Erdgas auf dem Weltmarkt sahen sich die russischen Verbraucher wieder gezwungen, auf Steinkohle zurückzugreifen, was die Steinkohleförderung im Kusbass wieder ansteigen ließ. 2004 wurde die Fördermenge von 1990 mit nunmehr knapp 160 Millionen Tonnen sogar schon leicht überschritten. Durch die Gründung einer „Freien Wirtschaftszone“ nach chinesischem Vorbild versuchte man in der Transformationsphase nach 1992 ausländisches Kapital anzulocken. Doch der fehlende Zugang zu den Weltmeeren und die damals galoppierende Inflation in Russland behinderten die Entwicklung einer tragfähigen Marktwirtschaft in der Region und ließen sogar große Industriebetriebe zusammenbrechen.

Der Stellenwert der Region Kusbass in der russischen Wirtschaft zeigt gegenwärtig ein sehr unausgewogenes Bild. Das Kusnezk-Becken ist der größte Steinkohle- und der zweitgrößte Stahlerzeuger Russlands. Auch in der Großchemie nimmt dieses Gebiet eine führende Position ein. Jedoch im Maschinenbau, in der Konsumgüterproduktion und erst recht im Bereich der neuen Hochtechnologiebranchen liegt die Region weit unter dem russischen Durchschnitt.

Vor dem Hintergrund aktuell gesunkener Weltmarktpreise für energetische Rohstoffe meldete die russische Agentur Novosti am 18. 3. 2009 die Schließung von zwei Steinkohlezechen in der Gebietseinheit Kemerowo. Und Russlands Präsident Medwedew wurde im Juni 2009 bei derselben Nachrichtenagentur mit folgenden Worten zitiert:

„Unsere Hauptaufgabe besteht in der Schaffung einer neuen Struktur in der Wirtschaft. Wir haben recht viel Zeit verbraucht, um eine Grundlage der modernen Wirtschaft in unserem Lande zu schaffen. Leider ist ihre Diversifizierung weiterhin äußerst gering. Uns ist es nicht gelungen, eine High-Tech-Wirtschaft aufzubauen. Die jetzige, in großem Maße auf den Export von Rohstoffen orientierte Struktur unserer Wirtschaft hat während der globalen Krise zu Problemen geführt. Die Hauptlehre, die aus der Krise zu ziehen ist, besteht in der Notwendigkeit, eine vielseitigere Wirtschaft aufzubauen.

Quellen: eigene Zusammenstellung nach
- *Helmut Klüter, Russische Unternehmen und Regionalentwicklung in Sibirien. In: Praxis Geographie 6/2006, S. 14 ff. (verändert).*
- *Helmut Klüter, Das Kusnezk-Becken. In: Geographische Rundschau. Heft 12, 1997, S. 723 ff. (verändert)*
- *A. Kreus u. N. v. d. Ruhren (Hrsg.), Fundamente Geographie Oberstufe, Stuttgart 2008, S. 438 (verändert)*
- *http://de.rian.ru/business/20090603/121842626-print.html,03. 06. 2009 (verändert)*
- *http://de.rian.ru/business/20090615/121977935-print.html,15. 06. 2009 (verändert)*

Allgemeine Hinweise zur Lösung der Aufgabe

Voraussetzungen

Die Aufgabenstellung verbindet den für das Zentralabitur 2010 festgelegten thematischen Schwerpunkt 1 „**Russland und China: Zwei Weltmächte im Wandel**" mit dem thematischen Schwerpunkt 3 „**Wirtschaftsräumliche Strukturen und Prozesse in Deutschland**". Im Fokus der Aufgabe steht die Entwicklung in einem deutschen Wirtschaftsraum. Der **Semesterübergriff** wird über einen vergleichenden Bezug zu einem russischen Wirtschaftsraum hergestellt, der exemplarisch für eine an Rohstoffen orientierte Entwicklung im Rahmen des Transformationsprozesses und deren Auswirkungen auf die Wirtschaftsstruktur steht.

Zuordnung zu den AFB und Gewichtung

Aufgabe	AFB	Gewichtung
1.	I	30 %
2.	II	40 %
3.	III	30 %

Lösungsvorschläge

1. *Eine strukturierte Beschreibung sollte zunächst von der geografischen Lage des Saarlandes ausgehen und einige charakteristische Merkmale benennen, die beispielsweise aus dem Diercke Weltatlas 2008, S. 24/25 abzuleiten sind. Anschließend steht ein explizit geforderter Vergleich im Mittelpunkt der Betrachtung, für den M 1 oder entsprechende Atlaskarten (z. B. Diercke Weltatlas 2008, S. 40) heranzuziehen sind. Abschließend sollte die Entwicklung der letzten 50 Jahre zusammenfassend charakterisiert werden. Ein Bezug zum Unterricht ist durch den Aspekt „Strukturwandel in altindustrialisierten Räumen" gegeben.*

   Das Saarland ist das kleinste der deutschen Flächenbundesländer. Es liegt am westlichen bzw. südwestlichen Rand der Bundesrepublik und grenzt an Luxemburg und Frankreich. National gesehen ist die **geografische Lage** als peripher zu bezeichnen, im europäischen Maßstab hat das Saarland durchaus eine zentrale Lage. Mit der Landeshauptstadt Saarbrücken bildet das Saarland einen bedeutenden **Industrie- und Energiestandort** innerhalb der Bundesrepublik Deutschland (Diercke Weltatlas 2008, S. 24/25 und S. 57).

   Die strukturellen Entwicklungen zwischen 1957 und 2007 dokumentieren die Kartenausschnitte in M 1a und M 1b. Anfang der 1950er-Jahre war das Saarland ein einseitig auf Kohle und Stahl fokussierter Standort der **Montanindustrie**. Zum Zeitpunkt der ersten Kartenaufnahme 1957 kam es zur **Kohlekrise**; knapp 20 Jahre später folgte die **Stahlkrise**. Wie im gesamten deutschen Wirtschaftsraum offenbarten diese Krisen die grundsätzliche Problematik und Anfälligkeit **monostrukturierter Industrieregionen**. Ein wirtschaftsstruktureller Wandel war demnach zwingend erforderlich und wurde von den wirtschaftlich und politisch Verantwortlichen in den letzten 50 Jahren eingeleitet. Die Entwicklungen lassen sich im Detail wie folgt konkretisieren (vgl. M 1 a und M 1 b):

Es kam zu einem Rückgang
- der Steinkohlezechen (von 16 auf eine),
- der Eisenhütten (von fünf auf eine),
- der Stahlhütten (von vier auf zwei),
- der Kokereien (von acht auf eine).

Eine Zunahme war zu verzeichnen
- bei den Standorten des Kraftfahrzeugbaus (von null auf drei),
- bei den Maschinenbaustandorten (von vier auf sieben),
- bei den Elektrotechnik- und Elektronikstandorten (von zwei auf sechs),
- hinsichtlich der Energiegewinnungskapazitäten (Kohlekraftwerke),
- bei der Ansiedlung von Betrieben in Dienstleistungsbereichen (beispielsweise Handels- und Messeunternehmen, Service und Beratung, Verkehr und Logistik, Verwaltung sowie Hochschule und Universität).

Der Rückbau der Montanindustrie ging demzufolge einher mit einer **Diversifizierung** des Wirtschaftsraumes. Im Saarland erfolgte in den letzten 50 Jahren ein tiefgreifender **Strukturwandel** der Wirtschaft, der sowohl die Branchenstruktur der Industrie erfasste als auch die des tertiären Sektors. Im sekundären Sektor haben sich besonders technologisch orientierte Industriezweige etabliert. Diese Entwicklung korrespondiert mit der Einrichtung und Stärkung entsprechender Dienstleistungsbereiche (beispielsweise Forschung und Entwicklung, Service-Dienstleistungen, Kommunikation und Logistikdienste).

2. *Die Aufgabenstellung gibt mit drei Aspekten eine konkrete Möglichkeit zur Strukturierung vor, die Sie nutzten sollten. Da eine Erläuterung verlangt, Sachverhalte in ihren komplexen Beziehungen zu verdeutlichen, müssen vernetzte Aussagen zu den einzelnen Aspekten getroffen werden. Dies gilt auch für ein Fazit, das die Notwendigkeiten, Möglichkeiten und Hemmnisse im Zusammenhang resümieren sollte. Belege für die Ausführungen können Sie M 2 bis M 4 entnehmen. Entsprechendes Unterrichtswissen kann u. a. aus dem Aspekt „Standortfaktoren im Wandel: Strukturwandel in altindustrialisierten Räumen, harte und weiche Standortfaktoren" reorganisiert werden.*

Das wirtschaftliche **Entwicklungspotenzial** ergibt sich aus der Analyse der Erfordernisse, der nutzbaren Möglichkeiten und der hemmenden Faktoren.

Welche **Ziele** sind notwendig, um die wirtschaftliche Entwicklung zu fördern?
- Die im Ländervergleich (M 2) unterdurchschnittlichen Ausgaben im Bereich der **Bildung** und der **Wissenschaft** sollten mindestens auf den Länderdurchschnitt angehoben werden, um die Potenziale gerade der jungen Bevölkerung und der Fachkräfte zu nutzen und qualifizierte Arbeitskräfte auszubilden.

- Die **Arbeitslosenquote** sollte nach Möglichkeit abgesenkt werden. Sie lag 2007 noch um knapp einen Prozentpunkt über dem Bundesdurchschnitt (M 4).
- Positive Effekte auf den Arbeitsmarkt könnte die Erhöhung der Selbstständigenquote (etwa 1,5 % unter dem Länderdurchschnitt, vgl. M 3) im sekundären und tertiären Sektor haben.

Welche **Möglichkeiten** bietet die Region und wie lassen sich diese weiter in Wert setzen?
- Etablierte Betriebe gehen den Weg einer sehr starken **Spezialisierung**, beispielsweise die „Saarstahl", eines der alten Industrieunternehmen. Dieser Weg scheint erfolgversprechend zu sein und kann als Vorbild für Zukunft der verarbeitenden und der Grundstoffindustrie dienen (M 2).
- Andere Betriebe der Region wie Villeroy & Boch oder Dr. Theiss Naturwaren setzen auf **Exportorientierung** bei einer hochwertigen Produktpalette. Auch dieser Ansatz ist ausbaufähig und nicht auf den lokalen Markt beschränkt (M 2).
- Die saarländische Industrie scheint in jüngster Zeit nicht schlecht aufgestellt zu sein, betrachtet man die **Investitionsquote**. Sie liegt über dem Länderdurchschnitt. In Verbindung mit dem ebenfalls überdurchschnittlichen Wert der Ausbildungsstellenrelation sollten sich hier Möglichkeiten erschließen lassen (M 3).
- Allerdings sind in den Krisenzeiten sehr viele Arbeitsplätze abgebaut worden und noch immer gehen Arbeitsplätze verloren, aber man bereitet sich darauf vor und versucht die Folgen durch Anpassungsgelder und Anschlussprogramme abzupuffern. Bund und Land unterstützen Maßnahmen, die mit den Zechenstilllegungen zusammen hängen, mit 122 Mio. Euro (M 2).
- Die Stärkung des **Binnenmarktes** hat das „Investionsprogramm Saar" zum Ziel. Es greift das oben genannte Ziel der Entwicklung des Bildungsbereiches auf und fördert mit insgesamt 260 Mio. Euro auch die Inwertsetzung der vorhandenen Infrastruktur im Saarland (M 2).
- Die überdurchschnittliche Entwicklung des **BIP** bzw. des BIP je Erwerbstätigem im gesamtdeutschen Vergleich seit 2000 belegt einen positiven Trend und lässt eine positive Entwicklung der Binnenkonjunktur durchaus als möglich erscheinen (M 4).
- **Innovative Branchen** der Informations-, Bio- und Nanotechnologie haben sich bereits erfolgreich im nationalen und internationalen Geschäft positioniert. Damit einher geht eine gewisse **Clusterbildung** („Nano-Valley"), die mit entsprechenden Ausbreitungseffekten verbunden sein kann (M 2).
- Der **Hochschulstandort** Saarbrücken ermöglicht, wie in Teilaufgabe 1 bereits angedeutet, eine Vernetzung von „science" und „economy". Die Verbindung von Forschung und Wirtschaft kann die Wirtschaft einer Region durchaus vorantreiben. Dafür gibt es weltweit zahlreiche Vorbilder.
- Andere altindustrialisierte Regionen (beispielsweise Duisburg) setzen in den letzten Jahren verstärkt auf die Entwicklung des **Fremdenverkehrs**. Auch diese Branche hat im Saarland eine im Ländervergleich unterdurchschnittliche Position (M 3), und ist möglicherweise ausbaufähig.

Welche Hemmnisse stehen einer wirtschaftlichen Entwicklung entgegen?

- Der seit 20 Jahren negative **Bevölkerungssaldo** (M 4), der weit hinter dem Durchschnitt der alten Bundesländer zurück bleibt, lässt auf das Fortbestehen struktureller Probleme schließen.
- Diese Sichtweise wird unterstützt durch die Daten zur Wirtschaftsstruktur: Nach wie vor liegt der Anteil der Erwerbstätigen im sekundären Sektor über dem Bundesdurchschnitt und der des tertiären Sektors darunter. Da der Dienstleistungsbereich heute eher das Wirtschaftswachstum ankurbelt als der Bereich der verarbeitenden Industrie, hemmt diese Relation möglicherweise die Entwicklung (M 4).
- Die Hochschulausgaben, die den Bereich der Forschung und Entwicklung repräsentieren, und die Patentanmeldungen, die als Indikator für das **Innovationspotenzial** einer Region gelten können, liegen unter dem Länderdurchschnitt (M 3). Werden die Potenziale des **FuE-Bereichs** nicht ausgenutzt, kann sich dies hemmend auf die davon abhängenden Branchen auswirken.
- Letztlich hängt die politische Handlungsfähigkeit stets von der **Haushaltslage** ab. Die hohe Landesverschuldung (M 2) und die Zinslasten (M 3) sind weitere, vielleicht sogar entscheidende Hemmfaktoren für die wirtschaftliche Entwicklung des Saarlandes.

Positiv ist sicherlich zu werten, dass die Notwendigkeiten recht klar auszumachen sind. Im Sinne einer **Agenda** können entsprechend klare Zielsetzungen formuliert werden. Vielversprechend sind auch die Beispiele und zahlreichen Möglichkeiten für die Nutzung des wirtschaftlichen Entwicklungspotenzials. Daher ist das Saarland in einigen Bereichen sicherlich gerüstet für die Zukunft. Entscheidend wird sein, ob die Ansätze konsequent und erfolgreich fortgeführt werden können und ob sie finanzierbar sind.

3. *Eine Stellungnahme erfordert eine differenzierte und argumentative Darlegung einer eigenen Position, in diesem Fall zu einer Behauptung (Zitat). Die Aufgabenstellung impliziert eine wenigstens teilweise vergleichende Betrachtung, wobei jeweils die spezifischen Raumkontexte berücksichtigt werden sollten. Belege für die Argumentation finden sich hinsichtlich des Kusnezk-Beckens in M 5 und im Atlas (z. B. Diercke Weltatlas 2008, S. 150/151). Nützliche Kenntnisse aus dem Unterricht liefern die Aspekte „Der Transformationsprozess und seine wirtschaftsstrukturellen Auswirkungen", „Aspekte rohstofforientierter Raumerschließung" sowie „Russlands Stellung in der Weltwirtschaft".*

Der erste Teil der Aussage pauschalisiert und trifft sicherlich nicht auf jeden Raum zu. Ist eine breite Rohstoffbasis vorhanden und/oder handelt es sich um Rohstoffe, deren Verfügbarkeit über einen langen Zeitraum gewährleistet ist, so kann eine entsprechende Orientierung der Wirtschaft durchaus erfolgreich sein. Voraussetzungen sind rechtzeitige Alternativstrategien für den Fall, dass die Rohstofflage sich verschlechtert, Toleranz gegenüber Preisschwankungen auf dem Weltmarkt und eine möglichst nachhaltige Nutzung dieser Rohstoffe.

Der zweite Teil der Aussage ist als Möglichkeit formuliert („kann … behindern“) – und die besteht wohl in den meisten Fällen.

Im Falle des Saarlandes trifft die Aussage zu. Kohle- und Stahlkrise in den 1950er bzw. 1970er-Jahren schlugen im Saarland voll durch. Dass die Folgen trotz des eingeleiteten und teilweise vollzogenen Strukturwandels heute noch spürbar und als **Entwicklungshemmnisse** wirksam sind (vgl. Teilaufgabe 2), zeigt, wie lange solche „Altlasten“ einseitiger Rohstofforientierung Einfluss auf die wirtschaftliche Entwicklung nehmen können. Insbesondere die finanziellen Aufwendungen, die mit der Beseitigung dieser „Altlasten“ verbunden sind, behindern Modernisierungsprozesse – zumindest solche, die Subventionen oder Investitionen erfordern. Im Landeshaushalt hat sich eine Schuldenlast angehäuft, die kaum Spielräume für staatliche Förderung lässt.

Als Modernisierungshindernisse treten weitere **Determinanten** auf, die sich aus der einseitigen Rohstofforientierung ergeben haben: beispielsweise ein negatives Image als Kohlerevier, das sowohl die Zuwanderung als auch die Entwicklung des Tourismus jahrzehntelang behindert. Dadurch wiederum entgehen der Wirtschaft Erträge und dem Landeshaushalt einwohnerbasierte Finanzzuweisungen. Diese Negativspirale muss erst einmal überwunden werden, damit der wirtschaftliche Modernisierungsprozess greifen kann.

Auch auf das Raumbeispiel des **Kusnezk-Beckens** trifft die Aussage zu. Im Gegensatz zum Saarland haben in der südsibirischen Region die Modernisierungsprozesse noch gar nicht richtig begonnen. Das Kusnezk-Becken ist auch heute noch der größte Steinkohleförderer, ein führender Stahlerzeuger und ein bedeutender Großchemie-Standort. Es dominiert also die **Grundstoffindustrie**; verarbeitende Industriezweige, Konsumgüterindustrie oder Branchen der Hochtechnologie sind weit unterdurchschnittlich entwickelt (M 5).

Der **Transformationsprozess** gestaltet sich schwierig. Fehlende Auslandsinvestitionen, die extrem periphere Lage, temporäre Inflationsphasen, starke Abhängigkeit von den Weltmarktpreisen mit aktuell sinkender Tendenz – das sind intervenierende Hemmnisse auf dem Weg zu einer tragfähigen **Marktwirtschaft** (M 5). In Verbindung mit der einseitigen Rohstofforientierung behindert dieses Faktorengeflecht den auch hier notwendigen Strukturwandel. Dies wird auch vom russischen Präsidenten Medwedew so gesehen. 2009 bezeichnet er die Schaffung einer neuen Wirtschaftsstruktur als „Hauptaufgabe“ und definiert die Diversifizierung der Wirtschaft als „Hauptlehre“ aus der Krise.

Schriftliche Abiturprüfung Niedersachsen 2010 Erdkunde
Erhöhtes Anforderungsniveau – Aufgabe I

Katar – Investitionen in die eigene Zukunft

Aufgabenstellung

1. Charakterisieren Sie die sozioökonomische Entwicklung in Katar.
2. Erläutern Sie die Entwicklungsstrategie Katars.
3. Nehmen Sie Stellung zu dem Engagement Katars in Deutschland aus der Sicht beider Staaten.

Hilfsmittel: eingeführter Schulatlas, Taschenrechner

M 1 Arabische Golfstaaten – Wirtschaft

Siehe Diercke Weltatlas, Braunschweig 2008, S. 163.2 (verändert)

Hinweis: Die in der Abiturprüfungsaufgabe abgedruckte Karte unterschied sich gegenüber dem Original aus dem Diercke Weltatlas 2008 geringfügig: In die Kartenlegende der Abituraufgabe wurden Signaturen für „Salzpfanne" (z. B. bei Sebkhat Matti), „Autobahn" (gelbe Linien) und „Fernstraße" (weiße Linien) aufgenommen.

M 2 Katar – Strukturdaten

	2000	2004	2008
Fläche (in km²)			11 437
Einwohnerzahl	744 483	840 290	928 638
Verstädterungsrate (in %)	94,9	95,3	95,6
Bevölkerungswachstum (in %)	4,4	5	1,8
Fertilität	3,1	2,9	2,7
Geburtenrate	18,7	18,5	15,6
Ärzte/1 000 Einwohner	k. A.	k. A.	2,2
Analphabetenrate (> 14 Jahre)	k. A.	11	8,5
HDI-Wert (1998: Rang 57) (2008: Rang 34)	k. A.	k. A.	0.899
BIP (Mrd. US-$)	17,7	31,7	57,7
BIP pro Kopf (in US-$) (2008: Rang 2)	k. A.	20 873	62 123
BIP – reale Wachstumsrate (in %)	1,5	8,5	7,8

Anteil am BIP (in %)	k. A.		
• Landwirtschaft		0,2	0,1
• Industrie		62,2	73,5
• Dienstleistungen		37,6	26,4
Arbeitskräfte (in 1 000)	328	438	508
Anteil der Beschäftigten (in %)			
• Landwirtschaft	3,7	3	3
• Industrie	33,4	41	41
• Dienstleistungen	62,9	56	56
Ausländische Direktinvestitionen (in Mrd. US-$)	k. A.	k. A.	10,6 (2006)
Direktinvestitionen in das Ausland (in Mrd. US-$)	k. A.	k. A.	2,5 (2006)
Reichweite der Ölreserven bei dem Förderniveau von 2008: 87 Jahre			
Öl-Produktion (in Mio. t/Jahr)	35,1	50,15	64,48
Öl-Exporte (in Mio. t/Jahr)	k. A.	k. A.	55,75
Reichweite der Gasreserven bei dem Förderniveau von 2008: 300 Jahre			
Produktion von Flüssiggas (in Mio. t/Jahr) Zielvorgabe für 2011: 77 Mio. t	k. A.	13	32
Export (in Mrd. US-$)	6,7	12,36	33,28
• Anteil von Öl- und Gasexporten	k. A.	k. A.	
– am Exporterlös (in %)			85
– am BIP (in %)			62
• Exportpartner 2007 (in %)	Japan 41,9; Südkorea 15,8; Singapur 9,1; Indien 5,4		
• Exportgüter 2007	90 % mineralische Brennstoffe		
Import (in Mrd. US-$)	k. A.	7,3	15,32
• Importpartner 2007 (in %)	Frankreich 26,6; USA 9,5; Saudi-Arabien 9,4; VAE 6,3; Deutschland 5,2; GB 5,1		
• Importgüter 2007	39 % Maschinen und Ausrüstungen; 20 % Eisen und Stahl; 14 % Kfz und Transportausrüstungen; Lebensmittel, Chemikalien, Konsumgüter		
Handelsbeziehungen mit Deutschland (2008)	Deutsche Exporte nach Katar: 1 595 Mio. €; Rang Katars als Abnahmeland für deutsche Exporte: 61; Deutsche Importe aus Katar: 33,9 Mio. €; Rang Katars als Lieferland für Deutschland: 142		

Quellen: eigene Zusammenstellung nach
- *CIA World Factbook, 16. 5. 2008; http://www.indexmundi.com/g/g.aspx?c=qa&v=21&l=de*
- *http://www.welt-in-zahlen.de/laenderinformation.phtml?country=99 vom 1. 4. 2007*
- *Katar Wirtschaft – Zahlen-Daten-Fakten Staat Katar2007.mht, in: htttp://www.ipicture.de/daten/wirtschaft_katar.html*

M 3 Katar – Bevölkerungszusammensetzung und Altersaufbau

Bevölkerungszusammensetzung 2007	(in %)
Katarer	20
Araber aus anderen Golfstaaten	25
Pakistaner und Inder (z. B. als Bauarbeiter auf Zeit)	34
Iraner	16
Andere (meist westliche Fach- und Führungskräfte)	5

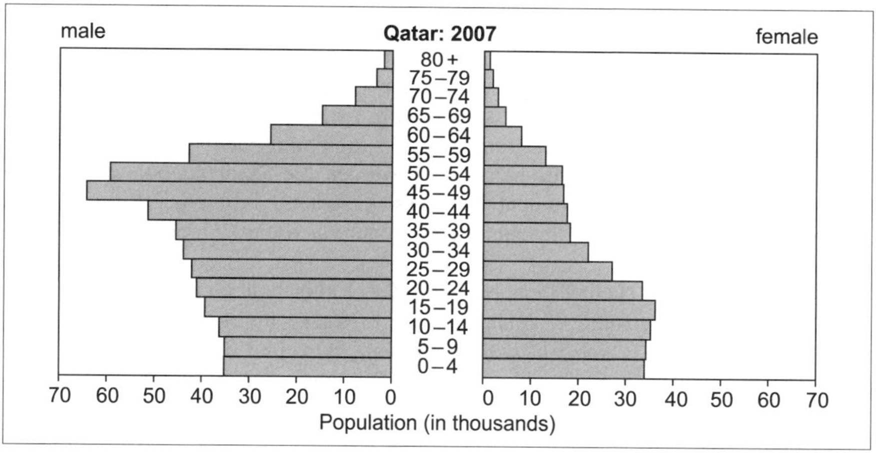

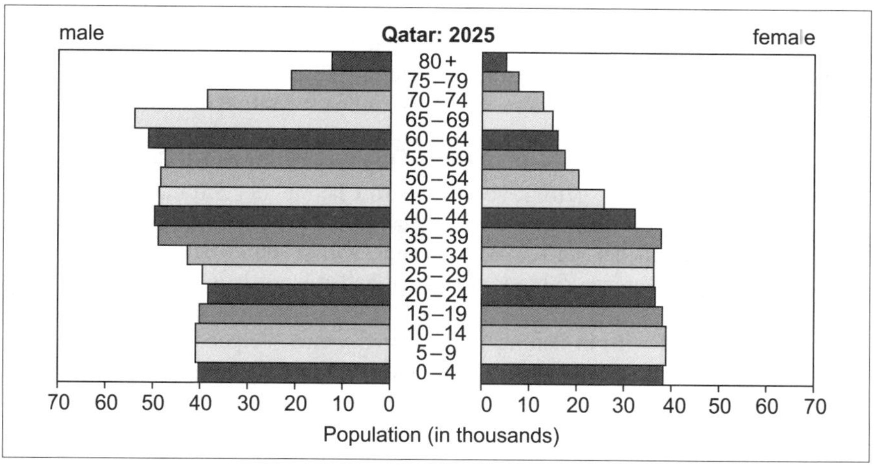

Quellen:
- *Tabelle: Bevölkerungszusammensetzung. Der Fischer Weltalmanach 2010, Frankfurt/M., 2009*
- *Bevölkerungspyramiden: U.S. Census Bureau, International Data Base.*
  Fundort: http://www.irantour.org/gatar/gatarpopulation.html

M 4 Katars Weg in die Zukunft

Seit 1949 exportiert Katar Erdöl. Bis 1995 wurden die Staatseinnahmen unter dem Volk verteilt: Gesundheitsversorgung und Bildung wurden kostenlos angeboten, doch kaum jemand nahm die Bildungsangebote wahr, denn es ging auch ohne; Geld war immer da. Der Scheich gab viel Geld für Konsum aus, blähte die Bürokratie auf, zahlte im öffentlichen Dienst äußerst großzügige Gehälter und zimmerte sich einen Wohlfahrtsstaat moderner westlicher Prägung.

Scheich Hamad bin Khalifa Al Thani übernahm 1995 die Amtsgeschäfte von seinem Vater. Er nutzt den Reichtum des Landes anders als sein Vorgänger. Neben Investitionen in Industriezentren verfolgt der Scheich eine Vielzahl weiterer Projekte.

Ehrgeiziges Ziel des Emirs ist der Um- und Ausbau des Bildungssystems, um Katar zu einem Wissenszentrum der Region zu machen. Etwas außerhalb von Doha ist „Education City“ entstanden, in der Ableger von fünf namhaften amerikanischen Universitäten angesiedelt sind. Wirtschaft, Informationstechnologie und Ingenieurwesen, Medizin und die Vorbereitung auf den diplomatischen Dienst sind bereits etablierte Ausbildungsgänge. Einheimischen werden die Studiengebühren in Höhe von 40 000 US-Dollar pro Studienjahr erlassen, anderen hilft eine Stiftung. Verpflichtet man sich, nach dem Abschluss einige Jahre in Katar zu arbeiten, entfällt die Rückzahlung.

Nach dem Vorbild Dubais entstehen in der Hauptstadt Doha auf künstlichen Inseln neue Luxushotels und Wohnanlagen mit Einkaufs- und Freizeitmöglichkeiten. Darüber hinaus ist noch eine Vielzahl von Wohn-, Büro und Geschäftsgebäuden geplant. Bis 2012 sollen im Stadtgebiet etwa 180 Komplexe entstehen. Als weitere große Bauvorhaben sind, mit einem Gesamtvolumen von mehr als 60 Milliarden US-$, eine Dammverbindung mit den Vereinigten Arabischen Emiraten (VAE), ein neuer Flughafen und ein neuer Seehafen für Doha, eine Seehafenerweiterung in Ras Laffan, die 45 km lange „Freundschaftsbrücke“ nach Bahrain und ein Eisenbahnnetz geplant.

Weil für den Ausbau der Infrastruktur zunehmend mehr Arbeiter gebraucht werden, steigt wiederum die Nachfrage u. a. nach größeren Kraftwerken und mehr Wasserentsalzungsanlagen.

Investitionen betreffen aber vor allem den Energiesektor, wobei der Löwenanteil auf den Gassektor entfällt, gefolgt von der Petro-Chemie, der Stromerzeugung, dem Ölsektor und dem Bereich Wasser. Katar, das über das drittgrößte nachgewiesene Erdgasvorkommen auf der ganzen Welt verfügt, will schon 2010 der größte Exporteur von Flüssiggas werden. Zahlreiche Staaten haben langfristige Lieferverträge mit Katar abgeschlossen.

Der Importbedarf wird in den nächsten Jahren weiter steigen, da die Ausrüstung für die umfangreichen Investitionsprojekte und die Konsumgüter zumeist eingeführt werden müssen. Zudem holte der Scheich eine Reihe internationaler Firmen ins Land.

Katar will sein 2005 gegründetes „Qatar Financial Centre“ ebenfalls als internationales Finanzzentrum etablieren. Nach 2012 soll der private Sektor die wirtschaftliche Lokomotiv-Funktion übernehmen und die staatlichen Investitionsprogramme sollen langsam auslaufen. Bis dahin muss das Grundgerüst stehen, die Straßen sowie Flug- und Schiffshäfen, aber auch Krankenhäuser, Schulen und Universitäten.

In Katar läuft der Umbau auf Hochtouren. 150 Milliarden Dollar wird Katar bis 2011 ausgeben. Katar plant sein Budget auf Basis eines durchschnittlichen Ölpreises von 50 US-Dollar pro Barrel (1 Barrel = 159 Liter). Bei diesem – gemessen an den aktuellen Prognosen – konservativen Ölpreis bleiben pro Jahr sogar 45 Milliarden Dollar übrig. Dieses Geld fließt an den Staatsfonds „Qatar Investment Authority", der das „überschüssige" Geld weltweit anlegt. Er hat z. B. einen Anteil von 20 Prozent an der Londoner Börse erworben, übernahm rund zehn Prozent der Anteile der Schweizer Großbank Credit Suisse und ist Großaktionär der britischen Bank Barclays. Zudem kauft er ausländische Firmen, die in der derzeitigen Marktlage günstig zu bekommen sind.

Im August 2009 erwarb Katar zehn Prozent der Stammaktien der Holding-Gesellschaft Porsche SE aus dem Besitz der Familiengesellschafter. Das Emirat kaufte von Porsche außerdem nicht nur Optionen auf 17 Prozent der Stammaktien von VW, sondern zusätzlich auch Optionen auf 50 Prozent der stimmrechtslosen Vorzugsaktien von VW. Das Emirat wird damit zum drittgrößten Aktionär bei Volkswagen. Für das Gesamtpaket zahlt das Emirat gut sieben Milliarden Euro. Der Scheich hofft, den Autobauer als erstes deutsches Unternehmen für den Technologiepark in Doha zu gewinnen.

Quellen: eigene Zusammenstellung nach
- *Liquide wie Flüssiggas, http://www.zenithonline.vis.de/x1y4396z2347053/, 20. 1. 2009*
- *http://www.dpn-online.com/news/printpage.php/aid/1482/Zum_Wachsen_verdammt.html, 27. 12. 2007*
- *Katar Wirtschaft – Zahlen-Daten-Fakten Staat Katar2007.mht, in: htttp://www.ipicture.de/daten/wirtschaft_katar.html*
- *http://www.zeitong.de/news/fulda/d/da/2009/06/17/der-emir-von-katar-legt-frueh-den-grundstein-fuer-diezeit-wenn-in-seinem-land-die-riesigen-erdoel/, 17. 6. 2009*
- *Martin Böll/gtai, Fluch des Reichtums? http://www.zenithonline.vis.de/x1y4396z2347053/, 15. 6. 2009*
- *Martin Böll/gtai, Katar – Eldorado am Golf, in: Asien Kurier 2/2009 vom 1. 2. 2009, http://www.asienkurier.com/texte/AK090216.html*
- *Christina Petrick-Löhr, Qatar investiert seine Öl-Milliarden in Bildung, http://www.welt.de/finanzen/article2129715/Qatar_investiert_seine_Oel_Milliarden_in_Bildung.html, 21. 6. 2008*
- *http://www.fr-online.de/top_news/1880119_Einigung-Katar-steigt-gross-bei-Porsche-ein.html, 14. 8. 2009*
- *Katar kauft 50 Prozent der VW-Vorzüge, http://www.manager-magazin.de/unternehmen/artikel/0,2828,643724,00.html, 19. 8. 2009*
- *http://www.n-tv.de/wirtschaft/Katar-gibt-weiter-Gas-article487222.html, 2. 9. 2009*

Allgemeine Hinweise zur Lösung der Aufgabe

Voraussetzungen
Die folgende Klausur bezieht sich gemäß den Vorgaben für das Zentralabitur 2010 auf die für diesen Jahrgang festgelegten Themenschwerpunkte 2 (**Entwicklungsbedingungen in Trockenräumen Nordafrikas und Vorderasiens**) und 3 (**Wirtschaftsräumliche Strukturen und Prozesse in Deutschland**). Der inhaltliche Schwerpunkt liegt auf der Bearbeitung der sozioökonomischen Entwicklung und der Entwicklungsstrategie Katars. Im Übergriff der thematischen Schwerpunkte werden Bezüge zu Deutschland gefordert.

In den Ausführungen zu dem im Vordergrund stehenden thematischen Schwerpunkt Nordafrika/Vorderasien wurden u. a. folgende Schwerpunkte gesetzt, die für diese Abituraufgabe relevant sind:
- Ressource Öl als Entwicklungsfaktor
- Demografische Strukturen und Entwicklungen
- Merkmale des Entwicklungsstandes
- Weltwirtschaftliche Verflechtungen, Außenhandelsstrukturen.

Hinzu kommt aus dem thematischen Schwerpunkt 3 das Thema „Deutschlands Stellung in der Weltwirtschaft“.

Zuordnung zu den AFB und Gewichtung

Aufgabe	AFB	Gewichtung
1.	I/II	40 %
2.	II	40 %
3.	III	20 %

Lösungsvorschläge

1. *Beim Operator „charakterisieren“ sollen Sie geografische Sachverhalte in ihren Eigenarten beschreiben und typische Merkmale kennzeichnen. Da Sie diese Sachverhalte unter passenden Gesichtspunkten zusammenführen sollen, werden hier nicht nur der AFB II, sondern auch der AFB I angesprochen und bewertet.*
   Grundlagen sind die Atlaskarte M 1 sowie die Datencluster M 2 und M 3. Sie können natürlich weitere Atlaskarten hinzuziehen. Jedoch sind im Atlas zu dem angesprochenen Bereich (Arabische Halbinsel – Katar) nur Karten für den Ist-Zustand zu finden, sodass diese für eine Ableitung wichtiger Entwicklungswege nur rudimentär geeignet sein werden.
   Grundlegend für Ihre Arbeit mit dem Material ist eine sinnvolle Struktur, die sich aus dem Begriff „sozioökonomisch“ in der Aufgabenstellung ergibt. Sie müssen also die demografische und wirtschaftliche Entwicklung des Landes beschreiben, die Merkmale herausstellen, an Beispielen verdeutlichen und die Tendenz herausfiltern. Dazu müssen einzelne Daten miteinander verknüpft werden, wobei Sie auch Kausalitäten ableiten sollen.

Im Bereich der **demografischen Charakterisierung** kann als besonders auffällige Entwicklung innerhalb der letzten Jahre die **Bevölkerungszunahme** um 20 % herausgestellt werden, die vornehmlich auf die Migration von Gastarbeitern zurückzuführen ist. Die hohe Verstädterungsrate von 95,6 % hat hier eine ihrer Ursachen (neben dem in weiten Teilen siedlungsungünstigen Landschaftsbild und dem trockenheißen Wüstenklima). Die natürliche Bevölkerungsentwicklung trug zum Bevölkerungswachstum jedenfalls weniger stark bei; denn gegenüber dem Jahr 2000 sind die Geburtenrate und die Fertilität im Jahr 2008 deutlich abgesenkt (M 2).
Der hohe Anteil an Gastarbeitern spiegelt sich nicht nur in der **ethnischen Zusammensetzung** (der Anteil der Einheimischen liegt nur bei 20 %), , sondern auch in der **Altersstruktur**, mit rund 70 % im gemeinhin arbeitsfähigen Alter, 20 % Unter-14-Jährigen sowie einem hohen Männerüberschuss.
Einige Indikatoren wie der **HDI-Wert** und der daraus folgende Rang dokumentieren einen verbesserten Entwicklungsstand.

Auch in **wirtschaftlicher Hinsicht** hat Katar von 2000 bis 2008 eine rasante und positive Entwicklung erfahren. Deutlich geben die Daten dazu Auskunft: das BIP (beim Pro-Kopf-Einkommen liegt Katar an der Weltspitze) und dessen hohe Wachstumsrate, die steigenden Produktionszahlen von Erdöl und besonders Flüssiggas, der Anteil am Exporterlös und am BIP, die positive Handelsbilanz trotz steigender Importwerte und geringem Exportpreis, Investitionen im Ausland, die Struktur der Importgüter belegen den wirtschaftlichen Aufschwung, der zudem durch die Zunahme von Arbeitskräften um 60 % unterstützt wurde (M 2, M 4).
Auch der **Ausbau der Infrastruktur** (Straßen, Flughafen, Häfen) und der Industrie (einschließlich einer Diversifizierung) kennzeichnen die insgesamt als positiv einzuschätzende Entwicklung, da eine breit aufgestellte Wirtschaft mit einer klaren Hinwendung zum tertiären Sektor zukunftsfähiger ist als eine nur auf einem endlichen Rohstoff basierende. Katar kann auch aufgrund seiner Öl- und Gasreserven Potenzial zur weiteren positiven Entwicklung attestiert werden.

2. *„Erläutern" erfordert eine Verdeutlichung von Sachverhalten in deren komplexen Beziehungen. Notwendig ist eine stringente und gründliche Auswertung der Materialien. Da es in dieser Teilaufgabe um eine Entwicklungsstrategie geht, müssen das Ziel und die Teilziele, eventuell auch die Etappen, dargelegt und mit entsprechenden Maßnahmen verknüpft werden. Die Aufgabenstellung überlässt es Ihnen, welchem Strukturansatz Sie folgen. Ausgehend von M 4 ist die einfachere und zeitsparende Variante, mit den Maßnahmen anzusetzen und davon die Ziele abzuleiten. Zentral ist die gründliche Auswertung des Textes und die immer wieder unterstützend einzusetzende weitere Materialarbeit unter Zuhilfenahme des Atlasses. Lassen Sie sich nicht vom Titel von M 4 verführen – hier finden Sie Ansätze, die Ihre Erläuterungen strukturieren, jedoch nicht die vollständige Lösung der Aufgabe. Beginnen sollten Sie nicht mit den Einzelaspekten, was man von Ihnen erwartet, ist eine ausformulierte Einleitung (Zielsetzung des Staates).*

Die **Maßnahmen zur Entwicklung Katars** sind:

- „Investieren statt konsumieren" (vgl. den Unterschied zwischen Produktion und Export) – dies beinhaltet die gezielte Nutzung des Reichtums an Energieträgern für die Entwicklung des Landes, auch angesichts einer prognostizierten Zunahme der Bevölkerung um 25 % (M 2, M 3);
- **Diversifizierung**, d. h., die Wirtschaft soll auf eine breitere Basis als die bloße Ausbeutung der Rohstoffvorkommen gestellt werden. Neben den Einnahmen aus dem Export von Erdöl und Erdgas soll die Industrie aufgebaut und Beteiligungen an ausländischen Firmen erworben werden, deren Renditen und Einkünfte dann den allerdings sehr langsamen Abfall der Exporteinnahmen aus dem Öl kompensieren können (aus M 2 ist abzulesen, dass die Vorräte zwar endlich, aber sehr reichhaltig sind);
- Positionierung des Staates als **Drehscheibe** zu den Zukunftsmärkten Indien und China, aber auch zu Europa und amerikanischen Märkten. Dazu gehören die Stärkung der Infrastruktur durch Straßenbau sowie der Ausbau der Häfen und des Flughafens. Der große Vorteil des Landes hierbei ist die aus dem Atlas ablesbare günstige geografische Lage. Zur Stärkung der Funktion als Drehscheibe schafft man mit „The Pearl" und dem Financial Centre Möglichkeiten zur Expansion (M 1);
- Aufbau des **privaten Sektors**, der mittelfristig den Staat als Wirtschaftslokomotive ablösen soll (hier dienen staatliche Investitionsprogramme als Vorleistungen; vgl. M 4, Z. 39 ff.);
- **Verminderung der Abhängigkeit von Saudi-Arabien** – hier sind vor allem die Brücken- bzw. Dammverbindungen nach Bahrain und in die VAE zu nennen (M 4, Z. 22 ff.). Da der saudische Islam in Teilen extrem konservativ und auch radikal ist (Unterrichtswissen), scheint eine Distanzierung in Verbindung mit dem Ziel, ein Knotenpunkt zwischen Europa/Amerika und Asien zu werden, dringend angeraten zu sein;
- Wandlung zu einer **wissensbasierten Gesellschaft** mit Aufbau von Wissenschaftszentren (M 4, Z. 10 ff.); dazu kommt die Notwendigkeit, im eigenen Land qualifizierten Nachwuchs auszubilden und zu halten. Dies scheint angesichts der Tatsache, dass viele ausländische Fach- und Führungskräfte nach Katar kommen (M 2), auch notwendig zu sein. Ziel ist offenbar hier Bildung als Rohstoff der Zukunft („Education City");
- Etablierung eines **internationalen Finanzzentrums** (M 4, Z. 39 ff.);
- Aufbau eines eigenen (nationalen) Finanzzentrums zur Finanzierung des Fortschritts und des Wachstums (M 4, Z. 48); dieses soll der Verwaltung, Kontrolle und Investition der Gewinne dienen, sodass man nicht von den internationalen (fremdbestimmten) Zentren wie New York, London, Tokyo abhängig bleibt.

Zusammengefasst sind als Grundpfeiler der **Entwicklungsstrategie** die klare Verbreiterung der wirtschaftlichen Existenzgrundlage des Staates und der Aufbau zukunftsfähiger, weil tertiärer Institutionen mit internationalem Fokus bei nationaler Basis im eigenen Humankapital zu nennen.

3. *In dieser Teilaufgabe ist Ihre eigene Meinung gefragt – allerdings unter der Prämisse, dass Sie zwei Ausgangsinteressen im Kopf haben. Sie sollen aus der Sicht Katars die Motive für das staatliche Engagement und die daraus ableitbaren Auswirkungen schlüssig darbieten. Sie dürfen in diesem ersten Teilabschnitt nicht vergessen, eine abschließende Einschätzung anzuführen.*
Strukturell gefordert ist danach (was aufgabentechnisch leichter ist als der direkte Vergleich) die Aufbereitung der deutschen Haltung. Auch hier fordert die Aufgabenstellung eine abschließende Bewertung. Danach sollten Sie Ihre Argumentation mit einer Abwägung der Interessen beider Betroffener beenden. Achten Sie in diesem letzten Teil aber darauf, Wiederholungen des vorher Gesagten zu unterlassen; fassen Sie stattdessen unter Zuhilfenahme von abstrahierenden Begriffen aus dem Wirtschaftsbereich wie „Win-Win-Situation" zusammen.

Für **Katar** bedeutet das **Engagement in Deutschland** eine **Investition in die Zukunft**. Dabei sind folgende Aspekte von Interesse:
- Kapitaleinlage (M 4, Z. 55 ff.),
- günstiger Erwerb von Firmenanteilen von zukunftsträchtigen Unternehmen (M 4, Z. 56 f.),
- Einkauf bei Marken mit Weltruhm,
- langfristige Einnahmen durch Unternehmensbeteiligungen,
- Ausgleich für Verluste im Zuge der Finanzkrise (Beteiligungen an Banken, M 4, Z. 50 ff.),
- Diversifizierungsbestrebungen,
- Beschaffung von Know-how (Hochtechnologiesektor) zum Aufbau eigener Industrien (M 4, Z. 60 f.).

Kapitaleinlagen sind dann sinnvoll, wenn aus ihnen Gewinne materieller oder immaterieller Natur zu erwarten sind. Dabei achtet Katar auf Einlagen bei Unternehmen, deren Renommee global gut ist, die zukunftsträchtig aufgestellt sind und über technisches Knowhow verfügen, das man in der eigenen Industrie verwenden kann (z. B. Motoren). Beteiligungen bieten zudem die Chance, in Zeiten einer Rezession das Risiko breit zu streuen – eine Maßnahme, die, wie das Beispiel Dubai zeigte, nicht unnötig ist. Jedoch bedeutet die Investition in Deutschland auch, dass man diverse Dienstleistungen des Finanzgewerbes in der Zukunft im eigenen Land ansiedeln kann.

Für **Deutschland** stehen im Wesentlichen drei Interessen im Vordergrund:
- Finanzierungshilfe und Kapitalbeschaffung
- Sicherung und Stärkung des Wirtschaftsstandorts Deutschland und damit der Arbeitsplätze
- Erschließung von Absatzmärkten in Katar und damit Ausweitung des Exports (Autos, Investitionsgüter, Konsumgüter – vgl. Deutschlands Rang als wichtiger Importpartner Katars, M 2.

Das **Gefahrenpotenzial** liegt dabei allein **auf deutscher Seite**, sieht man von einer theoretisch möglichen Pleite der beteiligten deutschen Unternehmen einmal ab (bei VW als zu einem guten Teil in Staatshand befindlichem Unternehmen ist dies fast völlig ausgeschlossen). Deutschlands Interesse ist eindeutig auf die Beibehaltung der hochtechnologisch orientierten Industrie gerichtet. Daher werden wichtige Vorleistungen, z. B. bei der Expansion in Katar, von staatlicher Seite erfolgen (z. B. Infrastruktur wird bereitgestellt, Sicherungskredite gestellt etc.). Wenn Katar einen wichtigen Anteil am Unternehmen erwirbt, erhält es auch einen Zugriff auf Unternehmensentscheidungen, was nicht unproblematisch ist.

Neben dem Abfluss von Knowhow **(brain drain)** spielt sicherlich die geringe Bedeutung Katars in der Weltwirtschaft eine Rolle – von Katar ist nicht zu erwarten, dass es einmal zum Global Player wird (und das Beispiel Dubais zeigte auch, dass selbst als äußerst reich eingeschätzte Staaten sehr verletzlich sind, wenn woanders eine Wirtschaftskrise ausbricht). Auch gerade vor dem Hintergrund der jetzigen Krise sollte zumindest hinterfragt werden, was denn mit den Firmen geschieht, wenn das Investitionskapital plötzlich abgezogen wird (z. B., weil Katar es für notwendige Eigeninvestitionen benötigt, weil die Renditen woanders noch besser sind, weil sich die geostrategische Lage verändert). Daher kann man bei Investitionen ausländischer (staatlicher) Geldgeber niemals sicher sein.

Trotz dieser Einschränkungen ist die Investition Katars in Hochtechnologie in Deutschland für beide Seiten als tendenziell positiv einzuschätzen. Man kann von einer Win-Win-Situation sprechen.

Schriftliche Abiturprüfung Niedersachsen 2010 Erdkunde
Erhöhtes Anforderungsniveau – Aufgabe II

Technologiestandorte Karlsruhe und Zhangjiang im Vergleich

Aufgabenstellung

1. Charakterisieren Sie die Standortfaktoren der TechnologieRegion Karlsruhe.
2. Erläutern Sie das Konzept der Hightech-Parks vor dem Hintergrund des wirtschaftlichen Wandels in China unter besonderer Berücksichtigung des Hightech-Parks Pudong/Zhangjiang.
3. *„Technologieparks sind der Garant für wirtschaftliche Entwicklung."*
   Nehmen Sie ausgehend von den Beispielen Karlsruhe und Zhangjiang Stellung zu dieser These.

Hilfsmittel: eingeführter Schulatlas, Taschenrechner

M 1 „TechnologieRegion Karlsruhe"

Im „Technologieatlas Deutschland" bescheinigt Prognos im Auftrag der „WirtschaftsWoche" der TechnologieRegion Karlsruhe die fünftstärkste technologische Leistungsfähigkeit unter den 97 deutschen Raumordnungsregionen.
Wirtschaftsleistung und Steigerung des Bruttoinlandsprodukts liegen hier seit Jahren über dem Bundesdurchschnitt. Von 1 000 Erwerbstätigen arbeiten 172 in technologieintensiven Branchen – ein Spitzenwert in Europa. In kaum einer Region arbeiten so viele hoch qualifizierte Forscher, sind die Forschungseinrichtungen so stark vernetzt und liegen die Forschungsfelder der Zukunft so eng beieinander wie in der TechnologieRegion Karlsruhe. Deswegen wird sie auch „Badisches Silicon Valley", „Deutschlands Denkfabrik" oder „Nano-Valley am Rhein" genannt. Investoren stehen 350 ha erschlossene Industrie- und Gewerbeflächen an Unternehmensstandorten mit hervorragenden Verkehrsanbindungen zur Verfügung. IHK, Handwerkskammer, die Aktionsgemeinschaft TechnologieRegion und die Wirtschaftsförderer der Kommunen sind erste Adressen für Investoren und Existenzgründer.

Die Universität Karlsruhe und das Forschungszentrum Karlsruhe bündeln ihre Kompetenzen in Teilchenphysik, Klimaforschung, Nano- und Mikrotechnologie, Materialforschung für den Energiebereich und weiteren Bereichen im kürzlich gegründeten „Karlsruhe Institute of Technology". Gerade die Nanotechnologie besitzt erhebliches Innovationspotenzial. Daneben nimmt das Forschungszentrum Karlsruhe eine international bedeutende Position ein: Es setzt die neuesten Erkenntnisse von Informatik, Ingenieurwissenschaften und Wirtschaftswissenschaften für die Wirtschaft um. Dabei arbeitet es mit kleineren und großen Unternehmen sowie öffentlichen Einrichtungen zusammen. Ebenso bieten die Universität und weitere Forschungseinrichtungen Unternehmen vielfältige Technologietransfer- und Kooperationsmöglichkeiten.

Auch in anderen Bereichen bringt die TechnologieRegion Innovatives hervor – von wiederaufladbaren Hochenergiebatterien über Fahrerassistenzsysteme bis zu neuesten Airbag-Technologien. Marktführer aus der Region sind u. a. der weltweit größte Getriebemotorenhersteller SEW-EURODRIVE in Bruchsal und der Spezialist für Haushaltsspülen, Speiseausgabe- und Verteilsysteme BLANCO in Oberderdingen. Andere Produkte der Region wurden sogar zum Gattungsnamen, wie z. B. das Martinshorn aus Philippsburg oder „UHU" aus Bühl.

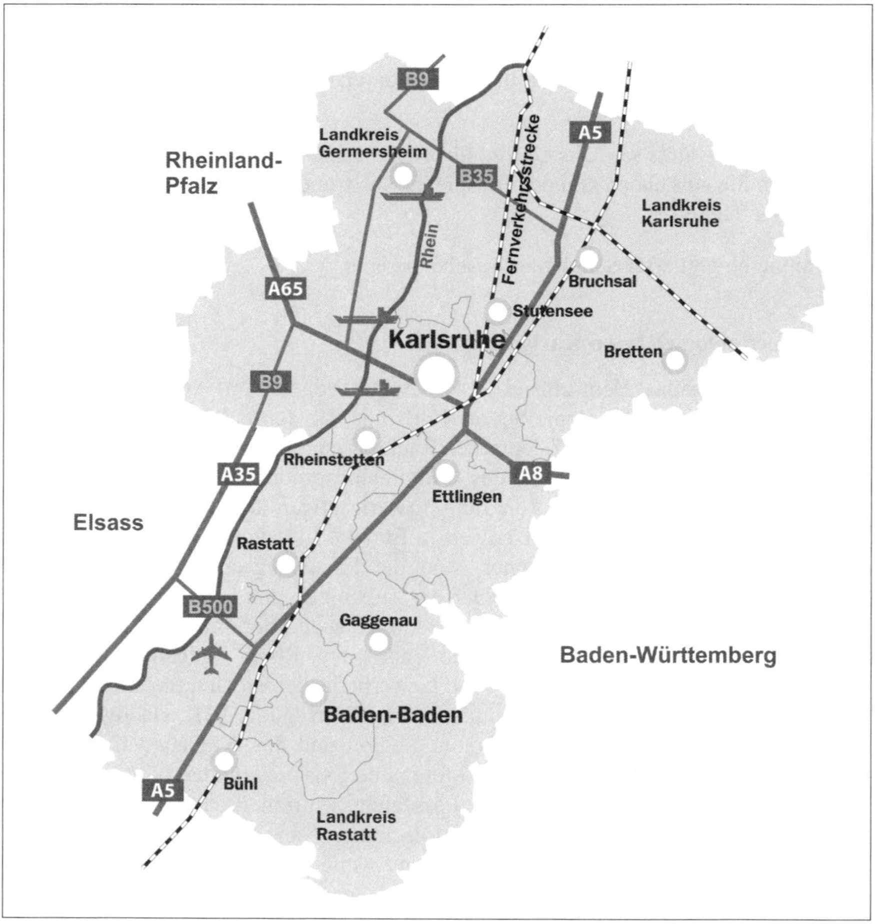

Quellen:
- *Karte: © TechnologieRegion Karlsruhe GbR;*
- *Text: zusammengestellt aus http://www.techpark.de/de/standort/standortvorteile.html; http://www.techpark.de/de/tpk-konzept/leistungsuebersicht.html; http://www.technologieregion-karlsruhe.de/ForschungsRegion/kompetenzschwerpunkte.de*

M 2 Die Idee der chinesischen Hightech-Parks

Das Konzept der Hightech-Parks in China greift die Konzepte der Science-Parks von angloamerikanischen Industrieländern und der Technopolis aus Japan auf. 1988 wurde ein Programm vom Staatsrat verabschiedet, um neue Technologien in China zu entwickeln – es steht unter der Verantwortung des Ministeriums für Wissenschaft und Technologie. Seitdem werden Hightech-Parks als Politikinstrumente eingesetzt, um Forschung und Entwicklung (F & E) bzw. Innovationsaktivitäten zu fördern. Die Ziele solcher Parks sind im Wesentlichen, neue Industrien bei der Gründung sowie bei der Vermarktung ihrer Produkte zu unterstützen und international bekannt zu machen.

Verschiedene Rahmenbedingungen, beispielsweise Steuervergünstigungen, Infrastruktur und Verfügbarkeit qualifizierter Mitarbeiter werden von Hightech-Parks angeboten. Wegen technologischer und wirtschaftlicher Besonderheiten sind die Hightech-Parks in China ganz anders als die westlichen Science-Parks: Erstens sind sie stark von nationaler und regionaler F & E-Politik geprägt; zweitens ist neben der Förderung inländischer Unternehmensneugründungen im Hightech-Bereich die Ansiedlung multinationaler Unternehmen auch eine Hauptaufgabe; drittens haben die meisten Hightech-Parks eine Multipark-Substruktur, z. B. im Fall von Shanghai mit sechs Subparks, in Beijing mit sieben. Der Begriff Hightech-Park wird aber sowohl für die übergeordneten als auch für die einzelnen Subparks verwendet.

Bis 1998 hatte China 53 nationale und mehr als 100 regionale Hightech-Parks aufgebaut. Außer Qinghai, Ningxia und Tibet verfügt jede Provinz über mindestens einen HightechPark. Insbesondere bezüglich des Exportwertes haben die Hightech-Parks sich schnell entwickelt. Aber gegenwärtig sind sie mehr Industriegebiet als F & E-Basis geworden, obwohl die wichtigste Aufgabe Technologieentwicklung ist oder sein wollte.

Insgesamt gibt es eine Vielzahl an Problemen bei den Entwicklungsimpulsen in chinesischen Hightech-Parks, z. B. niedriger Innovationsoutput, geringe Kooperation zwischen öffentlichen Forschungseinrichtungen und technologieintensiven Unternehmen, starke Abhängigkeit von Planung und Lenkung der Regierung.

Im Vergleich mit Science-Parks in Industrieländern sind die Hightech-Parks in China sehr jung. Wegen des Entwicklungsstandes der Technologie in China können viele Erfahrungen von westlichen Science-Parks wie Silicon Valley nicht einfach übernommen werden. Deshalb sollen die chinesischen Hightech-Parks selbst versuchen, eigene Entwicklungsmodelle zu finden.

Quelle: Tao Wang, Gang Zeng: Zhangjiang Hightech-Park in Shanghai: Modell für chinesische Hightech-Parks? In: Geographische Rundschau. Heft 5, 2008, S. 44–49 (verändert)

M 3 Shanghai – Wirtschaftsmetropole

Siehe Diercke Weltatlas, Braunschweig 2008, S. 173.4

M 4 Pudong – Freihandelszone

Siehe Diercke Weltatlas, Braunschweig 2008, S. 173.5

M 5 Zhangjiang Hightech-Park in Shanghai: Modell für chinesische Hightech-Parks?

Der Zhangjiang Hightech-Park (im Folgenden: ZHTP) befindet sich im Zentrum von Pudong. 1990 hatte die chinesische Regierung beschlossen, dieses Shanghaier Gebiet zu erschließen. Damit wurde in der chinesischen Wirtschaftsmetropole ein wichtiger Schritt zur Liberalisierung des Handels unternommen, um die Region attraktiver für ausländische Unternehmen zu machen. Die Zielvorstellungen für Pudong beinhalten vor allem den Aufbau von Hightech-Industrien mit hoher Effizienz und Wertschöpfung, während arbeitsintensive Produktionen aus Shanghai in die Nachbarprovinzen ausgelagert werden sollen.

Bis 1998 umfasste der ZHTP 2,8 km^2 erschlossene Fläche (Industrie- und Wohngebiete mit Infrastruktur wie Straßen, Wasserversorgung, Gas, Strom, Internet). Bis dahin hatte er 950 Mio. US-$ an Investitionen und zahlreiche Unternehmen angelockt, dennoch änderte sich seit Gründungsbeginn der Bruttoproduktionswert im Park kaum.

1999 rief die Stadtverwaltung von Shanghai eine strategische Planung („Fokus auf Zhangjiang“) ins Leben, um die Entwicklung des ZHTP zu beschleunigen. Dazu gehörten die Bereitstellung von Risikokapital und Sondermitteln, Steuersenkungen und finanzielle Anreize, Einbindung von Industrie, Ausbildung sowie Forschung und Entwicklung (F & E). Seitdem zeichnet sich der ZHTP durch rasche Wirtschaftsentwicklung aus. Außerdem hat der ZHTP auch viele F & E-Institute angezogen. Bis 2004 verfügte ZHTP über 42 nationale, regionale und lokale F & E-Institute sowie einige ausländische. Die Branchen konzentrieren sich auf Medizin und Pharma, Chip-Herstellung sowie Software.

Seit 2005 ist die Fläche des ZHTP von den Behörden von einst geplanten 5 bis auf 25 km^2 erweitert. Das Ziel nationaler und regionaler Regierungspolitik ist es, den Park als eine eigenständige nationale Innovationsbasis und als Wissenschaftsstadt mit internationaler Wettbewerbsfähigkeit zu etablieren.

Im Gegensatz zu der theoretischen Annahme aus Industrieländern spielt die räumliche Nähe bei der Förderung der Kooperation zwischen unterschiedlichen Akteuren eines Innovationssystems im ZHTP aber nur eine geringfügige Rolle. Es zeigte sich, dass die Unternehmen innerhalb des ZHTP dazu neigen, wenig Kooperation mit Partnern einzugehen und eher auf eigenständige Technologieentwicklung setzen.

Grundlagenforschung und Generierung von Patenten werden von den meisten Unternehmen nicht als Ziele verfolgt, da u. a. geistiges Eigentumsrecht nicht ausreichend geschützt wird. Außerdem bestehen die wichtigsten Investitionsmotive der Auslandsdirektinvestitionen in geringen Produktionskosten und einem großen Binnenmarktpotenzial. Wenn die Tochterunternehmen von multinationalen Unternehmen aus Kostengründen auf exportorientierte Massenproduktion zielen, gibt es natürlich fast kaum Innovationsaktivitäten bei derartigen Unternehmen.

Aus lokaler Sicht gibt es einige Engpässe für Innovationsaktivitäten von HightechUnternehmen in Zhangjiang. Generell sind hohe Investitionskosten für Anlagen und Infrastruktur erforderlich. Außerdem müssen Fachkräfte aus der spezifischen Industrie rekrutiert werden, weil Hochschulabgänger über theoretisches Wissen, nicht aber über industrielle Erfahrung verfügen.

Aus regionaler Perspektive gibt es zunehmend negative Konkurrenz zwischen Zhangjiang und Hightech-Parks in den zwei Provinzen in unmittelbarer Nachbarschaft von Shanghai. Alle Parks versuchen, Unternehmen (insbesondere ausländische) anzuziehen, die Branchenstrukturen zwischen Zhangjiang und den benachbarten Hightech-Parks sind aber ähnlich und es gibt keine großen Unterschiede im Hinblick auf die physische Ausstattung. Deshalb können die Vorteile von Zhangjiang nur aus Dienstleistungen, wie Beratung, Information und Vermittlung, bestehen. Solche Dienstleistungen sollen weiter verbessert werden.

Quelle: Tao Wang, Gang Zeng: Zhangjiang Hightech-Park in Shanghai: Modell für chinesische Hightech-Parks? In: Geographische Rundschau. Heft 5, 2008, S. 44–49 (verändert)

Allgemeine Hinweise zur Lösung der Aufgabe

Voraussetzungen

Die Klausur bezieht sich gemäß den Vorgaben für das Zentralabitur 2010 auf die für diesen Abiturjahrgang festgelegten Themenschwerpunkte 1 (**Russland und China: zwei Weltmächte im Wandel**) und 3 (**Wirtschaftsräumliche Strukturen und Prozesse in Deutschland**). Der inhaltliche Schwerpunkt liegt auf der Behandlung des wirtschaftlichen Wandels, bezogen auf Deutschland und China, und den daraus resultierenden Auswirkungen. Allgemeingeografisch akzentuiert die Aufgabenstellung daneben die Bedeutung von Standortfaktoren. Semesterübergreifend fordert die Klausur eine Leistung zur Frage der Rolle von Entwicklungspolen in China und Deutschland.

Für diese Abituraufgabe sind folgende Kenntnisse relevant:
- Deutschland: Standortfaktoren im Wandel, harte und weiche Standortfaktoren;
- China: Wirtschaftlicher Wandel und seine räumlichen, sozialen und ökologischen Auswirkungen.

Generell sind auch Kenntnisse zum Konzept von Hightech-Parks allgemein bzw. zu deren Bedeutung für ökonomische Anpassungs- und Entwicklungsprozesse sowie zur Bedeutung von Agglomerationen für die wirtschaftliche Entwicklung von Regionen und Staaten wichtig.

Zuordnung zu den AFB und Gewichtung

Aufgabe	AFB	Gewichtung
1.	I/II	30 %
2.	II	40 %
3.	II/III	30 %

Lösungsvorschläge

1. *Die Arbeitsanweisung „charakterisieren" fordert Sie auf, geografische Sachverhalte in ihren Eigenheiten zu beschreiben und typische Merkmale zu kennzeichnen. Hier müssen Sie auf Ihr Vorwissen über die Art, Struktur und Bedeutung von Standortfaktoren zurückgreifen. Deshalb können Sie in dieser Aufgabe sowohl Ihr Wissen selbst darlegen als auch mit diesem gezielt arbeiten und damit in den Anforderungsbereichen I und II Punkte sammeln.*
   Die Aufgabe bietet Ihnen als Materialgrundlage nur M 1 an, sodass Sie selbst geeignete Atlaskarten auswählen müssen. Da es hier um ein standardisiertes geografisches Konzept (Standortfaktoren) geht, wird von Ihnen erwartet, dass Sie fachsprachlich korrekt arbeiten, also die richtigen Begriffe verwenden.
   Bei Ihrer Antwort müssen Sie die Standortfaktoren hinsichtlich ihrer Wirksamkeit überprüfen. Dabei verlangt die Aufgabenstellung, ohne es dezidiert zu sagen, eine Differenzierung in weiche und harte Standortfaktoren. Sie sollten auch auf die Verknüpfungen in Form von Kausalitäten achten.

   Wirksame **Standortfaktoren** der TechnologieRegion Karlsruhe sind:
   - ein großes Angebot an qualifizierten Arbeitskräften;
   - Nähe zu den Forschungs- und Entwicklungseinrichtungen;
   - öffentliche Wirtschaftsförderung;
   - gute Infrastruktur;
   - Werbewirksamkeit des Standortes;
   - Flächenverfügbarkeit.

   Bei den **weichen Standortfaktoren** sind vor allem das Image der Region und der hohe Wohn- und Freizeitwert herauszustellen, während bei den **harten Standortfaktoren** das Arbeitskräftepotenzial (Human Capital) hervorgehoben wird – ein Vorteil, der den Standort Deutschland ja generell kennzeichnet. So sind die Beschäftigung von 17,2 % aller Arbeitskräfte im Hochtechnologiesektor, die hochgradige Vernetzung auch der Kommunikationswege und die de facto kostenfrei zur Verfügung gestellten Industrieflächen sehr wichtig. Die tertiären Bildungseinrichtungen wie Universität und Forschungszentrum (M 1) deuten zudem einen ständig fließenden Strom geeigneter Nachwuchsfachkräfte an.

   Bei der **Industrieansiedlung** spielen weitere Standortfaktoren wie Rohstofflage, Energie und Absatzmarkt keine oder nur eine sehr marginale Rolle. Dominant sind in diesem Wirtschaftssektor der Faktor Arbeitskräfte im Sinne eines ausgebildeten Potenzials, weniger als quantitative Einheit, und der Faktor Agglomerations- und Fühlungsvorteile, wie er sich u. a. auch in den weichen Standortfaktoren spiegelt (z. B. Unterstützung industrieller Innovation durch staatlich finanzierte Forschungseinrichtungen, hochgradig kooperatives Netz von Unternehmen und Bildungseinrichtungen usw.).

Der Standortfaktor **Verkehr** muss in diesem Zusammenhang zwar erwähnt werden; aber, wie aus dem Silicon Valley bekannt, ist dabei Kommunikation und weniger der Transport von Personen und Gütern gemeint: Auch der Forscher oder Entwickler in der TechnologieRegion Karlsruhe arbeitet in einer Art Cottage Industry.

2. *Die Aufgabenstellung fordert von Ihnen eine klare Struktur in der Darstellung. Sie sollen nicht nur das Konzept der Hightech-Parks in seinen komplexen Beziehungen verdeutlichen, sondern auch aufzeigen, wie es im wirtschaftlichen Wandel wirkt, und dies an einem Beispiel verdeutlichen. Daraus ergeben sich also drei Abschnitte Ihrer Analyse:*
   - *Darstellung des Konzepts von Hightech-Parks,*
   - *Abriss der wirtschaftlichen Entwicklung Chinas und der Zusammenhang mit dem Konzept der Hightech-Parks,*
   - *Die Umsetzung des Konzepts in China (mit den dort vorkommenden Besonderheiten) am konkreten Beispiel Pudong/Zhangjiang (und damit auch Shanghai).*

   Lassen Sie sich nicht durch die vielen unterschiedlichen Ortsbezeichnungen verwirren – in M 3 Shanghai, in M 4 Pudong (Bezirk in Shanghai), in M 5 Zhangjiang (Hightechpark in Pudong). Unterscheiden Sie aber in Ihrer Darstellung klar zwischen der Metropole Shanghai an sich und dem Entwicklungsvorhaben in Form des Technologieparks.

Hightech-Parks sind Bestandteile des wirtschaftlichen Wandels. Das in China angewandte Konzept orientiert sich an erfolgreichen Vorbildern westlicher Industrieländer (Silicon Valley, M 2). Die chinesischen Hightech-Parks sind politisch initiiert und gelenkt sowie mit entsprechenden Maßnahmen gestützt. Ihre Strategie ist die enge Verknüpfung von Industrie, Dienstleistungsunternehmen sowie Forschungs- und Entwicklungseinrichtungen, um so Industriezentren zur Technologieentwicklung zu installieren. Anreize für inländische und ausländische Unternehmensgründungen sind u. a. sehr niedrige Steuern (bis hin zur Steuerbefreiung für einen gewissen Zeitraum), staatliche Unterstützungsmaßnahmen (z. B. durch die Bereitstellung der notwendigen Infrastruktur) und konkurrenzlos niedrige Löhne. Häufig waren **Sonderwirtschaftszonen** erste Zielgebiete ausländischer Investoren – sie wurden dadurch zu Versuchsfeldern marktwirtschaftlicher Experimente.

Die **Implementierung dieses Konzeptes** konnte **in China** erst erfolgen, als Deng Xiaoping sich nach dem Tod Maos und dem Sturz der linkskonservativen Viererbande endgültig durchgesetzt hatte, also ab 1978/80. Die Hightechparks waren zunächst gekoppelt an die Sonderwirtschaftszonen an der Küste, mit dem deutlichen ersten Schwerpunkt Shanghai, und zuerst als rein ökonomisches Experiment geplant – die politische Kontrolle auch über die Entwicklung im ökonomischen Bereich behielt der allgegenwärtige Parteiapparat. Das Konzept erfuhr mit der Angliederung der bisherigen marktwirtschaftlich – kapitalistischen Kolonialgebiete Hong Kong und Macao im Hinblick auf die Außenanziehung einen deutlichen Impetus – China ging sogar so weit, das Prinzip „Ein Staat – zwei Systeme" für Hong Kong zu gestatten.

Aus M 3 und M 4 kann man erkennen, wie ausgehend von der Freihandelszone mit dem ersten Gewerbepark Waigaoqiao 1990 das Geflecht von Industrie- und Gewerbeparks im Stadtgebiet verteilt wurde. Interessant dabei ist die Tatsache, dass im gleichen Jahr auch Lujiazui als Finanz- und Handelsfokus eingerichtet wurde. Danach kam 1991 der Hightechpark Caohejing-Pujing hinzu, außerhalb der Sonderwirtschaftszone gelegen. Nachdem das Konzept seine erste Bewährungsprobe offenbar bestanden hatte, kam 1992 ein Strom neuer Parks hinzu, verteilt auf das ganze Stadtgebiet von Jiading im Nordwesten über Songjiang im Südwesten bis hin zu Zhangjiang in Pudong. Später kamen noch punktuelle Zentren außerhalb der Sonderwirtschaftszone hinzu (1994, 2000, 2003); innerhalb Pudongs war es 1998 nur noch Jinqiao mit z. T. identischen Angeboten zum 1992 gegründeten Zhangjiang. In der Verteilung der jeweiligen Schwerpunkte ist der eindeutige Trend zur zukunftsträchtigen **Hochtechnologie** zu erkennen; dafür sprechen Luft- und Raumfahrt, Fahrzeugbau, Elektronik, Biotechnologie. Diese werden gestützt durch entsprechende tertiäre Einrichtungen wie Logistik- und Finanzzentrum, Forschungskapazitäten der Universität und Serviceeinrichtungen im Softwarebereich. Alle Zonen haben exzellenten Infrastrukturanschluss.
In der Freihandelszone Pudong selbst wird die Konzentration auf zukunftsträchtige Entwicklungen noch deutlicher. Hier fällt vor allem auf, dass Produktion sowie Forschung und Entwicklung offensichtlich gleichrangig sind. Selbst in diesem kleinen Bereich wird auch die **Clusterstruktur** modern vernetzter Hichtech-Unternehmungen deutlich – ganze Viertel dienen einem Industriezweig (oder der Chemie bzw. Biotechnologie sehr verwandten). Wie zu erwarten wird auch dem Arbeitskräfteanspruch Raum gegeben – als Beispiel sei hier der Tomson Golf-Club genannt.

3. *Es gilt, eine vorgegebene These für zwei Beispielräume zu verifizieren oder falsifizieren. Die in der Aufgabenstellung getroffene Aussage hat einen generalistischen Anspruch. Damit haben Sie einen ersten Hinweis, welchen Aspekt Sie kritisch reflektieren können – den Absolutheitsanspruch der These. Gleichzeitig macht die These keinerlei Unterschiede in Bezug auf den jeweiligen Entwicklungsstand und die Rahmenbedingungen bei der Etablierung und Durchführung des Technologieparkkonzeptes. Auch hiermit haben Sie einen zweiten Ansatz für Kritik. Von Ihnen wird aber nicht nur allgemein eine Stellungnahme, also Ihre Meinung gefordert, sondern Sie müssen Ihre Bewertung am Material belegen. Die Struktur für Ihre Aufgabenlösung kann so aussehen: zuerst die Gültigkeit für Karlsruhe, dann für Zhangjiang; Ihr Fazit fasst dann beide zusammen und generalisiert in abstrahierender Form.*

Als „Garant“ wird allgemein eine unumstößliche Größe bezeichnet, die unabhängig von Außeneinflüssen ist. Technologieparks als eine solche anzusehen, erscheint zumindest gewagt. Trotzdem lässt sich aus den beiden Beispielen Karlsruhe und Zhangjiang herleiten, dass in der Zukunft eine – wenn auch unterschiedlich große – Chance für die Verwirklichung der These besteht.

In **Karlsruhe** hat die **TechnologieRegion** gute Perspektiven, da die angesiedelten Unternehmen **Innovationsindustrien** vertreten und einen breiten **Branchenmix** darstellen. Entsprechend hoch ist die technologische Leistungsfähigkeit einzuschätzen. Daneben hat sich die Kooperation zwischen den Betrieben sowie den Forschungs- und Entwicklungseinrichtungen etabliert. Außerdem verfügt die Region innerhalb Europas über einen entsprechenden Binnenmarkt. Entsprechend bestätigt das Beispiel Karlsruhe die These, wenngleich einschränkend gesagt werden muss, dass Umfang und Dauer dieser Wirtschaftsentwicklung nicht determiniert werden können – hier wäre man auf Spekulationen angewiesen.

Die **Perspektiven für Zhangjiang** sind weniger günstig. Anhand von M 5 wird deutlich, dass die Wirtschaftsimpulse nicht voll entfaltet worden sind. Auch sind deutliche Zweifel angebracht, wie hoch die Breitenwirkung, bezogen auf China, sein kann – obowohl Shanghai unbestritten die Stellung als Wirtschaftsmetropole ersten Ranges in China innehat (Konkurrenz mit anderen Regionen wie z. B. Hong Kong). Trotz des guten Standortes innerhalb der Sonderwirtschaftszone Pudong, dem erfolgreichen Anlocken ausländischer Investoren und der Ansiedlung zukunftsträchtiger Industrien hat das angestrebte Innovationspotenzial seine Wirkung noch nicht entfaltet. Weder die Rahmenbedingungen noch die staatlichen Hilfen (Protektion) können die **Konkurrenz zwischen den Hightech-Parks** verhindern, die aufgrund gleicher Konzeption und nahezu ähnlicher physischer Infrastruktur keine Alleinstellungsmerkmale haben. Hinzu kommt die Einstellung vieler Unternehmen, die sich vor allem eine **Kostenreduktion durch Massenproduktion** versprechen, anstatt auf Produktneuentwicklungen zu setzen (M 5). Daher muss die These für Zhanjiang deutlich relativiert werden – selbst der Zusatz, die Gesamtheit aller Technologieparks könnte das in der These genannte Postulat erfüllen, ist nach der Materiallage nicht haltbar. Gerade im Hinblick auf ausländische Unternehmen ist hier noch anzubringen, dass fehlende Rahmenbedingungen (wie der häufig in den Medien auftauchende fehlende Patentschutz – Stichwort chinesische Raubkopien) ein Gelingen des Konzepts fraglich erscheinen lassen. Und als letzten Punkt sollte man nicht außer Acht lassen, dass in China zwar über eine Milliarde Menschen leben, deren Kaufkraft, also die Binnennachfrage, noch äußerst gering ist – sodass ein Element des Konzepts im Hinblick auf die intendierten Wirkungen, die wiederum als neue Verstärkungen wirken könnten, fehlt.

Schriftliche Abiturprüfung Niedersachsen 2011 Erdkunde
Grundlegendes Anforderungsniveau – Aufgabe I

Pittsburgh – ein erfolgreicher Strukturwandel?

Aufgabenstellung

1. Beschreiben Sie die strukturellen Veränderungen des Wirtschaftsstandorts Pittsburgh (Atlas, M 1–M 4).
2. Vergleichen Sie die Entwicklungen in Pittsburgh mit denen in einem altindustrialisierten Raum in Deutschland (Atlas, M 1–M 4).
3. Beurteilen Sie, inwieweit der Strukturwandel in Pittsburgh als erfolgreich und zukunftsorientiert bezeichnet werden kann (M 1, M 4).

Hilfsmittel: eingeführter Schulatlas, Taschenrechner

M 1 Bevölkerungsentwicklung in Pittsburgh (Einwohner/Jahr)

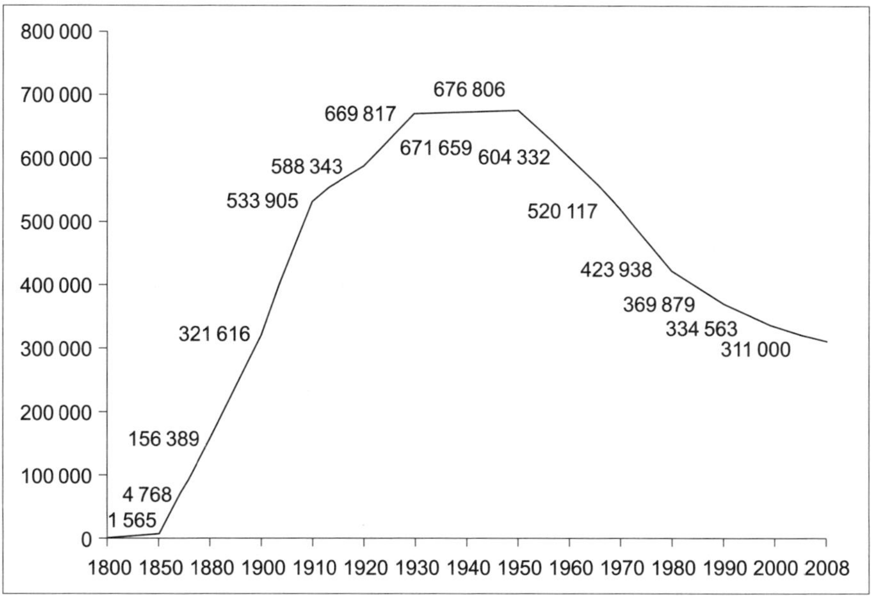

Quelle: www.wiki.org/wiki/Pittsburgh (verändert)

M 2 Konturen des wirtschaftlichen und sozialen Strukturwandels am Beispiel der Region Pittsburgh

In Pittsburgh ebenso wie in den USA insgesamt gingen seit den 1960er-Jahren Arbeitsplätze im sekundären Sektor verloren, während neue im tertiären Sektor hinzukamen. Allerdings war der Rückgang im Produktionssektor in Pittsburgh sehr viel ausgeprägter als im Durchschnitt der USA. Die Verluste an Wirtschaftskraft und Arbeitsplätzen können weitgehend auf die Entwicklungen im Stahlsektor zurückgeführt werden: Von den über 142 000 Arbeitsplätzen, die in der Produktion im Zeitraum 1978 bis 1998 verloren gingen, waren lediglich 11 000 nicht im Metallsektor. Weltweiter Wettbewerb und technischer Fortschritt in der Eisen- bzw. Stahlerzeugung führten dazu, dass von 45 erzbasierten Stahlschmelzen im Jahre 1974 bis 1991 nur 23 überlebten, die zudem ihre Kapazitäten erheblich reduzierten. Hinzu kamen starke Rationalisierungseffekte, z. B. infolge der Umstellung von großvolumigen, sogenannten integrierten Hüttenwerken auf kleinere Elektrostahlwerke, die auf die Verarbeitung von Sekundärrohstoffen, vor allem Schrott, spezialisiert waren.

Dieser technologische Wandel trug auch dazu bei, dass sich der Standort der Stahlerzeugung zunehmend verlagerte bzw. diversifizierte: Waren die integrierten Hüttenwerke noch eng an die Kohle- bzw. Koksproduktion in und um Pittsburgh gebunden, arbeiten die neueren Elektrostahlwerke (sogenannte Minimills) mit Lichtbogenöfen, die lediglich Elektrizität benötigen. Wichtige Wettbewerbsvorteile der Region Pittsburgh, die Nähe zur Kohle und die gute Transportinfrastruktur, verloren an Bedeutung.

Quelle: Friedrich-Ebert-Stiftung: Konturen des wirtschaftlichen und sozialen Strukturwandels am Beispiel verschiedener Regionen (digitale Bibliothek), http://library.fes.de/fulltext/fo-wirtschaft/00954003.htm (verändert)

M 3 Stahlproduktion weltweit

Produktion in Mio. Tonnen						
Rang	**Land**	**1970**	**1980**	**1990**	**2000**	**2009**
1	China	18,1	37,1	66,3	127,2	567,8
2	Japan	93,3	111,3	110,3	106,4	87,5
3	Russland	65,8	84,0	87,7	59,1	59,9
4	USA	119,3	101,4	89,7	101,8	58,1
5	Indien	6,2	9,5	12,9	26,9	56,6
6	Südkorea	0,4	8,5	23,1	43,1	48,5
7	Deutschland	50,0	51,1	43,9	46,3	32,6

Quelle: Steel Statistical Yearbook 2010 © World Steel Association

M 4 Pittsburgh – Obamas grünes Modell der Zukunft

Der US-Präsident will mit dem G-20-Tagungsort eine amerikanische Erfolgsgeschichte präsentieren. Das Pittsburgh von heute will anders sein. 2008 ist ein alter Fabrikhof unweit des G-20-Medienzentrums hübsch renoviert worden. In der Innenstadt demonstrieren moderne Hochhäuser, dass in den Sektoren Finanzen, Versicherungen und Immobilien neue Akzente gesetzt worden sind. Als Modell für den gelungenen Übergang von der alten Schwerindustrie zu modernen grünen Technologien präsentiert US-Präsident Barack Obama Pittsburgh nun zum G-20-Gipfel der größten Wirtschaftsnationen.

Die größten Arbeitgeber der Stadt sind heute die mit öffentlichen Geldern finanzierten Universitäten mit einem angeschlossenen Medizinzentrum mit über 60 000 Beschäftigten. Auf altem saniertem Industriegelände entsteht die Ansiedlung eines Spiegelherstellers für Solarkraftwerke. Unternehmen der IT-Branche, aus dem Bereich der Biowissenschaften und innovativer Werkstoffe, haben sich neben ausländischen Firmen wie Bayer und Siemens und neben Einzelhandelsketten wie Ikea und Aldi angesiedelt.

Der demokratische Gouverneur Ed Rendell lobt sich selbst dafür, dass der Bundesstaat Pennsylvania mit vielen Millionen Steuergeldern Hunderte grüner Unternehmen mit Tausenden Arbeitsplätzen angesiedelt hat. Doch auch in Pittsburgh gibt es Probleme. Die Gewerkschafterin Janet Hill kennt die Grautöne im Traum der grünen Ökonomie. „Es stimmt, im Stadtzentrum hat sich einiges getan. Aber wenn Sie in die Vororte schauen, ist die Realität anders.“ In ihrem Bezirk ist das ursprünglich mit Gewerkschaftshilfe aufgebaute Krankenhaus pleitegegangen – niemand hat es übernommen. Die Stadt ist überaltert. Die Jüngeren, die abgewandert sind, kommen nicht zurück. „Die neuen Jobs kannst du mit den alten oft nicht vergleichen“, sagt sie. „Sie sind schlechter bezahlt, die Unternehmen sind viel kleiner und deshalb gefährdet – von den Sozialleistungen ganz zu schweigen.“ „Die Menschen arbeiten mehr nebeneinander als miteinander“, sagt Paul Smith, ein pensionierter Lehrer. „Ich glaube, die Angst wirst du in unserem Zeitalter der Globalisierung nicht mehr los. Immer musst du gewärtig sein, dass jemand anderes es billiger macht.“

Janet Hill hat dafür ein kurioses Beispiel: „Wissen Sie, woher der Stahl für die Windräder einer Windradanlage bei Pittsburgh kommt? Aus China.“ Gouverneur Ed Rendell hat soeben stolz von den 200 Tonnen Stahl gesprochen, die in den modernen Windenergieanlagen verbaut werden.

Quelle: Hannoversche Allgemeine Zeitung (HAZ) vom 25. September 2009 (verändert)

Allgemeine Hinweise zur Lösung der Aufgabe

Voraussetzungen
Die Aufgabenstellung verbindet die für das Zentralabitur 2011 festgelegten thematischen Schwerpunkte 2 (**Der Wirtschaftsraum USA in seiner globalen Verflechtung**) und 1 (**Wirtschaftsräumliche Strukturen und Prozesse in Deutschland**). Im Fokus der Aufgabe steht die Problematik des strukturellen Wandels in altindustrialisierten Räumen. Der **Semesterübergriff** wird über einen vergleichenden Bezug zu einem geeigneten deutschen Wirtschaftsraum eigener Wahl hergestellt, exemplarisch für einen entsprechenden Strukturwandel.

Zuordnung zu den AFB und Gewichtung

Aufgabe	AFB	Gewichtung
1.	I	30 %
2.	II	40 %
3.	III	30 %

Lösungsvorschläge

1. *Eine umfassende Beschreibung der strukturellen Veränderungen sollte vom Ursprung der wirtschaftlichen Entwicklung ausgehen und den Bogen über den eigentlichen Wandel bis hin zum heutigen Stand spannen. Dazu finden sich Angaben in allen Materialien sowie in Wirtschaftskarten (z. B. Diercke Weltatlas 2008, S. 200/201). Einleitend sollten Sie einen Hinweis zur Lage des Beispielraumes geben.*

   Der Wirtschaftsstandort Pittsburgh liegt im nordamerikanischen Manufacturing Belt, im Bundesstaat Pennsylvania, etwa 500 Kilometer westlich von New York.

   Ausgangsbedingungen für die Entwicklung der Schwerindustrie im Raum Pittsburgh waren die Kohlevorkommen in den Appalachen und die Eisenerzvorkommen im Umfeld des Oberen Sees. Transportiert wurde das Eisenerz per Schiff auf den Großen Seen oder über Eisenbahntrassen. Diese **Standortfaktoren** begünstigten in der ersten Hälfte des 20. Jahrhunderts das Wachstum der Stadt Pittsburgh, was die rasante Bevölkerungsentwicklung widerspiegelt (die Bevölkerungszahl hat sich in 50 Jahren mehr als verdoppelt, M 1). Pittsburgh wurde zu einer bedeutenden Industriestadt (Eisen- und Stahlerzeugung, Maschinenbau; Atlas). Am Standort Pittsburgh existierten im Jahr 1974 45 Hüttenwerke (M 2). Sie erzeugten Stahl u. a. für die prosperierende Automobilindustrie der USA. Bedeutende Produktionsorte dieser Branche in gut erreichbarer Entfernung von Pittsburgh sind beispielsweise Cleveland, Detroit und Chicago. Die Nachfrage nach Stahl war nicht nur regional und national von Bedeutung, sondern auch global. Dies dokumentiert der erste Rang in der Stahlproduktion, den 1970 noch die USA innehatten (M 3).

Mitte des 20. Jahrhunderts setzte ein tiefgreifender **Strukturwandel** ein, der Pittsburgh grundlegend veränderte. Indikatoren dieses strukturellen Wandels sind:

- gravierende Veränderungen bei der Bevölkerungszahl: Stagnation von 1930–1950 und anschließende Bevölkerungsverluste um mehr als die Hälfte (M 1);
- überdurchschnittlicher Verlust von Arbeitsplätzen im produzierenden Sektor, besonders in der Stahlindustrie (zwischen 1978–1998 waren mehr als 142 000 Arbeitsplätze betroffen, mehr als 92 % davon in der Metallbranche; M 2);
- Schließung von fast 50 % der erzbasierten Stahlschmelzen in der Region Pittsburgh und Reduktion der übrigen Kapazitäten (M 2);
- Rationalisierungseffekte und technologischer Wandel (M 2);
- Verlust der weltweiten Vormachtstellung der USA in der Stahlproduktion nach 1970 und Verlagerung der Produktionskapazitäten ins weniger lohnintensive Asien, besonders nach China (M 3).

Die **heutige Wirtschaftsstruktur** Pittsburghs wird vorrangig geprägt durch den tertiären Sektor. „Die größten Arbeitgeber der Stadt sind heute die mit öffentlichen Geldern finanzierten Universitäten mit einem angeschlossenen Medizinzentrum mit über 60 000 Beschäftigten." (M 4, Z. 9 ff.) Der amerikanische Präsident präsentiert Pittsburgh gar als Modell für den Strukturwandel von der Schwerindustrie zur modernen grünen Technologie. Repräsentanten dieser Technologien sind beispielsweise ein Spiegelhersteller für Solarkraftwerke oder Unternehmen der Informationstechnologie-Branche, der Biowissenschaften oder Produzenten innovativer Werkstoffe. Massiv gefördert wurde dieser Strukturwandel durch den Einsatz von Steuergeldern. Räumlicher Ausdruck des Strukturwandels hin zur Akzentuierung des tertiären Sektors durch Finanz-, Versicherungs- und Immobilienbranchen sind beispielsweise renovierte Fabrikgebäude oder moderne Hochhäuser in der Innenstadt (M 4).

Zusammenfassend kann festgestellt werden, dass sich Pittsburgh von einem Zentrum der Schwerindustrie zu einem Standort mit Fokussierung auf den tertiären Wirtschaftssektor gewandelt hat.

2. *Als Vergleichsraum eignen sich das Ruhrgebiet oder das Saarland. Außer Ihren Kenntnissen aus dem Unterricht (Standortfaktoren im Wandel: Strukturwandel in altindustrialisierten Räumen Deutschlands) können hier Atlaskarten herangezogen werden (z. B. Diercke Weltatlas 2008, S. 36/37 (Ruhrgebiet) oder 42 (Saarland)). Für den Vergleich können Sie die Struktur aus der ersten Teilaufgabe übernehmen, d. h., Sie betrachten zunächst vergleichend die Ausgangslage der Entwicklung, dann den Strukturwandel an sich und schließlich das (vorläufige) Ergebnis des Wandlungsprozesses.*

Im **Ruhrgebiet** waren die Steinkohle-Vorkommen und die günstigen Transportmöglichkeiten für Eisenerz (Schifffahrtswege und Eisenbahn) **grundlegende Standortfaktoren**. Wie in Pittsburgh führte die wachsende Schwerindustrie zum Wachstum der Industriestädte in diesem deutschen Wirtschaftsraum. Die räumliche Ausdehnung der Vergleichsregionen war allerdings recht unterschiedlich (das Ruhrgebiet ist deutlich kleiner als der Industrieraum Pittsburgh (Atlas)).

In beiden Räumen entwickelte sich eine **monostrukturierte** Montanindustrie, die für Veränderungen hinsichtlich des Weltmarktes und der Rohstoff- sowie Absatzlage entsprechend anfällig war. Rationalisierungseffekte (M 2) und die Entwicklung konkurrierender Zentren der Stahlproduktion in Asien (M 3) führten in beiden Räumen zu einem Rückgang der Produktion. In Deutschland ist diese Entwicklung als **Kohlekrise** der späten 1950er-Jahre und als **Stahlkrise** (etwa 20 Jahre später) bekannt.
Die **strukturellen Veränderungen** im Ruhrgebiet gingen wie in Pittsburgh einher mit öffentlichen Investitionen, beispielsweise für den Ausbau von Universitäten (z. B. die Ruhr-Universität Bochum) und der öffentlichen Infrastruktur. Im sekundären Sektor wurden besonders Firmen der Fahrzeugindustrie gefördert, beispielsweise die Opel-Werke in Bochum. Wie in Pittsburgh wurden auch in Deutschland steuerliche Anreize für die Entwicklung des tertiären Sektors wirksam. Ansätze zur Förderung grüner Technologien im weiteren Sinne (z. B. Technologieparks) gab es auch im deutschen Vergleichsraum. Die raumstrukturellen Veränderungen beispielsweise im Städtebau dürften in Pittsburgh stärker von den Investitionen im Finanz- und Versicherungswesen befördert worden sein als im Ruhrgebiet.
Ähnlich wie in Pittsburgh war auch das Ruhrgebiet von der Stilllegung zahlreicher Betriebe (vor allem Zechen) der Kohle- und Stahlproduktion betroffen. Arbeitsplatzverluste und Abwanderung waren auch hier Konsequenzen des Strukturwandels.

Als **Ergebnis des Strukturwandels** sind in den beiden Vergleichsräumen positive Effekte zu konstatieren, beispielsweise die Entwicklung innovativer Branchen, Konversionen und damit verbunden Um- und Neunutzungen alter Industrieflächen (im Ruhrgebiet u. a. für den Tourismus oder auch den Einzelhandel) oder die Schaffung neuer Arbeitsplätze, die allerdings die Verluste nach 1950 nicht vollständig kompensieren konnten. Auch die Bevölkerungsentwicklung zeigt in den beiden untersuchten Gebieten ähnliche negative Tendenzen. Die Entwicklungen führen trotz staatlicher Intervention zu räumlichen und sozialen **Disparitäten** in den zu vergleichenden Räumen.

Fazit: Der Raum Pittsburgh und das Ruhrgebiet weisen sehr viele Parallelen und insgesamt einen recht ähnlichen Strukturwandel auf. Die Unterschiede sind dabei weniger grundsätzlicher Natur, sondern eher in einer anderen Akzentuierung von Details zu finden, beispielsweise in der Inanspruchnahme von Fördermitteln und Förderprogrammen oder in den entwickelten Dienstleistungsbereichen: in Pittsburgh eher Banken und Versicherungen; im Ruhrgebiet eher Tourismus.

3. *Ihre Ausführungen müssen sich an Kriterien orientieren, die im Unterricht zur Beurteilung ähnlicher Szenarien herangezogen wurden, sowie an Indizien, die M 1 und M 4 zu entnehmen sind. Bei der Beurteilung des Erfolges sollten eine raumstrukturelle und eine soziostrukturelle Ebene unterschieden werden. Weiterhin wird der Aspekt der Zukunftsorientierung angesprochen, mithin werden Aussagen zur Nachhaltigkeit des Strukturwandels eingefordert. Einen geeigneten Abschluss bildet eine abwägende Zusammenfassung.*

Als Hinweise auf bzw. **Kriterien** für den Erfolg des Wandels auf der **raumstrukturellen Ebene** in Pittsburgh könnten folgende Aspekte gewertet werden: Die Innenstadt wurde modernisiert und es kam zur Tertiärisierung, einhergehend mit der Setzung neuer Akzente im Banken- und Immobiliensektor. Auch Industrieflächen wurden modernisiert und saniert, einhergehend mit der Neuansiedlung ausländischer Firmen und Einzelhandelsketten. Bei der Wirtschaftsstruktur kam es zu einer Diversifizierung durch zukunftsweisende Branchen (grüne und medizinische sowie Informations- und Biotechnologien). Durch den Einsatz von Steuermillionen wurden effiziente Fördermaßnahmen (Einschätzung durch den zuständigen Gouverneur) umgesetzt (M 4).

Ein Aspekt, der auf der **soziostrukturellen Ebene** zur Beurteilung herangezogen werden kann, ist beispielsweise die Halbierung der Bevölkerungszahl im letzten halben Jahrhundert. Die Bevölkerungszahl ist heute geringer als vor hundert Jahren, was auf die Abwanderung junger Menschen schließen lässt (M 4). Es lässt sich folgern, dass die Anzahl der neu geschaffenen Arbeitsplätze die Verluste in der Schwerindustrie nicht kompensieren konnte; zudem sind das Lohnniveau und die Sozialleistungen u. a. wegen der geringen Größe vieler Betriebe und aufgrund des hohen Konkurrenzdrucks niedriger. Räumliche Disparitäten zwischen Stadtzentrum und Peripherie werden in M 4 von einer Gewerkschafterin konstatiert und exemplarisch an der Schließung eines Krankenhauses festgemacht. Weitere infrastrukturelle Probleme an den Stadträndern sind zu vermuten. Eine Verstärkung dieser sozialen Disparitäten innerhalb der Bevölkerung von Pittsburgh, gerade zwischen den Einwohnern des Stadtzentrums und denen der Vororte, ist zu erwarten, denn die oben genannten Maßnahmen greifen nur teilweise und nicht überall gleich gut. Die Stahlkrise wird sich für die verbleibenden Werke und Unternehmen wohl besonders durch die asiatische Konkurrenz weiter verschärfen, wie der Hinweis auf Stahlimporte aus China für den Bau einer Windkraftanlage in Pittsburgh veranschaulicht (M 4).

Fazit: Positive Effekte des Strukturwandels sind räumlich sichtbar und ökonomisch zu belegen – Politiker nutzen diese auch wirksam für die Selbstdarstellung. Diese Effekte erfassen allerdings nicht den gesamten Raum und vor allem nicht die gesamte Bevölkerung. Räumliche und soziale Disparitäten sowie ein anhaltend negativer Bevölkerungssaldo lassen den Strukturwandel nicht durchweg erfolgreich und (noch) nicht nachhaltig erscheinen.

Kambodscha – Entwicklung durch Textilindustrie?

Aufgabenstellung

1. Charakterisieren Sie den Entwicklungsstand Kambodschas (Atlas, M 1).
2. Erläutern Sie die Bedeutung der Textilindustrie für Kambodscha (M 1–M3).
3. *„Es liegt kein Wert mehr in der Herstellung von Dingen. Der Wert kommt erst durch sorgfältige Forschung, durch Innovationen und durch Marketing hinzu." (Phil Knight, ehemaliger Vorstandsvorsitzender des Sportartikelherstellers Nike)*

   Nehmen Sie unter Berücksichtigung dieser Aussage Stellung zu den unterschiedlichen Perspektiven der Textilindustrie in Deutschland und Kambodscha (M 1–M 5).

Hilfsmittel: eingeführter Schulatlas, Taschenrechner

M 1 Strukturdaten Kambodschas (2007)

Landesfläche (in km²)	181035
Einwohner (in Mio.) davon: Phnom Penh	14,5 1,5
Verstädterungsrate (in %)	20,9
Bevölkerungswachstum (in %)	1,7
Lebenserwartung (in Jahren)	61 (2008)
Alphabetisierung (Frauen/Männer in %)	68/86
Frauenerwerbsquote (in % der Erwerbspersonen)	48,7
Anteil der Bevölkerung, der von weniger als 2 US-$ pro Tag lebt (in %)	68 (2008)
HDI-Wert/HDI-Weltrang	0,593/137
BIP (in Mio. US-$)	8 350
BIP/Kopf (in US-$)	576 (2008)
Lohnniveau in der Textilindustrie (pro Kopf/Tag; in US-$)	1,49–1,66 Zum Vergleich: Vietnam: 1,26–1,55 Indonesien: 1,95–3,36 China: 3,66–4,14 Thailand: 4,44–6,09 Malaysia: 7,19–15,40 Philippinen: 8,09
Anteil am BIP (in %)	
• Landwirtschaft	32
• Industrie	27
• Dienstleistungen	41
Anteil der Erwerbstätigen (in %)	
• Landwirtschaft	60
• Industrie	13
• Dienstleistungen	27
Export (in Mio. US-$)	4 089 (2000: 1 397)
Import (in Mio. US-$)	5 424 (2000: 1 936)
Exportgüter	72 % Textilien/Bekleidung/Schuhe; 10 % Reis; 4 % Kautschuk; 3 % Fischereierzeugnisse
Importgüter	17 % Erdölprodukte; 11 % Fahrzeuge; weiterhin Baumwolle, Bekleidung, Zement und Stahlerzeugnisse

Quellen:
– *Business World 21. 12. 2009; Fundstelle: www.umwaelzung.de;*
– *Fischer Weltalmanach 2010 digital; Human Development Report 2009, S. 12 f.*

M 2 Kambodscha – Nähen für den Weltmarkt

Nach der Jahrzehnte andauernden Besetzung durch Vietnam waren das kambodschanische Wirtschaftssystem und die Infrastruktur komplett zerstört. Nach der Unterzeichnung der Friedensverträge im Jahre 1991 wurde im Jahr 1993 die Marktwirtschaft eingeführt.

Angetrieben durch die hohe Nachfrage aus den USA durchlief die kambodschanische Textilindustrie eine sehr dynamische Entwicklung mit Wachstumsraten von 20 % pro Jahr und wurde zum wichtigsten Standbein der Wirtschaft und dies, obgleich beispielsweise Baumwolle importiert werden muss.

2006 bot die Textilbranche, die zu 90 % in ausländischer Hand ist, fast 300 000 Arbeitsplätze in nahezu 300 Betriebsstätten. Es sind vor allem Frauen, die in die wenigen größeren Städte wandern, um mit dem Verdienst ihrer Arbeit in den dortigen Textilfabriken ihre Familien auf dem Land zu unterstützen. Zusätzlich nähen mehr als 20 000 Arbeitskräfte – hauptsächlich Frauen – in ländlichen Regionen in Heimarbeit.

Da etwa 70 % der Textilausfuhren des südostasiatischen Landes in die USA exportiert werden, ist dieser Sektor besonders anfällig bei Wirtschaftskrisen.

Quellen: Zusammengestellt aus
- *Christoph Hein, Vietnam – 100 Dollar Lohn sind zu viel, In: Frankfurter Allgemeine Sonntagszeitung vom 28. 10. 2007, www.faz.net;*
- *Kerstin Kohlenberg, Die Näherin und die gekaufte Moral. In: Die Zeit Nr. 15 vom 6. 4. 2006;*
- *Sonja Meyer, Die wirtschaftliche Entwicklung Kambodschas in Zeiten der globalen Krise, Country Reports, 18. 8. 2009; Fundstelle: www.kas.de (Konrad-Adenauer-Stiftung)*

M 3 Standortkriterien der Textilindustrie

Trotz bedeutender Fortschritte ist die Technologie der Bekleidungsfertigung noch recht einfach. Leichtgewichtig und wenig voluminös lassen sich selbst 500 Nähmaschinen leichter als ein Hochofen oder ein Fließband zur Autoproduktion transportieren. Eine Kleiderfabrik kann in kürzester Zeit an einem Platz abgebaut und an einem anderen Platz wieder aufgebaut werden, praktisch ohne Verlust an fixem Kapital.

Die Umstellung auf überwiegend ungelernte Arbeitskraft hat der Abhängigkeit der Bekleidungsindustrie von einer schwindenden Zufuhr gelernter Arbeitskraft ein Ende gemacht. Die Funktionstrennung von Produktion und Leitung ermöglicht ganz genauso eine globale räumliche Trennung. Gewisse Aufgaben im Stammhaus erfordern gelernte Arbeitskraft (Design, Schnittmuster, Zuschnitte etc.) und Marktnähe. Parallel hierzu können die Näharbeiten, die 95 % der gesamten Arbeitskraft erfordern, irgendwo anders vorgenommen werden.

Quelle: Kreye, Otto/Heinrichs, Jürgen/Fröbel, Folker: Die neue internationale Arbeitsteilung. Hamburg: Rowohlt 1977, S. 178 (gekürzt)

M 4 Entwicklung der Textilindustrie in Deutschland

	1980	1990	2000	2008
Zahl der Betriebe	4 055	2 917	1 598	1 175
Zahl der Beschäftigten	552 658	373 472	187 731	110 500
Umsatz (in Mrd. Euro)	27,5	34,8	26,4	19,3
Handelsbilanz bei Textilien (in Mrd. Euro)	−4,8	−8,4	−11,7	−8,8

Hinweis:
Die Begriffe „Textilindustrie" und „Bekleidungsindustrie" sind nicht trennscharf voneinander abgrenzbar; die Daten für beide Bereiche sind daher zusammengefasst und mit „Textilindustrie" bezeichnet.

Quellen:

- *www.germanfashion.net/statistiken;*
- *Gesamtverband der deutschen Textil- und Modeindustrie e. V. (Hrsg.): Zahlen zur Textil- und Bekleidungsindustrie 2006 und Konjunkturübersicht 2005–2009; www.textil-mode-de;*
- *Ferenschild/Wick und Gesamtverband Textil + Mode. In: Ingeborg Wick, Soziale Folgen des liberalisierten Weltmarkts für Textil und Bekleidung, Frankfurt/Main 2009, S. 28/29*

M 5 Intelligente Kleidung

Mode muss permanent Neues bieten. Sonst verdient sie schließlich ihren Namen nicht. Doch ist Innovation in der Textilindustrie weit mehr als die Diskussion um Rocklänge, Muster oder Trendfarbe. Die wirklichen Neuerungen bei Fasern, Garnen und Ausrüstungen der Stoffe sind im Alltag eher unscheinbar. Meist geht es um den funktionalen Zusatznutzen, den die Kleidung bringen soll. Fachleute sind sich darin einig, dass die Zukunft der deutschen und europäischen Textilindustrie nicht immer in niedrigen Preisen, sondern in immer intelligenteren Produkten liegt.

Wind- und wasserdichte Jacken, atmungsaktive Anoraks und Sportwäsche, die die Feuchtigkeit von der Haut nach außen transportieren, sind im Sport kaum mehr wegzudenken. Schutz vor UV-Strahlen durch spezielle Fasermaterialien und Oberflächenkonstruktionen oder vor Elektrosmog durch Metallfaserbeimischungen werden zum Thema in der Textilindustrie, wie Marie-Louise Klotz, Professorin an der Fachhochschule Niederrhein, und die Unternehmensberatung Hermann Fuchslocher meinen. Besonders im Sportbereich zieht High-Tech ein. Allerdings verwischen zugleich die Grenzen von der Funktionskleidung zum Alltags-Outfit. Integrierte Mobiltelefone oder Pulsmesser mögen zu den Spielereien zählen, eingebaute Ortungssysteme können bei Tiefschnee-Fahrern jenseits der Pisten schon lebensrettend sein. Neuartige Ausrüstungen von Materialien durch eingelagerte Wirk- und Pflegestoffe können Kleidung sogar zum Wellness-Produkt aufwerten. Da gibt es beispielsweise Strumpfhosen, die schwere Beine und trockene Haut erfrischen, oder Funktionskleidung mit hautkühlender Wirkung. Die Fachhochschule Niederrhein verweist zudem auf die Chancen der Nanotechnologie für Oberflächen: Der damit erreichbare Lotus-Effekt lässt Schmutzpartikel und Wassertropfen besser von der Kleidung abperlen.

Innovation durch Reduktion von Schadstoffen testet jetzt der schwäbische Textilhersteller Trigema. Seine neuen allergikergeeigneten T-Shirts sollen kompostierbar sein und von Pilzen und Bakterien rückstandsfrei zersetzt werden. Sie bestehen aus einer Baumwolle, die frei von Düngemittel- und Pestizidrückständen ist, mit naturbelassenem Paraffin versponnen und kompostierbaren Textilfarben eingefärbt wurde. Ob sie auch schick sind, wird sich zeigen.

Quelle: K. B., „Kleidung wird intelligent", Frankfurter Allgemeine Zeitung vom 28. 1. 2006 (verändert)

Allgemeine Hinweise zur Lösung der Aufgabe

Voraussetzungen

Die Aufgabenstellung verbindet die für das Zentralabitur 2011 festgelegten thematischen Schwerpunkte 3 (**Entwicklungsbedingungen und sozioökonomische Strukturen in Südostasien**) und 1 (**Wirtschaftsräumliche Strukturen und Prozesse in Deutschland**).

In erster Linie geht es um die Bedeutung von Standortverlagerungen für ausgewählte Industrie- und Entwicklungsländer. Im räumlichen Fokus steht Kambodscha, dessen Entwicklungsstand zu charakterisieren ist. Ein weiterer inhaltlicher Schwerpunkt liegt auf den unterschiedlichen Perspektiven der Textilindustrie in Kambodscha und in Deutschland (**Semesterübergriff**).

Zuordnung zu den AFB und Gewichtung

Aufgabe	AFB	Gewichtung
1.	I/II	30 %
2.	II/I	40 %
3.	II/III	30 %

Lösungsvorschläge

1. *Die Charakterisierung des Entwicklungsstandes müssen Sie anhand von Kriterien bzw. Indikatoren vornehmen, die Sie aus dem Unterricht kennen. Der Atlas bietet hier nur relativ wenig Unterstützung; hilfreich sind z. B. die Karten auf S. 250 im Diercke Weltatlas 2008. Wenn Kambodscha nicht als Raumbeispiel im Unterricht behandelt wurde, ist Material M 1 die einzige empirische Datenbasis, aus der sich die Indikatoren ableiten und bewerten lassen.*
Eine kurze geografische Einordnung der Lage sollte den Ausführungen vorangestellt werden.

Kambodscha liegt auf der südostasiatischen Halbinsel im Einflussbereich des semihumiden Tropenklimas. Der einzige große Fluss ist der Mekong, die Hauptstadt ist Phnom Penh. Unmittelbare Nachbarländer sind Thailand und Laos im Norden sowie Vietnam im Südosten.

Anhand der Strukturdaten (M 1), die sich auf die Jahre 2007/2008 beziehen, kann folgende **Charakterisierung** vorgenommen werden: Gemessen am **HDI** (0,593 bzw. Rang 137 in der Welt) muss Kambodscha zwischen den sogenannten Schwellenländern und den Entwicklungsländern mit dem niedrigsten Entwicklungsstand eingeordnet werden (Atlas). Gemessen am **BIP/Kopf** (576 US-$) gehört das Land in die Gruppe mit niedrigem Einkommen (Atlas).

Bei differenzierterer Betrachtung lassen sich **Indikatoren** mit unterschiedlichen Tendenzen finden. Auf der einen Seite charakterisieren sie Kambodscha als **typisches Entwicklungsland:**
- Der Anteil der unterhalb der Armutsgrenze lebenden Bevölkerung ist mit 68 % recht hoch.
- Der hohe Anteil der Erwerbstätigen in der Landwirtschaft (60 %) ist verbunden mit einer relativ geringen Wertschöpfung in diesem Sektor (32 % BIP-Beitrag). Im produzierenden Sektor ist das Verhältnis umgekehrt (13 % der Erwerbstätigen tragen zu 27 % zum BIP bei).
- Das Lohnniveau ist beispielsweise in der Textilindustrie vergleichsweise gering und liegt deutlich unter den Werten anderer südostasiatischer Länder. So sind die Löhne in China mehr als doppelt und die in Malaysia bis zu zehnmal so hoch.
- Die Handelsbilanz war sowohl im Jahr 2000 als auch im Jahr 2007 negativ.
- Auch das Bevölkerungswachstum ist mit 1,7 % nicht ungewöhnlich für Entwicklungsländer.

Einige Indikatorwerte lassen sich aber auch durchaus positiv interpretieren und charakterisieren Kambodscha als **Entwicklungsland mit aufstrebender Tendenz:**
- Die Alphabetisierungsrate ist bei den Männern mit 86 % relativ hoch (die der Frauen liegt mit 68 % deutlich darunter).
- Die Frauenerwerbsquote ist mit fast 50 % hoch.
- Die Lebenserwartung ist mit 61 Jahren nicht sehr gering, liegt aber einige Jahre unter dem Weltdurchschnitt.
- Das Außenhandelsvolumen hat sich ausgehend vom Jahre 2000 fast verdreifacht (gilt für den Export- und den Importwert gleichermaßen).

Kambodscha ist demnach als **Entwicklungsland mit einem mittleren Entwicklungsstand** zu charakterisieren, wobei einige Indikatoren ein etwas schlechteres Bild spiegeln; es gibt aber auch Hinweise auf Ansätze für eine Verbesserung des Entwicklungsstandes.

2. *Der Operator „erläutern" verlangt die Verdeutlichung eines komplexen Sachverhaltes mit Bezug auf ein konkretes Beispiel (hier Kambodscha) und/oder im Kontext von Theorien (hier weniger geeignet). Basis für die Bearbeitung sind Kompetenzen, die im Unterricht ausgebildet wurden, und die Materialien M 1–M 3. Strukturierungsmöglichkeiten bieten die spezifischen Bedingungen in Kambodscha für die Entwicklung der Textilindustrie sowie die branchenspezifischen Kontexte, die dem Material zu entnehmen sind. Diese sollten Sie aber nicht nur exzerpieren, sondern auch in ihrer jeweiligen Bedeutung (empirische Strukturdaten) akzentuieren.*

Wesentliche wirtschaftspolitische Voraussetzung für die Entwicklung der Textilbranche in Kambodscha war die Einführung der **Marktwirtschaft** im Jahr 1993. Offensichtlich war es insbesondere die nordamerikanische Nachfrage nach Textilprodukten (70 % der Textilausfuhren werden in die USA exportiert), die der kambodschanischen Textilindustrie eine dynamische Entwicklung bescherte. Dies belegen Wachstumsraten von 20 % pro Jahr (M 2).
Die herausragende Stellung der Textilindustrie (wichtigstes Standbein der Wirtschaft) dokumentiert auch der Anteil von 72 %, den Textilien/Bekleidung/Schuhe am Exportwert haben, das entspricht immerhin fast 3 Mrd. US-$ (M 1).
Eine entsprechend große Bedeutung hat die Textilindustrie auch als Arbeitgeber (300 000 Arbeitsplätze in etwa 300 Betrieben und zusätzlich 20 000 Heimarbeitsplätze, M 2). Die relativ hohe Frauenerwerbsquote von 48,7 % (M 1) lässt sich hiermit in Zusammenhang bringen, da es vor allem Frauen sind, die entweder zu den Jobs in die städtischen Betriebe wandern oder auf dem Land in Heimarbeit tätig sind (M 2). Diese Beschäftigungsmöglichkeiten bieten einerseits den Frauen in ländlichen Räumen Einkommenschancen und verbessern andererseits durch Lohntransfers aus den städtischen Räumen die Lebensumstände der Familien auf dem Lande. Möglicherweise kann die Textilindustrie auf diese Weise zum Abbau räumlicher **Disparitäten** beitragen.

Die Textilindustrie weist einige Besonderheiten auf, die auch oder gerade in Kambodscha von Bedeutung sind:
- die Umstellung von Fachkräften auf die Beschäftigung ungelernter Arbeitskräfte (M 3),
- das im internationalen Vergleich extrem niedrige Lohnniveau (M 1),
- die flexible Infrastruktur der Fertigung (lediglich Leichtbaukapazitäten und Nähmaschinen), die Standortverlagerungen und -neugründungen begünstigt,
- die geringe Transportkostenabhängigkeit (die räumliche Bindung an Rohstoffquellen und/oder Absatzmärkte ist von untergeordneter Bedeutung, sodass es

kaum ins Gewicht fällt, dass der Rohstoff Baumwolle nach Kambodscha importiert werden muss).

Fazit: Die **Textilindustrie** ist eine Branche, die nahezu an jedem Standort installiert werden kann und für Billiglohnländer wie Kambodscha eine Möglichkeit darstellt, Arbeitsplätze zu schaffen und an der Wertschöpfungskette zu partizipieren – trotz des geringen Lohnniveaus, trotz der fehlenden Rohstoffe und trotz der fehlenden nationalen Absatzmärkte. Für Kambodscha ist dieser Industriezweig von **herausragender Bedeutung**.

3. *Die komplexe Aufgabenstellung verlangt den Einbezug von Unterrichtswissen sowie aller fünf Materialien. Es geht einmal darum, die unterschiedlichen Perspektiven der Textilindustrie in Deutschland und Kambodscha vergleichend herauszuarbeiten. Zu diesen soll dann eine Stellungnahme abgegeben werden, also eine begründete Beurteilung mit zusätzlicher Reflexion von Wertmaßstäben, wobei Pluralität in der Argumentation gewährleistet sein soll. Und schließlich soll für diese Stellungnahme noch ein Zitat berücksichtigt werden. Dieser Dreischritt kann als Strukturierung der Lösung dienen: Vergleich mit Fokus auf die Unterschiede, argumentativ begründetes Werturteil, konkreter Bezug zum Zitat an geeigneter Stelle.*

Die **Perspektiven der Textilindustrie in Deutschland** lassen sich aus M 4 ableiten. Die Bedeutung dieses Industriezweiges ist in jeder Hinsicht rückläufig. Besonders deutlich ist das anhand der Zahl der Betriebe (kontinuierliche Abnahme um mehr als 70 % in den 28 Jahren nach 1980) und der Beschäftigten (kontinuierliche Abnahme um 80 %) zu belegen. Die Entwicklung des Umsatzes zeigt seit 1990 einen ähnlichen Trend (Abnahme um 45 %). Auch die Handelsbilanz ist bei Textilien im betrachteten Zeitraum negativ; sie schwankt zwischen –4,8 und –11,7 Mrd. Euro. Hintergrund dieser Entwicklung sind geänderte und effektivere **Produktionsverfahren**, verbunden mit veränderten **Wertschöpfungsketten**. Im internationalen Wettbewerb setzt die deutsche Textilbranche nicht auf günstige, sondern auf hochwertige Produkte. Technische Eigenschaften mit funktionaler Spezifizierung (Outdoor, Gesundheit, Wellness, Pflege usw.) machen das Wesen hochwertiger Produkte der Bekleidungsbranche aus. In dieser Hinsicht kann von einem **Wachstumsmarkt** gesprochen werden, der auf einer zunehmenden Verzahnung zwischen universitärer Forschung (Bereich der Innovationen) und Unternehmen der Wirtschaft (Vermarktung) basiert. Die Gewinne dieses Industriezweiges bleiben im Hochlohnland Deutschland, während die lohnintensive Fertigung in Billiglohnländer wie Kambodscha ausgelagert wird (**Outsourcing**) (M 3 und M 5). Resultat ist die globale räumliche Trennung von Forschung, Entwicklung, Innovation und Design in den Ländern, die auch die Märkte repräsentieren, und von Produktion, die unter Kostengesichtspunkten günstig sein muss, in marktfernen Ländern (M 3).

Fazit: Die **Perspektiven der Textilbranche in Deutschland** können unterm Strich durchaus **positiv** eingeschätzt werden, trotz der oben genannten rückläufigen Parameter. Weitere Arbeitsplatzverluste bzw. -verlagerungen sind zu erwarten, während sich die Umsätze konsolidieren dürften.

Die in der zweiten Teilaufgabe herausgearbeiteten positiven Effekte und die herausragende **Bedeutung der Textilindustrie für Kambodscha** müssen bei der Frage nach den Perspektiven relativiert werden. Die in M 3 bereits angedeutete funktionale und räumliche Trennung wird durch die Angaben zur intelligenten Kleidung in M 5 unterstrichen. Als Billiglohnland übernimmt Kambodscha die arbeitsintensive Produktion, partizipiert aber nur zu einem geringen Teil an der Wertschöpfungskette. Die Gewinne werden in den Hochlohnländern wie Deutschland abgeschöpft. Die **Perspektiven** der Textilindustrie (im Sinne einer Weiterentwicklung) sind für Kambodscha eher negativ einzuschätzen. Dies kann durch folgende Aspekte argumentativ unterstützt werden: Die **Außenhandelsstruktur** ist einseitig auf Textil- und Schuhproduktion ausgerichtet, eine **Diversifizierung** fehlt (M 1). Ein erhöhtes Risiko ergibt sich durch die Fokussierung auf den US-Markt, beispielsweise bei **Wirtschaftskrisen** (M 2). Kambodscha ist abhängig vom **Weltmarkt**, einerseits bei den Rohstoffpreisen für die zu importierende Baumwolle, andererseits bei den Produktpreisen, die Auftragsländer zu zahlen bereit sind. Wegen der **Konkurrenz** durch andere Niedriglohnländer fehlt es an Planungssicherheit (M 1). Der **Know-how-Transfer** von den Innovationsstandorten zu den Produktionsstandorten ist mangelhaft (M 3 – M 5). Möglicherweise kommt es zu einer selektiven **Abwanderung** insbesondere von Frauen aus der Provinz in die Stadt (M 2).
Insgesamt lässt sich festhalten, dass die Textilindustrie als Arbeitgeber und Standbein der Wirtschaft von großer Bedeutung für Kambodscha ist. Die Perspektiven dieser Industrie sind jedoch aufgrund der einseitigen Ausrichtung auf den Fertigungsbereich, der damit einhergehenden Abhängigkeiten und Risiken sowie wegen der fehlenden Partizipation am Entwicklungsbereich und an der Wertschöpfung nicht günstig und vor allem nicht nachhaltig.

Phil Knight pauschalisiert zwar in seinem Zitat; in Bezug auf die Textilbranche ist ihm aber durchaus zuzustimmen. Der Herstellung von Textilien wird kein adäquater Wert mehr beigemessen, was sich in der Konzentration dieses Bereiches auf Niedriglohnländer abbildet. Diese schaffen und sichern möglicherweise Arbeitsplätze, was die regionalen und nationalen Arbeitsmärkte durchaus entlasten und zur Stabilität beitragen kann. Sie partizipieren aber nur marginal an der Wertschöpfung, die in der Tat zum überwiegenden Teil auf Forschung, Innovation und Marketing beruht, wie es Knight in dem Zitat ausdrückt.

Fazit: Arbeitsteilung und Disparitäten in der Wertschöpfung sind Effekte der Globalisierung, die Länder und Volkswirtschaften eher zu Gewinnern oder eher zu Verlierern werden lässt. Die Nachhaltigkeit dieser Entwicklung ist nachdrücklich infrage zu stellen.

Niedersachsen – ein attraktiver Wirtschaftsstandort?

Aufgabenstellung

1. Charakterisieren Sie Niedersachsens wirtschaftsräumliche Struktur.
2. Erläutern Sie, weshalb sich deutsche Unternehmen im Boom Belt der USA niederlassen.
3. Erörtern Sie, ob Niedersachsen ein ähnlich attraktiver Wirtschaftsstandort wie der Boom Belt ist.

Hilfsmittel: eingeführter Schulatlas, Taschenrechner

M 1 Rangplätze umsatzstarker Unternehmen – in Niedersachsen und im Boom Belt 2009

a) **Unternehmen mit Hauptsitz in Niedersachsen und ihr Rang unter den 100 umsatzstärksten Unternehmen in Deutschland 2009**

Rangfolge	Unternehmen	Unternehmenssitz	Branche
1	VW	Wolfsburg	Autohersteller
23	Continental	Hannover	Autozulieferer
27	TUI	Hannover	Touristik
54	Salzgitter AG	Salzgitter	Stahl
65	Johnson Control	Hannover	Autozulieferer früher: Varta-Batterien
73	Agrarvis/Raiffeisen	Hannover	Agrarhandel
86	Rossmann	Burgwedel	Handel/Drogeriemärkte
87	Hagebau	Soltau	Baustoffhandel

b) **Unternehmen mit Hauptsitz im Boom Belt und ihr Rang unter den 100 umsatzstärksten Unternehmen der USA 2009**

Rangfolge	Unternehmen	Unternehmenssitz	Branche
9	Bank of America	Charlotte/NC[1]	Banken
18	Home Depot	Columbus/GA	Baustoffhandel
44	UPS	Atlanta/GA	Postdienstleistungen
46	Lowe's	Mooresville/NC	Handel
47	Wachovia Corp.	Charlotte/NC	Banken
51	Freddie Mac	McLean/VA	Finanzen
54	Sprint Nextel	Reston/VA	Telekommunikation
97	International Paper	Memphis/TN	Verpackungen
98	Coca Cola	Atlanta/GA	Nahrungsmittel

1 GA – Georgia, NC – North Carolina, TN – Tennessee, VA – Virginia

c) **Unternehmen beider Räume und ihr Rang unter den 100 umsatzstärksten Unternehmen der Welt 2009**

Rangfolge	Unternehmen	Unternehmenssitz	Branche
15	Bank of America	Charlotte	Banken
16	VW	Wolfsburg	Autohersteller
97	Home Depot	Columbus	Baustoffhandel

Quellen zusammengestellt aus:
- *http://www.forbes.com/lists/2010/18/global-2000-10;*
- *www.americanet.de/html/wirtschaft_grosste_firmen.html;*
- *http://wapedia.mobi/de/Liste_der_größten_Unternehmen_in_Deutschland*

M 2 Sonne, Wachstum, Coca-Cola

Die US-Südstaaten galten jahrzehntelang als rückständig, die amerikanischen Industriezentren lagen im Norden. Jetzt hat sich die Entwicklung umgekehrt: Georgia, Alabama und Co. sind die neue Boom-Region. Gründe für die Ansiedlung im amerikanischen Südosten liegen zunächst in der verbesserten Infrastruktur: Der Flughafen Atlanta ist das verkehrsreichste Luftdrehkreuz der Welt. Daneben hat Savannah (Georgia) inzwischen den drittgrößten Containerhafen der USA an einer zuvor rein touristisch geprägten Küste. Hinzu kommen wichtige Einrichtungen der Forschung und Hochtechnologie, die den einst landwirtschaftlich geprägten und agrarisch immer noch bedeutenden Raum deutlich neu bewerten. Vor allem aber sind die Löhne niedrig. Gewerkschaften haben im Süden traditionell einen schweren Stand. Preise für gewerbliche Immobilien sind erschwinglich, Steuervergünstigungen locken einheimische wie ausländische Investoren. Die Lebensqualität ist hoch. Das liegt aber nicht nur am sonnigen Klima. Die Einheimischen erklären den Erfolg vor allem mit der Gastfreundschaft des Südens, der sogenannten *Southern Hospitality*.

Nico Wijnberg ist der Verbindungsmann des Bundesstaates Georgia für Unternehmen aus aller Welt. „Meine Aufgabe ist es, Ausländern dabei zu helfen, bürokratische Hemmnisse zu beseitigen, sich in Georgia einzuleben und wohl zu fühlen", sagt Wijnberg. „Sie sollen in ihrer Heimat berichten: Dies ist der Ort, an dem die Geschäfte boomen." In keinem anderen US-Bundesstaat gibt es bislang einen solchen Posten.

① **Bridgestone/Firestone** (USA) (Reifen, Schläuche), **Northern Telecom** (USA) (Forschung, Kommunikationssysteme), **Nissan** (J) (Automobile)

② **Research Triangle Park: Burroughs Wellcome** (USA) (Medikamente)

③ **Matsushita** (J) (Stahlerzeugnisse)

④ **Nucor Corp.** (USA) (Stahlerzeugung), **First Union Corp.** (USA) (Finanzierungsgesellschaft)

⑤ **BMW** (D) (Automobile)

⑥ **Home Depot** (USA) (Baumarkt), **Turner Broadcasting** (USA) (Fernsehen, Verkabelung), **Hartsfield Atlanta** (USA) (Flughafengesellschaft)

⑦ **Daimler AG** (D) (Automobile), **Michelin** (F) (Reifen)

═ Highway 85

Der Zustrom internationaler Unternehmen spricht für sich. 2 500 Firmen aus mehr als 50 Ländern sind allein in Georgia bereits angesiedelt, einem Bundesstaat, dessen kennzeichnender Zusatzname noch immer „Pfirsich-Staat" lautet, ein untrügliches Zeichen seiner landwirtschaftlichen Basis. Doch die wirtschaftliche Post geht heute anders ab: Zum ehemals einzigen Global Player im Südosten, Coca-Cola, sind allein in Georgia mit dem Expressdienstleister UPS, dem Baumarktriesen Home Depot und Delta Airlines weitere Top-Unternehmen der USA hinzugekommen. Bereits 1 200 deutsche Unternehmen sind im Südosten vertreten. Unter den großen deutschen Unternehmen, die sich in Georgia ansiedeln, sind der Sportwagenbauer Porsche und der Druckmaschinenhersteller Heidelberger besonders hervorzuheben. Zurzeit errichtet der südkoreanische Autobauer Kia für 1,2 Milliarden Dollar ein Werk in West Point bei Atlanta.

Und nun auch VW. Der Konzern unterhält seit 2009 ein Zweigwerk in Chattanooga (Tennessee). „Die Präsenz auf den internationalen Märkten ist eine Voraussetzung für wirtschaftlichen Erfolg. Der neue Standort von Volkswagen ist für mich ein gelungenes Beispiel für die dynamische und erfolgreiche Internationalisierung der niedersächsischen Wirtschaft", erklärte der damalige niedersächsische Ministerpräsident Wulff während der Besichtigung des Werkgeländes vor den rund 50 Mitgliedern seiner Wirtschaftsdelegation, bestehend aus Vorstandsmitgliedern von VW, der Deutschen Messe AG, RWE, Nord/LB, dazu Mittelständlern und leitenden Universitätsvertretern aus Hannover, Göttingen, Braunschweig und Clausthal.

Quellen zusammengestellt aus:
- *Katja Ridderbusch, Atlanta, Wirtschaftsboom in Georgia – Sonne, Wachstum, Coca-Cola, Spiegel online 6. 9. 2009; www.spiegel.de/wirtschaft/soziales/0,1518,646833,00.html;*
- *Homepage VW, Wolfsburg, 4. 10. 2009, Neues Werk in den USA liegt voll im Zeitplan, Niedersachsens Ministerpräsident Wulff besucht Volkswagen in Chattanooga; www.volkswagenag.com/vwag/vwcorp/info_center/de/news/2009/10/chattanooga_on_schedule.html;*
- *HAZ-online, 29. 9. 2009, 18:18 Uhr, Ministerpräsident Wulff zu USA-Reise aufgebrochen; www.haz.de/ Nachrichten/Politik/Niedersachsen/Wulff-zu-USA-Reise-aufgebrochen;*
- *Karte: eigene Darstellung*

M 3 10 gute Gründe für den Wirtschaftsstandort Niedersachsen

1. Internationale Drehscheibe
Niedersachsen ist durch seine zentrale Lage der optimale Standort, um Märkte, Kunden und Lieferanten innerhalb der erweiterten Europäischen Union und auch in Osteuropa zu erreichen.

2. Hier trifft sich die Welt
In der Landeshauptstadt Hannover treffen sich Gäste aus aller Welt. In jedem Jahr treffen sich internationale Fachbesucher auf den Messen der Landeshauptstadt.

3. Mobilitätsland Nummer 1
Zu Lande, zu Wasser, in der Luft und im Weltall ist Niedersachsen beim Thema Mobilität ganz vorn mit dabei. Hier befinden sich die bedeutendsten Standorte der deutschen Schiffbauindustrie und die wichtigsten Arbeitgeber im Schiffbau. Niedersachsen ist eines der größten Zentren der Automobilindustrie mit einem verzweigten Netz an Zulieferbetrieben, verbunden mit einer dichten Forschungs- und Entwicklungs-Infrastruktur.

4. Land voller Energie
Rund 90 Prozent der deutschen Erdgasförderung und rund ein Drittel der deutschen Erdölförderung stammen aus Niedersachsen. Durch die langjährige Tradition als Erdöl- und Erdgasland hat Niedersachsen exzellentes Know-how rund um das Thema. Bei erneuerbaren Energien wie Windenergie und als Biogasland sind wir deutschlandweit Spitzenreiter.

5. High-Tech auf Weltniveau
Dank zahlreicher Einrichtungen in Forschung und Entwicklung bietet Niedersachsen potenziellen Investoren ein effizientes Netzwerk für den Wissenstransfer. Elf Hochschulen von Universitätsrang, zwei künstlerische und 13 Fachhochschulen sowie 120 außeruniversitäre Forschungseinrichtungen und Technologietransferstellen an allen Hochschulen sind hier angesiedelt. Spitzentechnologien werden durch Landesinitiativen und Kompetenzzentren gefördert.

6. Vom Agrar- zum Innovationsland
Die frühere landwirtschaftliche Prägung Niedersachsens ist heute die Grundlage für die Hochtechnologien der Zukunft. In den vergangenen Jahrzehnten hat sich eine leistungsstarke Ernährungsindustrie entwickelt und die Forschungseinrichtungen in diesem Bereich zählen zu den renommiertesten deutschen Institutionen.

7. Auf den Weltmärkten zu Hause
Jährlich werden Tausende Unternehmen in Niedersachsen gegründet: Existenzgründer, mittelständische Firmen und Handwerksbetriebe. Internationale Marktführer wie die Meyer Werft, die Enercon GmbH, die Otto Bock Health Care GmbH und die KWS Saat AG sind hier beheimatet.

8. Kurze Wege, schnelle Ergebnisse
Niedersachsens Verwaltung hat eine zweistufige Struktur. Zwischen 2003 und 2007 wurde im Rahmen einer Deregulierungsoffensive fast die Hälfte aller Landesvorschriften gestrichen. Die NBank steht Existenzgründern, Mittelstand und Handwerk in Förderfragen zur Seite. Für Unternehmen und Investoren heißt das: weniger Bürokratie, weniger Verwaltungs- und Genehmigungsaufwand, dafür schnellere Umsetzung ihrer Pläne.

9. Lebensqualität ganz groß
Auf dem Land wie in der Stadt hat Niedersachsen ein attraktives Freizeitangebot zu bieten. Renommierte Theater, rund 800 Museen, musikalische Großereignisse und internationale Kunstsammlungen zeigen nur einen Teil der kulturellen Vielfalt. Zudem gibt es beliebte regionale Ziele wie historische Städte, Naturlandschaften von Nordsee über Lüneburger Heide bis zum Harz. Auch Häuser und Wohnungen sind zu moderaten Preisen zu finden.

10. Ein attraktives Urlaubsziel
Niedersachsen gehört zu den beliebtesten Ferienländern Deutschlands. Kein anderes Bundesland bietet vom Badeurlaub an der Küste bis zum Winterurlaub im Harz eine so hohe attraktive Vielfalt.

„Innovatives Niedersachsen GmbH“ wurde 2007 als 100-prozentige Gesellschaft des Landes Niedersachsen gegründet. Die GmbH hat die Aufgabe, die Innovationspolitik Niedersachsens durch eine medienwirksame Standortkampagne zu begleiten.

Quelle: Kampagne „Innovatives Niedersachsen“ (gekürzt); www.innovatives.niedersachsen.de /inhaltsseiten/nebenmenue-links/wirtschaftsstandort-niedersachsen.html

Allgemeine Hinweise zur Lösung der Aufgabe

Voraussetzungen

Die folgende Klausur bezieht sich gemäß den Vorgaben für das Zentralabitur 2011 auf den Themenschwerpunkt 1 (**Wirtschaftsräumliche Strukturen und Prozesse in Deutschland**) sowie auch auf den Schwerpunkt 2 (**Der Wirtschaftsraum USA in seiner globalen Verflechtung**).

In dieser Klausur liegt der inhaltliche Schwerpunkt auf der Bearbeitung Niedersachsens unter den Aspekten von Wirtschaftsstärke oder -schwäche, Standortfaktoren im Wandel, harten und weichen Standortfaktoren sowie Deutschlands Stellung in der globalisierten Wirtschaft. Der thematische Übergriff erfolgt auf den Südosten der USA mit den Aspekten Standortfaktoren im Wandel, alten und neuen Industriestandorten im Kontext der Globalisierung sowie den USA als Ziel ausländischer Investitionen.

Zuordnung zu den AFB und Gewichtung

Aufgabe	AFB	Gewichtung
1.	I/II	30 %
2.	I/II	30 %
3.	II/III	40 %

Lösungsvorschläge

1. *Beim Operator „charakterisieren" sollen Sie geografische Sachverhalte in ihren Eigenarten beschreiben und typische Merkmale kennzeichnen. Da Sie jedoch auf ein standardisiertes Verfahren des Unterrichts zurückgreifen (nämlich Sachverhalte in ihren Eigenarten zu beschreiben, typische Merkmale zu kennzeichnen und diese dann unter passenden Gesichtspunkten zusammenzuführen), werden hier nicht nur der AFB II, sondern auch der AFB I angesprochen und bewertet.*
Grundlagen sind neben einem Datencluster (M 2) und einem Text (M 3) auch geeignete Atlaskarten. Sie müssen jedoch darauf achten, dass hier sehr vielfältige Karten in Bezug auf Niedersachsen zu finden sind, die von unterschiedlicher Bedeutung für die Aufgabe selbst sind.
Wichtig für Ihre Arbeit mit dem Material ist eine Struktur, die den Anforderungen, die sich aus dem Begriff „wirtschaftsräumliche Struktur" ergeben, gerecht wird. Natürlich erwartet man von Ihnen auch, dass Sie Kausalketten erstellen bzw. von einzelnen Phänomenen zu abstrakten Klassifizierungen kommen.

   Das Bundesland Niedersachsen liegt im Nordwesten Deutschlands. Innerhalb Europas kann man von einer **Randlage** sprechen. Flächenmäßig handelt es sich um das zweitgrößte deutsche Bundesland.

   Aus der Betrachtung von entsprechenden Karten im Atlas (z. B. Diercke Weltatlas 2008, S. 54) wird deutlich, dass Niedersachsen stark von der **Landwirtschaft** geprägt ist. Mit dem Oldenburger Münsterland und der Magdeburger Börde gibt es zumindest zwei Schwerpunktgebiete, in denen Veredlungsbetriebe vorherrschen. Es werden vielfältige Feldfrüchte angebaut (neben Futterpflanzen v. a. Silomais/Grünmais, Gerste und Obst) und es wird in großem Stil Viehhaltung betrieben (Rinder, Schweine, Geflügel).

Von nationaler Bedeutung sind die Vorkommen an Erdgas (z. B. um Visbek und Söhlingen) und Erdöl (z. B. im Emsland, vgl. Diercke Weltatlas 2008, S. 26/27). In der Küstenregion finden sich aufgrund der natürlichen Bedingungen zahlreiche Windenergieanlagen (Diercke Weltatlas 2008, S. 53.4).

Es fällt auf, dass sich eine Art Industrieband im **Süden** des Bundeslandes erstreckt, während weitere Industrien nur punktuell vorkommen (wie z. B. die Werftindustrie im Nordwesten). Das industrielle Zentrum stellt der Raum **Hannover-Braunschweig-Wolfsburg** dar; hier spielt v. a. die **Automobilindustrie** (VW in Wolfsburg) mit ihren Zulieferern eine besondere Rolle. VW hat nach M 1 nicht nur für die Wirtschaftsstruktur Niedersachsens, sondern auch für Gesamtdeutschland eine herausragende Bedeutung. Weltweit ist der Konzern in der Rangfolge der umsatzstärksten Unternehmen auf Platz 16, was auf eine gewisse Abhängigkeit Niedersachsens von diesem Global Player schließen lässt.

Der **tertiäre Wirtschaftssektor** konzentriert sich in den Großstädten. Zahlreiche F&E-Einrichtungen (z. B. Universitäten), Logistik- und Finanzzentren befinden sich in den größeren Städten (z. B. Hannover, Osnabrück, Bremen). Hannover ist ein bedeutender Messestandort sowie ein Einkaufs- und Dienstleistungszentrum. Tourismus ist von Bedeutung an der Küste und in den Mittelgebirgen einschließlich des Harzes (vgl. z. B. Diercke Weltatlas 2008, S. 26/27, 32 und 60).

Insgesamt ist Niedersachsen als ein Bundesland mit einer agrarischen Grundstruktur, mit industriellen Zentren sowie einer ausgeprägten **Disparität** zwischen Stadt und Land zu charakterisieren. Den Zentralräumen mit hoher Bevölkerungsdichte und bester Zentrenerreichbarkeit wie z. B. Hannover stehen v. a. im Nordwesten Peripherräume mit geringer Bevölkerungsdichte und geringer industrieller Entwicklung gegenüber (vgl. Diercke Weltatlas 2008, S. 26/27 und 66).

2. *„Erläutern" erfordert eine Verdeutlichung von Sachverhalten in deren komplexen Beziehungen. Dazu bedient man sich einmal eigener Kenntnisse und zum anderen, wie in diesem Beispiel, einer stringenten und gründlichen Auswertung der Materialien. Hier müssen Sie die Sichtweise der deutschen Unternehmen in den Vordergrund stellen. Ihre Ausführungen bezüglich Ihres Wissens zum Strukturwandel in den USA müssen diesem Ansatz untergeordnet, aber nicht völlig ausgeklammert werden. Es kommt auch darauf an, dass Sie M 2 in Verbindung mit M 1 sehen. Eine bloße Wiedergabe der Textaussagen wäre nicht aufgabenadäquat.*

Als US-amerikanischen **Boom Belt** bezeichnet man die Region der Südoststaaten der USA, in die zahlreiche Unternehmen aus dem Frost Belt (dem Norden, besonders auch aus dem Manufacturing Belt) umgesiedelt sind. Hinzugekommen sind vielfältige Neuansiedlungen von Industrien und Dienstleistern, die die Nähe zur

Ostküste dem Bundesstaat Kalifornien vorzogen. Die Staaten des Boom Belt (auch Sun Belt genannt) erreichten durch die Schaffung bzw. Verstärkung von weichen Standortfaktoren auch die Ansiedlung vieler ausländischer Firmen, die den Boom weiter verstärkten.

Folgende **weiche Standortfaktoren** charakterisieren die Region:
- aus der Lage ableitbares Klima (subtropisch warm) als Gunst;
- staatliche Hilfen;
- niedriges Lohnniveau, nicht zuletzt dank einer geringen Gewerkschaftspräsenz;
- das Vorhandensein eines großen Wissenspools durch angesehene Universitäten und Colleges;
- eine gute Infrastruktur inklusive eines Anschlusses an einen der größten Containerhäfen der Welt;
- hohes staatliches Interesse am Ausbau, das auch Interessen der Bevölkerung selbst (in M 2 „Gastfreundschaft" genannt) mit einschließt.

Durch das Vorhandensein einer relativ großen Anzahl wichtiger Firmen in dieser Region, einschließlich einiger deutscher Unternehmen (VW, Mercedes, BMW), versprechen sich deutsche Unternehmen natürlich auch **Fühlungsvorteile**, das Eintreten in ein Netz hochgradiger Integrationsstrukturen (wie z. B. einer großen Zulieferindustrie) und einen weiteren Ausbau des lokalen Absatzmarktes durch das in solchen Prozessen unabdingbare Nachziehen des tertiären Sektors.

Daneben ist eine Produktionspräsenz auf dem US-Markt (oder ausgeweitet auf dem NAFTA-Markt) eine wichtige Komponente im Streben nach dem Status eines Global Players. Auch VW setzt auf die Marktpräsenz, beginnend mit dem in den USA eher unterrepräsentierten Klein- und Mittelwagensegment. Dies geschieht nicht zuletzt auch als Globalstrategie gegen US-amerikanische und japanische Automobilbauer.

Ein weiteres Interesse, das solchen Ansiedlungen im entwickelten Ausland immer unterstellt werden kann, sind auch angestrebte Rückkoppelungseffekte für den deutschen Markt (Technologietransfer, Ausbau der Dienstleistungen etc.).

3. *Diese Aufgabe fordert eine Argumentation, d. h., Sie haben auch die Wahl, ob Sie der These zustimmen oder nicht. In jedem Fall, auch bei einer eingeschränkten Zustimmung, müssen Sie klar und eindeutig argumentieren, wobei Sie durchaus Fakten aus den vorhergehenden Aufgaben aufgreifen können und sollen. Ganz wichtig in diesem Zusammenhang ist allerdings, dass Sie dem Material M 3 nicht „auf den Leim gehen" und die dort gemachten Aussagen für die Realität selbst halten – es ist ein Werbetext mit der solchen Texten innewohnenden Intention. Wichtig ist, dass Sie vorab den Bezugsrahmen umreißen, also die Region, für die Niedersachsen attraktiv sein soll. Am sinnvollsten dürfte hier die EU sein, allein aus der Erwägung der Größenverhältnisse im Vergleich zum Sun Belt.*
Im Folgenden werden zwei mögliche Lösungswege skizziert: Zunächst wird argumentiert, dass Niedersachsen ein ähnlich attraktiver Standort wie der Boom Belt ist; dann folgt die Ablehnung der These. In der Prüfung müssen Sie natürlich nur eine Seite erörtern.

Der US-amerikanische Boom Belt und Niedersachsen ähneln sich in vielerlei Hinsicht. Der Boom Belt kann als eine Art **Vorbild** gesehen werden: Es handelt sich ebenfalls um einen ehemals agrarisch geprägten Raum (Cotton Belt), eine profitable Landwirtschaft ist noch vorhanden. Früher gab es in der Region nur Coca-Cola als Weltkonzern und auch heute noch ist der Raum industriell eher durchschnittlich geprägt. Der Aufstieg zum Boom Belt erfolgte v. a. dank des Niedergangs eines altindustrialisierten Raums (Manufacturing Belt): Im Boom Belt kam es auch zu einem deutlichen Bedeutungsgewinn des **tertiären Sektors**. Die Küstenzone fungiert als Tourismusareal.

Niedersachsen kann auf einen ähnlichen Werdegang zurückblicken (ehemaliger Agrarraum mit noch immer leistungsfähiger Landwirtschaft, relativ wenig Industrie, Bedeutungsgewinn des tertiären Sektors) und stellt heute einen ähnlich attraktiven Standort wie der Boom Belt dar. Dies beruht v. a. auf folgenden **Chancen:**
- Diversifizierung mit Abbau der Monopolstellung von VW;
- stärkere Öffnung für ausländische Investoren;
- Stärkung des tertiären Sektors (auch via Auslandskapital);
- Stärkung der Küste, auch im Hinblick auf neue Handelsknotenpunkte (Jade-Weser-Port) hin;
- weiterer Ausbau der Innovationspotenziale (z. B. Research Triangle H-BS-WOB).

Hinzu kommt die Bedeutung von VW als deutsches Unternehmen (beheimatet in Niedersachsen), das als Global Player mit Fertigungsanlagen auf allen Kontinenten auftritt und so in den Wachstumsregionen auch für den Standort Niedersachsen werben kann. Nicht zu vergessen ist die Hannover Messe, laut Betreibern die weltweit wichtigste Technologie-Messe, auf der sich zumeist über 5 000 Unternehmer aus mehreren Dutzend Ländern darstellen.

Insgesamt ist Niedersachsen als ähnlich strukturiert zu betrachten und hat gute Chancen, dem „Vorbild" nachzufolgen.

Alternative Lösung:
Im Vergleich zum Boom Belt ergeben sich für Niedersachsen zahlreiche **hinderliche Faktoren:** Das deutsche Bundesland ist deutlich schwächer als der US-amerikanische Südosten aufgestellt, da der Niedergang des Ruhrgebiets eher dem wirtschaftsstärkeren Süden Deutschlands zugutekommt.

Der deutsche Föderalismus ist mit dem Staatensystem der USA nicht vergleichbar und die Fixierung der Bundesländer auf die eigene, nicht auf die nationale Sichtweise wirkt als Bremse jeglicher Entwicklung. Eine Entwicklung im US-amerikanischen Sinn wäre zudem nur im Verbund mit den Nachbarn Niederlande und Belgien sowie Dänemark sinnvoll. Weiche Standortfaktoren wie das für den Sun Belt charakteristische angenehme Klima sind für Niedersachsen eher illusorisch. Zudem liegt Niedersachsen in der globalisierten Welt peripher.

Als Fazit ist festzuhalten: Niedersachsen ist ein allenfalls durchschnittlicher Standort in Europa und kann sich wohl kaum mit einer Region wie dem US-amerikanischen Boom-Belt messen.

Schriftliche Abiturprüfung Niedersachsen 2010 Erdkunde
Erhöhtes Anforderungsniveau – Aufgabe II

Vietnam – ein „Tigerstaat"?

Aufgabenstellung

1. Stellen Sie den Wirtschaftsraum Vietnam unter Berücksichtigung der naturräumlichen Voraussetzungen dar.
2. Charakterisieren Sie den sozio-ökonomischen Entwicklungsstand Vietnams.
3. Erläutern Sie die Bedeutung des Engagements der Firma Seidensticker für Vietnam.
4. *„Vietnam befindet sich auf dem Sprung zu einem weiteren ‚Tigerstaat'."*
   Beurteilen Sie vor dem Hintergrund dieser These das Entwicklungspotenzial Vietnams.

Hilfsmittel: eingeführter Schulatlas, Taschenrechner

M 1 Südostasien – Wirtschaft (Kartenausschnitt)

Siehe Diercke Weltatlas, Braunschweig 2008, S. 180

Hinweis: Der in der Original-Abiturprüfungsaufgabe abgedruckte Kartenausschnitt umfasste ungefähr folgendes Gebiet: von Irawadi/Myanmar im Westen bis zur chinesischen Insel Hainan im Osten und im Norden von Liuzhou/China bis Songkhla/Thailand im Süden.

M 2 Strukturdaten Vietnams

	Jahr 2008	
Fläche (in km²)		310 070
Einwohnerzahl (in Mio.)		86,21 (2003: 81,3)
Anteil der städtischen Bevölkerung (in %)		27,8
Bevölkerung unter 15 Jahren (in %)		26,5
Bevölkerung ab 65 Jahren (in %)		6,3
Fertilitätsrate		2,1
Schüler je Lehrkraft (Sekundarstufe)	2007	22

Lebenserwartung von Männern/Frauen (in Jahren)		72,5/76,5
Ärzte/1 000 Einwohner	2002	6
Anteil der Erwerbstätigen in der Landwirtschaft (in %)		ca. 65
BIP (in Mrd. US-$)		90,6 (2003: 39,5)
BIP pro Kopf (in US-$)	2009	1 059 (2003: 486)
Veränderung des BIP (in % zum Vorjahr)	2009	5,3 (2003: 7,2)
Anteil am BIP (in %)		
• Landwirtschaft		22
• Industrie		40
• Dienstleistungen		38
Import (in Mrd. US-$)		79,9 (2004: 32)
Import aus Deutschland (in Mrd. US-$)		1,48
• davon: Maschinen und Ausrüstungen		0,95
Export (in Mrd. US-$)		62,7 (2004: 26,5)
Export nach Deutschland (in Mrd. US-$)		2,1
• davon: Bekleidung Schuhe Kaffee Meeresfrüchte		 0,38 0,37 0,26 0,20

Quellen:
- *Statistisches Bundesamt Deutschland – Vietnam*
- *www.destatis.de/jetspeed/portal/cms/Sites/destatis/Internet/DE/Content/Statistiken/Internationales/InternationaleStatistik/Land/Asien/Vietnam,templateId=renderPrint.psml*
- *Der Fischer Weltalmanach 2010, Frankfurt/M., 2009*

M 3 Wirtschaftliche Beziehungen Vietnams

Vietnam ist eine in hohem Maße exportabhängige Volkswirtschaft, die Ausfuhren machen 75 Prozent des Bruttoinlandsprodukts aus. Die mit WTO-Beitritt 2007 erfolgte Aufhebung der Textilquoten hat Vietnam auf Platz sechs der weltweit größten Textilexporteure katapultiert. Unternehmen der deutschen Bekleidungsindustrie, wie z. B. Seidensticker, nutzen Vietnam als Produktionsbasis. Das südostasiatische Land bleibt weltweit größter Exporteur von schwarzem Pfeffer, von Cashewnüssen und von Naturkautschuk, und ist Nummer zwei bei Reis und Kaffee sowie drittgrößter Rohölexporteur in Südostasien. Auch beim Export von Meeresfrüchten ist Vietnam weltweit in die „Top 10“ aufgerückt.

Das Bemühen, deutsche Unternehmensinteressen bei „Leuchtturmprojekten“ zur Geltung zu bringen, hält an. Größtes geplantes Projekt ist der Bau einer U-Bahn für Ho-Chi-Minh-Stadt. Weitere Großprojekte, bei denen deutsche Firmen auf Beteiligung hoffen, sind die Errichtung und der Betrieb des neuen Flughafens in Ho-Chi-Minh-Stadt sowie die geplanten Neubauten des Parlamentsgebäudes und des Nationalmuseums.

Nachdem VW in China gigantische Wachstumsraten hingelegt hat, will der Konzern nun in weiteren Schwellenländern Fuß fassen. Anders als Toyota besitzt VW in der Asean-Region erheblichen Nachholbedarf.

Derzeit liegt der Marktanteil der Wolfsburger bei 0,2 Prozent, während Toyota mit 33 Prozent Südostasien beherrscht. Insgesamt wurden in den Asean-Ländern, zu denen unter anderem die aufstrebenden Tigerstaaten Thailand, Malaysia und Vietnam gehören, 1,8 Millionen Fahrzeuge im Jahr 2009 abgesetzt, Tendenz weiter steigend.

Damit liegt die Asean-Region in ihrer Bedeutung für die Autoindustrie nur knapp hinter Indien mit 2,3 Millionen Pkw und gilt als einer der Hoffnungsmärkte. Aufgrund der schlechten Straßen und einer günstigen Besteuerung – vor allem in Thailand – werden in diesen Märkten überwiegend Pick-ups[1] verkauft.

Bislang fehlten den Wolfsburgern bei ihrem erklärten Ziel, den asiatischen Rivalen Toyota vom Thron zu stoßen, sowohl ein passendes Modell als auch der Zugang zum südostasiatischen Markt (Asean). Nun aber spielt der Autobauer mit dem Gedanken, den Pick-up Amarok auch in dieser Region zu fertigen. Ab 200 000 Stück jährlich würde sich ein Werk in Südostasien lohnen. Wegen hoher Einfuhrzölle habe es keinen Sinn, die Asean-Staaten von China aus zu bedienen, heißt es bei VW. Deshalb sei Vietnam ihnen als Standort am liebsten.

Exportprodukt	**Volumen 2007 (Mrd. US-$)**	**Volumen 2008 (Mrd. US-$)**	**Importprodukt**	**Volumen 2007 (Mrd. US-$)**	**Volumen 2008 (Mrd. US-$)**
Rohöl	8,5	10,4	Maschinen, Ersatzteile	10,4	13,5
Bekleidung, Textilien	7,8	9,2	Erdölprodukte	7,5	10,8
Schuhe	4,0	4,7	Eisen und Stahl	4,9	6,3
Meeresfrüchte	3,8	4,7	Textilerzeugnisse	3,9	4,4
Holzprodukte	2,4	2,8	PC, Elektronik	3,0	3,7
Computer, Elektroartikel	2,2	2,8			
Reis	1,5	2,8			

1 Pick-up: robuster Pkw mit offener Ladefläche

Quellen: zusammengestellt aus
- *Jahreswirtschaftsbericht 2008, Deutsche Botschaft Hanoi, 2009;*
- *www.schwaben.ihk.de/dokumente/ergaenz_info/El173915.pdf (gekürzt);*
- *Financial Times Deutschland, Margret Hucko, Hamburg, 10. 8. 2010;*
- *www.ftd.de/unternehmen/industrie/:asiengeschaeft-volkswagen-strebt-nach-vietnam/ 50155273.html (verändert)*

M 4 Seidenstickers Engagement in Vietnam

Das Unternehmen mit Hauptsitz in Bielefeld wurde im Jahr 1919 gegründet. Heute ist der Seidensticker-Konzern in 78 verschiedenen Ländern präsent. Seidensticker ist der größte Hersteller von Oberhemden in Europa und rangiert weltweit unter den Top-Drei. Seit 2009 betreibt die Firma Logwin für Seidensticker ein Warehouse[1] in Hanoi. Beide Unternehmen kooperieren bereits seit über zehn Jahren.

Peter Tornow, Managing Director Seidensticker (Overseas) Ltd. in Asien: „Insgesamt fünf Fabriken in Hanoi und Haiphong arbeiten für Seidensticker. In unserer eigenen Fabrik in der Nähe von Hanoi sind gegenwärtig (2007) 1 300 Mitarbeiter beschäftigt (2009 sollen es 2 300 sein). Neben den günstigen Produktionskosten sind es die gut ausgebildeten Mitarbeiter, die unsere Oberhemden mit mehr Liebe zum Detail herstellen als in vielen anderen Ländern. Davon abgesehen sind die geographische Lage und Infrastruktur Vietnams mit den modernen und leistungsfähigen Hafenanlagen in Haiphong und Ho Chi Minh City sehr günstig für den Import von Rohstoffen aus China und den Export der Fertigwaren nach Europa und in die USA. Verglichen mit China, Indonesien und anderen Ländern spielt Vietnam wegen seiner günstigen Produktionskosten ganz vorne mit. Die Arbeiter in Vietnam sind nicht nur sehr geschickt, sondern auch gewillt, in der Bekleidungsindustrie zu arbeiten, obwohl es zunehmend auch Wettbewerb von anderen Industriebereichen gibt, wie beispielsweise der Elektro- und Elektronikindustrie. Politische Stabilität, eine einfache und verlässliche Gesetzgebung sowie keine staatliche Einflussnahme in die Angelegenheiten ausländischer Investoren sind ebenfalls große Pluspunkte für die Arbeit in und mit diesem Land.“

Im Jahr 2009 entschloss sich Seidensticker Deutschland, seine Warehouse-Kapazitäten in Bielefeld herunterzufahren und sein Distributionszentrum nach Vietnam zu verlegen. Peter Tornow: „In erster Linie handelt es sich hierbei um eine Kostenentscheidung. Ein Warehouse dieser Größe an unserem Stammsitz Bielefeld zu betreiben ist sehr kostenaufwändig, hauptsächlich wegen der Personal-, aber auch wegen der Lagerraumkosten im Allgemeinen. Wir versenden von dort aus die fertigen Artikel direkt an unsere Endkunden in Europa, ohne Umweg über ein Lager in Hamburg oder Bielefeld.“ Detlef Adler (Seidensticker Geschäftsführung): „Der gesamte Prozess steht unter unserer Kontrolle, um die Qualität der Produkte zu sichern.“ Für ein Hemd, das aus rund 50 Einzelteilen besteht, werden 45 Minuten Produktionszeit benötigt. Die Lohnkosten in der Herstellung betragen für ein Hemd 2,50 Dollar (im Vergleich zu 3 Dollar in China und 1,50 Dollar in Bangladesch). Die Näherinnen verdienen je nach Qualifikation 100 bis 120 Dollar im Monat, landestypische Durchschnittslöhne fangen bei 50 Dollar an.

Vietnam soll der wichtigste Produktionsstandort (10 Millionen Oberhemden jährlich) für die Bielefelder werden. Weitere sieben Millionen werden in Bangladesch, drei Millionen in China gefertigt. Schon in den 1960er Jahren sah sich Gerd Seidensticker in diesem Teil der Welt (Asien) um. „Anfangs haben wir die Hemden noch bündelweise auf Dschunken transportiert. Die Erfindung des Containers bedeutete einen enormen Fortschritt“, erinnert sich der 76-Jährige. Und heute? Viele Unternehmen wenden sich schon wieder ab von Vietnam, dem Land, das schnell wächst und teurer wird. Sie orientieren sich zum Beispiel nach Kambodscha. Die Bielefelder bleiben jedoch treu. Gerd Seidensticker begründet: „In einem Markenunternehmen sollte das Preis-Nomadentum längst von gestern sein. Gute Infrastruktur, Zuverlässigkeit, hohes Qualitätsbewusstsein und faire Arbeitsbedingungen sind heute deutlich wichtiger als der letzte Cent im Fertigungslohn.“

1 Warehouse: Lagerhaus mit Versandzentrum

Quellen: zusammengestellt aus
- *Das Seidensticker-Feeling in Vietnam, Textil/Wirtschaft, 15. 11. 2007;*
- *www.textilwirtschaft.de/service/archiv/pages/show.php?id=595813&a=0;*
- *Kreativität trifft Qualität, Logwin Magazin – 01/2010, www.logwin-logistics.com*

Allgemeine Hinweise zur Lösung der Aufgabe

Voraussetzungen

Die folgende Klausur bezieht sich gemäß den Vorgaben für das Zentralabitur 2011 auf den Themenschwerpunkt 3 (**Entwicklungsbedingungen und sozioökonomische Strukturen in Südostasien**) sowie auf den Schwerpunkt 1 (**Wirtschaftsräumliche Strukturen und Prozesse in Deutschland**). In der Klausur liegt der inhaltliche Akzent auf dem südostasiatischen Land Vietnam unter dem thematischen Aspekt seiner wirtschaftlichen Entwicklung.

In den Ausführungen zu dem im Vordergrund stehenden thematischen Schwerpunkt **Südostasien** wurden u. a. folgende Teilaspekte gesetzt, die für diese Abituraufgabe relevant sind:
- Naturräumliche und politische Gliederung;
- Stellenwert des Landes in der globalisierten Welt;
- Entwicklungspotenziale und -perspektiven.

Hinzu kommen Elemente aus dem Rahmenthema 1 (**Räumliche Disparitäten in Deutschland und Europa**) mit dem Schwerpunkt **wirtschaftsräumlicher Prozesse in Deutschland**. Hierbei geht es primär um Deutschlands Stellung in der globalisierten Wirtschaft.

Zuordnung zu den AFB und Gewichtung

Aufgabe	AFB	Gewichtung
1.	I	20 %
2.	I/II	30 %
3.	II	20 %
4.	III	30 %

Lösungsvorschläge

1. *Beim Operator „darstellen" sollen Sie geografische Sachverhalte beschreiben. Sie greifen dabei auf das Instrumentarium aus dem Unterricht zur Raumanalyse zurück. Daher wird hier nur der AFB I angesprochen und bewertet. Grundlage sind Atlaskarten (auch M 1) sowie Daten (M 2). Es ist leichter, wenn Sie mit den naturräumlichen Voraussetzungen beginnen, um dann die Struktur des Wirtschaftsraumes mit diesen in Verbindung zu bringen.*
Grundlegend für Ihre Arbeit mit dem Material ist eine Struktur, die den Anforderungen gerecht wird, die sich aus den Begriffen „Wirtschaftsraum" und „naturräumliche Voraussetzungen" ergeben. Natürlich erwartet man von Ihnen auch, dass Sie Kausalketten erstellen bzw. von einzelnen Phänomenen zu abstrakten Klassifizierungen kommen.

Vietnam ist ein **Küstenstaat** in Südostasien. Das Relief ist sehr bergig (fast 75 % montan) und stellt für den Wirtschaftsraum einen limitierenden Faktor dar. Im Norden und Süden befinden sich Tiefebenen, die sich bis ins Hinterland erstrecken. Die Küstenebene ist schmal und langgestreckt. Die N-S-Ausdehnung des Landes beträgt ca. 1 650 km, die O-W-Ausdehnung zwischen 50 und 500 km.

Der Lage entsprechend weist Vietnam im Norden tropisches semihumides **Klima** und im Süden tropisches semiarides Klima auf (vgl. Diercke Weltatlas 2008, S. 226/227). Für die Landwirtschaft sind das günstige Bedingungen. Der Gebirgscharakter sorgt zusätzlich für eine vertikale Klimazonierung. Im Sommer ist die Region auch von Taifunen betroffen (vgl. Diercke Weltatlas 2008, S. 148.2).

Beim naturräumlichen Potenzial spielen auch die Böden eine wichtige Rolle. Vietnam hat überwiegend rotbraune und rote Böden der Trockensavannen und Trockenwälder sowie lateritische Böden. Wegen der hohen Reliefenergie findet man aber häufig nur Gebirgsformen der entsprechenden Substrate (vgl. Diercke Weltatlas 2008, S. 234/235). Um die beiden großen Flüsse Mekong und Roter Fluss herum sind fruchtbare **Alluvialböden** zu vermuten.

Den letzten Punkt der naturräumlichen Voraussetzungen bildet die **Rohstofflage**. Im Norden gibt es große Kohle- und Eisenerzlager und im Süden Erdöl- und -gasvorkommen im Off-shore-Bereich.

In der **Landwirtschaft** werden tropische Nutzpflanzen angebaut, vor allem Reis in den beiden großen Tiefebenen und an der Küste zwischen Hanoi und Hué, zum größten Teil als Bewässerungsfeldbau; dazu kommen Erdnüsse im Raum Da Nang, Kaffee und Palmen im Areal zwischen Qui Nhon und Ho Chi Minh Stadt, Bananen nordöstlich von Ho Chi Minh Stadt sowie Kautschuk an der kambodschanischen Grenze und an der Südostküste bei Da Lat (vgl. M 1). Hervorzuheben sind besonders die wirtschaftlich interessanten Cash Crops Kaffee (mit einem Zentrum im Bergland zwischen Ho Chi Minh Stadt und Da Nang) und Kautschuk. Laut Atlas (vgl. z. B. Diercke Weltatlas 2008, S. 240) wird hier auch Zuckerrohr produziert (1–2 % der Weltproduktion). Man kann darüber hinaus davon ausgehen, dass an der Küste Fischerei (vgl. Diercke Weltatlas 2008, S. 241.3) und in geeigneten Regenwaldregionen Holzeinschlag (vgl. Diercke Weltatlas 2008, S. 238.2) betrieben wird. In M 1 ist zudem die Zone des Sekundär- und Buschwaldes explizit als Weide ausgewiesen (Diercke Weltatlas 2008, S. 241.3 weist allerdings nur Schweine aus).

Im Bereich der **Industrie** zeichnen sich zwei klare **Zentren** ab. Im Raum Hanoi–Haiphong sind es Maschinenbau, Chemie, Textil (Nam Dinh), Werften und Metallurgie (Thai Nguyen), in Ho Chi Minh Stadt Textil, Chemie, Maschinenbau und Holz. Die **Textilindustrie** stellt einen besonderen Schwerpunkt dar (vgl. M 4). Ein weiterer kleiner Industriestandort ist Da Nang (M 1).

Für den tertiären Sektor spielen die Infrastruktur und der Tourismus eine wichtige Rolle, neben den zentralen Funktionen von Hanoi und Ho Chi Minh Stadt.

Die beiden Dienstleistungszentren Hanoi (als Hauptstadt) und Ho Chi Minh Stadt (als Zentrum des Südens) besitzen größere Häfen (Hanoi–Haiphong); hinzu kommt Da Nang als kleinerer Standort. Zentral ist die Hauptschlagader des Verkehrs: die in Küstennähe verlaufenden Straßen- und Eisenbahntrassen, die Ho Chi Minh Stadt über Da Nang mit Hanoi verbinden. Die Küstennähe ergibt sich zwingend aus den Reliefbedingungen.

Zusammenfassend sind in Vietnam starke regionale Disparitäten zwischen den beiden Zentren, die zudem auch Bevölkerungsschwerpunkte bilden, und dem Rest des Landes festzuhalten (M 1).

2. *Der Operator „charakterisieren" fordert Sie auf, nicht nur die Sachverhalte zu beschreiben, sondern auch typische Merkmale zu kennzeichnen. Dabei greifen Sie auf ein standardisiertes Verfahren des Unterrichts zurück, nämlich Sachverhalte in ihren Eigenarten zu beschreiben, typische Merkmale zu kennzeichnen und diese dann, wo es angebracht ist, unter passenden Gesichtspunkten zusammenzuführen. Deshalb werden hier nicht nur der AFB II, sondern auch der AFB I angesprochen und bewertet.*
Arbeitsgrundlage sind primär das Datencluster M 2, der Text M 3 und diverse Atlaskarten (auch M 1).

Traditionell werden **Wirtschaftsfakten** für die Einteilung in Entwicklungsgruppen genutzt; selbst der Human Development Index (HDI) des UNDP berücksichtigt auch ökonomische Fakten. Das relativ hohe Pro-Kopf-BIP und die hohen Wachstumsraten Vietnams deuten klar auf ein Schwellenland (auch: Take-off Country oder Newly Industrialized Country) hin.

Bezüglich der **demografischen Faktoren** ist die hohe Lebenserwartung auffällig, die mit der guten medizinischen Versorgung in Korrelation steht. Die Struktur der Alterspyramide spricht dagegen für ein Entwicklungsland.

Die große Zahl an jungen Menschen bildet nicht nur ein hohes **Arbeitskräfteangebot** und stellt einen wachsenden Absatzmarkt dar, sondern kommt auch besonders der arbeitsintensiven **Textilindustrie** zugute.

Insgesamt ergibt sich das Bild einer guten Bildungslandschaft mit einer geringen Analphabetenrate (Atlas) und einem zahlenmäßig guten Schüler-Lehrer-Verhältnis (vgl. M 2). Als negativer Faktor ist der geringe Verstädterungsgrad zu nennen, der auf einen nicht unerheblichen Anteil des primären Sektors am Wirtschaftsgeschehen hinweist.

Die **Wirtschaft** ist folgendermaßen zu charakterisieren:

- Die Landwirtschaft, mit 65 % am Arbeitsmarkt beteiligt, erbringt nur 22 % Anteil am BIP (vgl. M 2), was bedeutet, dass sie unproduktiv arbeitet, jedoch viele Arbeitskräfte bindet. Diese könnten als Potenzial bei einer Verbesserung der Landwirtschaft (Modernisierung, Mechanisierung) anderen Wirtschaftsbereichen zur Verfügung stehen.
- Der Außenhandel spielt eine wichtige Rolle, ist doch Vietnam bedeutender Exportpartner in den Bereichen Reis, Kaffee und Pfeffer (vgl. M 2, Atlas). Dazu kommt die Bilanz im Ölsektor: Man führt Rohöl aus und Ölprodukte ein, was darauf schließen lässt, dass die vorhandene Chemieindustrie (in Teilaufgabe 1 benannt) in der Kapazität für die Befriedigung der Binnennachfrage noch nicht ausreicht. Auch ist es unabdingbar, die **negative (oder passive) Handelsbilanz** zu erwähnen, da sie einen hohen Investitionsbedarf widerspiegelt. Positiv ist hervorzuheben, dass sich der Handel in den vier Jahren, die in M 2 abgebildet werden, mehr als verdoppelt hat. Kritisch beleuchtet werden muss aber das Faktum, dass die Wirtschaft zu 75 % vom Export abhängt.
- Bezüglich der industriellen Entwicklung ist Vietnam als Land großer Unterschiede zu charakterisieren. Neben den arbeitsintensiven Bereichen des Niedriglohnsektors (Textilien, Schuhe) gibt es auch Computer- und Elektroindustrie. Insgesamt besitzt Vietnam eine diversifizierte Industrie mit einem deutlich erkennbaren Anteil an zukunftsfähigen Betrieben. All dies zusammen genommen führt zu der Erkenntnis, dass Vietnam ein **Schwellenland** ist.

3. *Mit dem Begriff „erläutern" wird eine Verdeutlichung von Sachverhalten in ihren komplexen Beziehungen erwartet. Dazu bedienen Sie sich der Aussagen des Materials M 4 und bringen diese in Einklang mit den Erkenntnissen, die Sie aus M 1 bis M 3 gewonnen haben. Ganz entscheidend bei dieser Aufgabe ist, dass Sie die Interessen der Firma Seidensticker nicht berücksichtigen sollen – Vietnam steht im Fokus. Daher stellt sich Ihnen die Frage, welche Struktur Sie Ihren Ausführungen geben. Nach Wichtigkeit geordnet wäre das:*
   - *Exportzuwachs*
   - *Befriedigung des vietnamesischen Bedarfs an (qualitativ höherwertigen) Arbeitsplätzen*
   - *regionale Kaufkraft und Wirtschaftsgewinne.*

   Für die spätere Bewertung ist es wichtig, dass Sie diese Struktur auch stringent einhalten.

In Vietnam liegt der **Exportanteil** im Bereich Textilien bei ungefähr 18 % (2008). Das Land steht auf Platz 6 der weltweit größten Textilexporteure (M 3). Die Firma Seidensticker passt mit ihrer Produktpalette also gut zur wirtschaftlichen Ausrichtung Vietnams.

Für Vietnam positiv ist auch die Tatsache, dass die Textilindustrie zu den **arbeitsintensiven Industrien** zählt, was bei der vietnamesischen Altersstruktur ein absolutes Plus darstellt. Einschränkend muss man zwar anmerken, dass natürlich die Konkurrenz zu den Billiglohnländern Kambodscha, China und Bangladesch schon in der direkten Nachbarschaft beginnt. Doch zählt Seidensticker zu den Topmarken weltweit und ist zudem der größte Oberhemdenproduzent im globalen Maßstab. Andererseits besitzt Vietnam schon eine jahrzehntelange Erfahrung in der Produktion von Textilien, sodass gerade eine auf **Qualität** achtende Marke im vietnamesischen Arbeitsmarkt Vietnam eine sehr gute Ausgangslage vorfindet. Für Vietnam eröffnet sich dadurch ein großes Feld für weitere Qualitätsproduktion und die langfristige Sicherung der Produktion im Lande.

Zusätzlich ist positiv, dass die Ansiedlung von lohnstarken Betrieben sowohl die **Kaufkraft** als auch das für Investitionen nutzbare Steueraufkommen erhöht. Gleichzeitig sichert der Handel mit den Textilien die Stärke der Häfen Haiphong und Ho Chi Minh Stadt im asiatischen Umfeld.

Als Fazit ist festzuhalten, dass Vietnam vom Engagement der Firma Seidensticker profitieren wird. Natürlich zieht auch die Firma Vorteile aus dem Einstieg in die vietnamesische Industrie (z. B. preiswertere Produktion dank geringerer Lohnkosten).

4. *Durch den Operator „beurteilen“ wird von Ihnen verlangt, dass Sie den Stellenwert von Sachverhalten oder Prozessen in einem Zusammenhang überprüfen, um kriterienorientiert zu einem begründeten Sachurteil zu gelangen. Durch die Aufgabenstellung sind Sie etwas eingeschränkt, denn von Ihnen wird nicht die Einschätzung des Wirtschaftspotenzials als solches verlangt, sondern Sie sollen es unter der Prämisse „dicht vor dem Tigerstaat“ bewerten.*

Gemeinhin gelten Südkorea, Taiwan, Singapur und die Sonderverwaltungszone Chinas, Hongkong, als **Tigerstaaten**. Dieser Ausdruck aus den 1980er-Jahren bezeichnet Staaten mit einer hohen Entwicklungsdynamik, die sie aus dem Status eines als unterentwickelt geltenden Gebietes zum Industriestaat katapultierte. Dabei wurden die Leichtindustrie forciert, die Wirtschaftspolitik den Unternehmensinteressen untergeordnet (z. B. Sonderwirtschaftszonen) und in weiteren Schritten (Fluggänsemodell) der Strukturwandel im industriellen (deutlich weniger im agrarischen) Bereich vorangetrieben, ohne dass sich die sozialen Verhältnisse für die Masse der Bevölkerung dauerhaft denen in den Industrieländern angepasst hätten.

Vietnam weist gute **Voraussetzungen** auf, um ebenfalls zu einem „Tigerstaat“ zu werden:
- kräftiges jährliches BIP-Wachstum;
- hoher Anteil des sekundären und tertiären Sektors am BIP (78 %, vgl. M 2);
- hoher Exportanteil am BIP (75 %, vgl. M 3, Z. 2);
- günstige Lohn- und Produktionsstrukturen;
- reiche Kenntnisse in Industrien der Leicht- (wie Textilien, Schuhe, aber auch anderer Industriezweige einschließlich Hightech (Exporte Computer und Elektroartikel);
- große Investitionsbereitschaft der Kapitalgeber;
- politische Stabilität durch de facto Einparteienstaat mit ökonomisch liberaler Prägung;
- motivierte und gut gebildete Arbeitskräfte.

Wichtig in diesem Zusammenhang ist auch, dass in Vietnam der **Transformationsprozess** vom Staatsplandirigismus zur Marktwirtschaft abläuft, der das Potenzial stark vergrößert. Zentrale Elemente dieses Prozesses (Doi Moi) waren:
- Öffnung des Finanzmarktes für ausländische Kapitalinvestitionen bei Absicherung durch den Staat;
- Aufbau von Sonderwirtschaftszonen um Ho Chi Minh Stadt und Hanoi – Haiphong mit klaren Steuervorteilen;
- Zulassung der Privatwirtschaft (rd. 60 % der Betriebe waren 2010 in privater Hand);
- Aufnahme von Geldern und Know-How von Exilvietnamesen;
- Forcierung des Anbaus zugunsten der Produkte Reis (Eigenbedarf und Export) und vor allem Kaffee als Cash Crop (1980 fast unbekannt, 2009 lt. Diercke Weltatlas 2008 Platz 13 der Weltproduktion);
- Öffnung für ausländische Touristen (vor allem gezielt zuerst auf Exilvietnamesen und US-Amerikaner) mit Anerkennung des US-Dollars als Touristenwährung im Lande dank Umstellung auf freie Konvertibilität der Währung.

Auch die Leuchtturmprojekte im Bereich **Infrastruktur** und das aus M 3 ableitbare starke Interesse eines immerhin global agierenden Wirtschaftsunternehmens, Vietnam zum Hauptquartier seines Südostasienengagements zu machen, können den Weg zum Tigerstaat ebnen. Das bisherige Engagement der Industrieländer (hier an den Beispielen Seidensticker und VW deutlich geworden) deutet darauf hin, dass Vietnam langfristig ein wichtiger Partner sein wird und dass daher die eingeleitete Entwicklung recht stabil sein dürfte.

Ihre Meinung ist uns wichtig!

Ihre Anregungen sind uns immer willkommen. Bitte informieren Sie uns mit diesem Schein über Ihre Verbesserungsvorschläge!

Titel-Nr.	Seite	Vorschlag

Bitte hier abtrennen

Lernen • Wissen • Zukunft
STARK

Bitte hier abtrennen

Zutreffendes bitte ankreuzen!

Die Absenderin/der Absender ist:

- ☐ Lehrer/in in den Klassenstufen: ____
- ☐ Fachbetreuer/in
  Fächer: ____
- ☐ Seminarlehrer/in
  Fächer: ____
- ☐ Regierungsfachberater/in
  Fächer: ____
- ☐ Oberstufenbetreuer/in
- ☐ Schulleiter/in
- ☐ Referendar/in, Termin 2. Staatsexamen: ____
- ☐ Leiter/in Lehrerbibliothek
- ☐ Leiter/in Schülerbibliothek
- ☐ Sekretariat
- ☐ Eltern
- ☐ Schüler/in, Klasse: ____
- ☐ Sonstiges: ____

Unterrichtsfächer: (Bei Lehrkräften!)

____

21-VD3

Bitte ausfüllen und im frankierten Umschlag an uns einsenden. Für Fensterkuverts geeignet.

STARK Verlag
Postfach 1852
85318 Freising

Kennen Sie Ihre Kundennummer?
Bitte hier eintragen.

Absender (Bitte in Druckbuchstaben!)

Name/Vorname

Straße/Nr.

PLZ/Ort/Ortsteil

Telefon privat

Geburtsjahr

E-Mail

Schule/Schulstempel (Bitte immer angeben!)

(Bitte blättern Sie um)